DIAMANTE:
a pedra, a gema, a lenda

Esta obra é dedicada à memória do Prof. Otávio Barbosa,
talvez o pesquisador que melhor tenha conhecido
os depósitos de diamantes brasileiros.
Aos mestres Profs. Jacques Pierre Cassedanne (UFRJ),
Darcy Pedro Svisero (USP) e António Diogo Pinto (IST, Lisboa),
que nos ensinaram a olhar com mais carinho e
argúcia para este mineral precioso.

M. Chaves também dedica este livro à Cleusa,
à Marilda, à Rose, e a várias outras mulheres da
Serra do Espinhaço, aliás, dos Diamantes.

Mario Luiz de Sá Carneiro Chaves
Luís Manuel Chambel F. Rodrigues Cardoso

DIAMANTE:
a pedra, a gema, a lenda

©Copyright 2003 Oficina de Textos

Capa: Malu Vallim
Ilustrações e diagramação: Anselmo Ávila

Dados Internacionais de Catalogação na Publicação (CIP)
(Câmara Brasileira do Livro, SP, Brasil)

Chaves, Mario Luiz de Sá Carneiro
    Diamante: a pedra, a gema, a lenda / Mario Luiz de Sá Carneiro Chaves, Luís Manuel Chambel F. Rodrigues Cardoso. — São Paulo : Oficina de Textos, 2003.

    1. Diamantes   2. Diamantes - Brasil   I. Título

03-2392   CDD-622.382

Índice para catálogo sistemático:

1. Diamantes : Mineração : Tecnologia   622.382

Todos os direitos reservados à
Oficina de Textos
Travessa Dr. Luiz Ribeiro de Mendonça, 4
01420-040 São Paulo SP Brasil
Fone: (11) 3085-7933   Fax: (11) 3083-0849
site: www.ofitexto.com.br E-mail: ofitexto@ofitexto.com.br

Índice

Prefácio 07

1. **Histórico do Diamante no Mundo e no Brasil** 09
   1.1 As lendas e as minas da Índia 09
   1.2 A descoberta de diamantes em Minas Gerais 12
   1.3 Diamantes na África do Sul 15
   1.4 A De Beers 19
   1.5 Outras descobertas importantes no século XX 23
   1.6 Alguns dos mais famosos diamantes 25

2. **Características do Diamante** 33
   2.1 Minerais de carbono 33
   2.2 Tipos de diamantes 36
   2.3 Propriedades físicas e químicas 41
   2.4 Utilidades e avaliação dos diamantes brutos e lapidados 48
   2.5 Diamantes sintéticos, diamantes naturais tratados e simulantes 63

3. **Geologia e Mineralogia do Diamante** 71
   3.1 Gênese dos depósitos primários de diamantes 72
   3.2 Depósitos secundários de diamantes 88
   3.3 Prospecção dos depósitos diamantíferos 92
   3.4 Exploração e lavra dos depósitos diamantíferos 95
   3.5 O estudo das populações de diamantes 104

4. **Depósitos de Diamantes no Brasil** 125
    4.1 A expansão territorial do espaço diamantífero do Brasil 126
    4.2 Regiões diamantíferas brasileiras 129

5. **Minas Gerais dos Diamantes** 141
    5.1 Distribuição espacial e geologia das regiões diamantíferas 142
    5.2 Estudos nineralógicos sobre populações de diamantes 165
    5.3 Multiestágios de geração dos depósitos diamantíferos 176
    5.4 Aspectos econômicos gerais 183

6. **A Indústria dos Diamantes nos Séculos XX e XXI e o Potencial Brasileiro** 199
    6.1 Algo mais a respeito do "Sindicato" dos diamantes 199
    6.2 A indústria mundial e o contexto brasileiro 204
    6.3 As reservas conhecidas e o potencial de Minas Gerais 213

7. **Considerações Finais** 217

Referências bibliográficas 223

Prefácio

Dos minerais que apresentam qualidades gemológicas, isto é, que depois de trabalhados podem ser usados como adorno pessoal, o diamante destaca-se como o mais importante deles. Desde que este mineral foi descoberto no Brasil, no início do século XVIII, nas imediações do Arraial do Tejuco (atual Diamantina), Minas Gerais destacou-se como o principal produtor da gema no País, embora tenha sido suplantado na última década pela produção proveniente de Mato Grosso. O potencial para o achado de novos depósitos, nesses Estados e em todo resto do País, no entanto, ainda é enorme.

O diamante é um mineral de grande importância econômica e não apenas restrita à sua utilização na joalheria. São as propriedades físicas e químicas do mineral, tais como a extrema dureza (é o material natural mais duro – de forma muito superior a todos os outros), as características ópticas e a grande condutibilidade térmica (150 vezes superior à do vidro e 50 vezes superior à do bronze), que o tornaram tão valioso, e de maneiras tão diversas, na aplicação industrial. Um pequeno diamante vermelho brasileiro, bruto, foi vendido nos EUA em 1987 por US$880.000. Como ele pesava um pouco menos que um quilate (0,2g), isto deve significar que ele valeu cerca de US$5.000.000/g, sendo provavelmente a mais valiosa (por peso) substância natural já vendida na Terra.

A importância econômica mundial do diamante pode ser atestada pelo valor da produção anual de diamantes de origem natural, o qual atingiu sete bilhões de dólares em 1997 e, embora ficando atrás dos valores das produções do ferro, ouro e cobre, foi significativamente superior aos valores das produções de níquel, urânio, platina, alumínio, chumbo, prata e – o mais importante para os interessados em gemologia – todos os outros bens minerais de utilização gemológica. Acredita-se que a indústria do diamante natural tenha movimentado algo em torno de 42 bilhões de dólares anuais, em 1998.

A atração e o fascínio que o diamante exerceu nas pessoas através dos tempos não poupou os mais eminentes pesquisadores da área geocientífica que atuaram no Brasil. Assim, não foi por acaso que ilustres sábios como José Bonifácio de Andrada e Silva (1763-1838), Henry Gorceix (1842-1919), Orville Derby (1851-1915), Luciano Jacques de Moraes (1896-1968), Djalma Guimarães (1894-1973) e Otávio Barbosa (1907-1997), entre outros, trataram, na maior parte de suas obras, dos problemas que envolvem a geologia e gênese do mineral, tomando na maior parte da vezes como exemplo os depósitos de Minas Gerais.

Há cerca de vinte anos, os Autores deste livro dedicam-se ao estudo acadêmico e técnico sistemático de problemas da geologia e mineração dos depósitos diamantíferos brasileiros e angolanos, reunindo com tais tarefas um vasto acervo de dados, que, acrescidos de informações gerais e indissociáveis sobre as questões básicas envolvendo a geologia, a mineralogia e a gemologia do mineral, permitiram que se desenvolva no presente texto um panorama bastante abrangente relacionando o passado, o momento atual e um possível futuro de sua exploração no Brasil.

Uma obra com semelhante propósito não pode e nem deve ter como objetivo primordial formular hipóteses a respeito das múltiplas e complexas questões que envolvem a gênese e a distribuição dos diamantes desde suas fontes primárias. Pelo contrário, sendo o assunto descrito com minúcias em diversos artigos técnicos e livros específicos, procurou-se aqui, sempre que possível, associar o conhecimento básico aos dados adquiridos nos trabalhos de campo. Assim sendo, com a descrição detalhada dos depósitos de Minas Gerais e dos problemas a eles relacionados, pretende-se levantar um quadro de situações factuais que possam servir como parâmetros de comparação com outros depósitos descritos na literatura, seja no Brasil, seja em outras partes do mundo.

I
Histórico do Diamante no Mundo e no Brasil

Desde a antigüidade, nenhum outro mineral como o diamante exerceu nas pessoas tanta paixão e ambição, tornando-se símbolo da almejada e "eternos" riqueza e poder. Nos tempos modernos, essa gema tornou-se também o principal padrão para as jóias mais valiosas. De modo antagônico, foram seus verdadeiros donos, os descobridores – pequenos mineradores da Índia, os garimpeiros do Brasil, ou os técnicos e trabalhadores das frentes de minas altamente sofisticadas da África do Sul – que fizeram e perpetuaram toda essa história milenar de magia em torno do material que pode ser justamente considerado como o "Rei dos Minerais".

1.1 As lendas e as minas da Índia

A forte atração que o diamante exerce no imaginário das pessoas, através dos tempos, levou ao surgimento de inúmeras lendas a seu respeito. Provavelmente os nativos hindus (dravidians) conheciam a pedra no oitavo século a.C. e introduziram a medida de peso "quilate" (ou *carat*, em inglês), porque pensavam que ela se originava de uma certa árvore cuja semente, a *cattie*, pesava mais ou menos 0,2 grama. Uma referência histórica nos conta ainda que Kalimantan, na ilha de Bornéo (hoje integrando a Indonésia), fornecia diamantes à China no terceiro século a.C.

Segundo a lenda, que possui uma certa base científica, Alexandre, o Grande, em suas expedições de conquista no Extremo Oriente, durante uma de suas viagens à Índia (≅ 350 a.C.) havia descoberto minas de diamantes vigiadas por cobras. Como o olhar desses répteis possuía um efeito mortífero, Alexandre utilizou espelhos, segurados à frente por seus homens. Assim, o efeito fatal das cobras retornaria para elas, que morriam do seu próprio mal. Entretanto, as minas eram muito profundas, e Alexandre mandava jogar dentro delas carcaças frescas de carneiros. Os diamantes colavam na gordura das carcaças, e o resto da carne destas logo atraía os abutres. Quando centenas destes chegavam, levando as carcaças junto com os diamantes, os conquistadores seguiam os caminhos dos abutres, pegavam as pedras caídas e, finalmente, nas montanhas, matavam as aves e recolhiam o que faltava. A história, apesar de parecer fantástica, baseia-se no fato comprovado de que os diamantes (e somente eles) aderem à gordura. As tais minas profundas, provavelmente, seriam grandes fraturas por onde passara um rio, preenchidas com cascalho diamantífero. Na atualidade, após mais de 2.000 anos, ainda se utiliza nas minerações o método da mesa vibratória com graxa para separar os diamantes de outros minerais pesados.

Uma história semelhante, de origem árabe, encontra-se em Simbad, o Marujo. Em certa passagem, enquanto o herói era arrastado por seus inimigos em direção ao "Vale dos Diamantes", onde seria atirado para morrer, observou comerciantes jogando carcaças frescas de animais dentro do vale, que logo eram levadas por abutres gigantescos. Simbad teria então conseguido fugir e, enrolado em uma dessas carcaças, foi carregado pelas aves para um lugar a salvo de seus perseguidores.

Ainda da antigüidade, vieram até nós outras lendas sobre diamantes que teriam "crescido" no fundo do mar. Diversas histórias são contadas a respeito de diamantes encontrados nos intestinos de peixes e, em uma das muitas passagens sobre a vida de Buda, há o relato de sua procura por diamantes nas areias da praia. Ainda há pouco tempo, tais lendas eram consideradas absurdas, talvez pela confusão que poderia haver entre as pérolas e os diamantes. Porém, a descoberta relativamente recente dos diamantes nas praias da Namíbia (Sudoeste africano) demonstra que o episódio tinha condições de ser verdadeiro.

Lendas que se confundem com a realidade podem ser comparadas, no caso brasileiro, com as galinhas "diamantíferas" da região do Alto Paranaíba, em Minas Gerais. Ainda hoje, muitas pessoas falam que as empregadas domésticas, ao limparem os estômagos das galinhas, sempre encontram pequenos diamantes na parte do lixo. O mais provável é que, depois das chuvas fortes, apareçam diamantes nas encostas dos vales e as galinhas, soltas, ciscando pedriscos em sua faina diária, por acaso podem também engolir diamantes, que depois serão encontrados em seus estômagos. Evidentemente, porém, casos como estes são bastante incomuns e de difícil (ou impossível) certificação de veracidade.

Não existem dados muito precisos a respeito da real origem do diamante. Sabe-se que Golconda, na Índia, era a cidade onde se negociava a maior parte das pedras "antigas". Tais diamantes se originavam de depósitos aluvionares localizados na própria região, entretanto devem permanecer para sempre desconhecidos os rios que forneceram inicialmente essas formidáveis pedras.

Segundo Otávio Barbosa (1991), a primeira referência ao diamante feita no mundo ocidental encontra-se na Bíblia Sagrada, chamado de *jahalom* pelos hebreus, e simbolizando uma das doze tribos de Israel (ver Êxodo, 28:4-35). Plínio, o Velho, apesar de ser uma das autoridades científicas do século I, falhou ao descrever o diamante: para ele, o teste definitivo de reconhecimento seria o martelo, pois não se conseguia quebrar o diamante. Assim, chamou-o de *adamas* (inconquistável) e dessa palavra originou-se o termo diamante. Plínio, apesar de descrever bastante o mineral, nada mencionou sobre sua origem. Provavelmente, nessa época a gema chegava do Oriente junto com outros bens e escravos, viajando em barcos desde o porto de Madras (Índia) até o Golfo Pérsico e daí, em camelos, um longo caminho cruzando os desertos do Oriente Médio para a Europa.

As melhores descrições do mundo renascentista foram registradas pelo viajante francês Jean Baptiste Tavernier, um dos pioneiros no comércio com a Índia em meados do século XVII. O documento que ele deixou é um livro fascinante em dois volumes, contando suas aventuras pelo Oriente. Ao visitar as minas aluvionares de Gana Coulour e Kollur, na região de Golconda (Fig. 1.1) em 1660, descreveu cerca de 60.000 homens, mulheres e crianças procurando diamantes nas areias dos rios. Os homens escavavam de 4 a 5 m de profundidade para encontrar cascalhos, as mulheres e crianças lavavam para retirar os diamantes manualmente, em seguida eram levados a Golconda, o fabuloso centro comercial dessas pedras. Tavernier conhecia bastante do assunto, e suas descrições dos exemplares comprados, fornecendo preços, avaliações de purezas e outras técnicas, mostraram ao mundo ocidental todo o conhecimento básico inicial sobre os diamantes como gemas.

Fig. 1.1 *As muralhas da cidade de Golconda, o fabuloso centro comercial de diamantes no sul da Índia até o século XVII. Gravura de Reclus (1891).*
Fonte: *American Museum of Natural History, New York.*

1.2 A descoberta de diamantes em Minas Gerais

Ainda que os dados a respeito da descoberta do diamante no Brasil variem de acordo com os diversos historiadores, parece certo que as primeiras pedras foram recuperadas nas lavras de ouro da região do "Serro Frio" (parte da Serra do Espinhaço ao norte de Minas Gerais), no início do século XVIII. Barbosa (1991) relata que esse encontro ocorreu em 1714, no rio Pinheiro, nas imediações do Arraial do Tejuco (atual Diamantina). O certo é que, nos 15 anos seguintes, a mineração de diamantes competia com a de ouro na região, sendo toda contrabandeada para a Europa como se fosse proveniente da Índia. Em 1729, Bernardo da Fonseca Lobo chegou a Portugal com uma partida de diamantes, que ofereceu de presente ao Rei, sendo por isso considerado o descobridor "oficial" dos diamantes no Brasil.

Diversos períodos podem ser caracterizados na mineração de diamantes na região de Diamantina. Após a oficialização dos achados, e sabendo o rei de Portugal que os diamantes brasileiros eram explorados há algum tempo, foi criado o "Distrito Diamantino do Serro Frio", que, no dizer de Felício dos Santos (1868), significava uma colônia dentro da Colônia. Com limites bem definidos (a "Demarcação Diamantina" – ver Fig. 1.2) e administração que reportava-se diretamente a Lisboa, o "Intendente dos Diamantes" governava a região com poderes quase absolutos. Depois, no período de 1745-1772, funcionou o período dos "Contratos". Nos limites permitidos, o "Contratador" de diamantes, em geral uma pessoa de grandes posses em Portugal, tinha o privilégio do monopólio de lavra, pagando à coroa por número de escravos

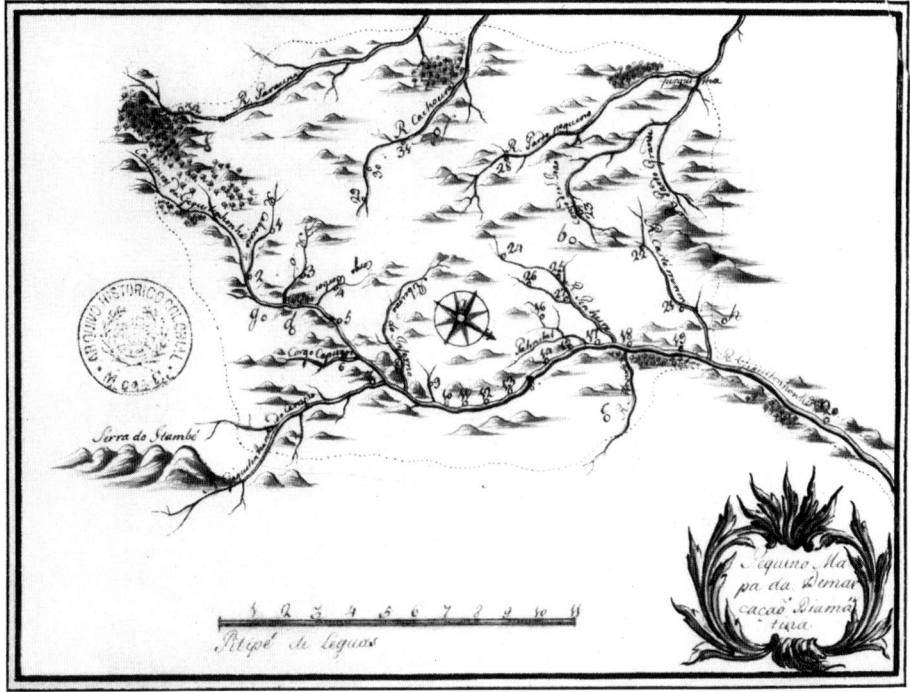

Fig. 1.2 *Pequeno mapa da "Demarcação Diamantina do Serro Frio", mostrando a distribuição das lavras então conhecidas (1774). Autor: João da Rocha Dantas de Mendonça, Intendente de Diamantes.*
Legenda do mapa (anexada ao mesmo – nomes mantidos exatamente iguais ao original): 1 – Cabasaco, 2 – Masangana, 3 – "Ó", 4 – Borbas, 5 – Ponte de S. Gonçalo, 6 – Capivari, 7 – Jequitinhonha do Campo, 8 – Ribeirão do Inferno, 9 – Sta. Maria, 10 – Poçoens, 11 – Mosquito, 12 – Lavra do mato, 13 – Ponte do rio Manso, 14 – Carrapato, 15 – Mendanha, 16 – Sta. Caterina, 17 – Mamgabas, 18 – S. Pedro, 19 – Cangica, 20 – Caconda, 21 – Galvão, 22 – Almas, 23 – S. João, 24 – Caldeiroens, 25 – Morrinhos, 26 – Angú dúro, 27 – Pinheiro, 28 – rio Pardo pequeno, 29 – Datas d'Elrei, 30 – Cachoeira, 31 – Pombal, 32 – Paraúna. Arraiáes: a – Tejuco, b – Chapada, c – rio Manso, d – S. Gonsalo, e – Andréquicé, f – Gouvêa, g – Milho verde, h – Inhaý.
Fonte: *Arquivo Histórico Ultramarino, Lisboa.*

Fig. 1.3 Lavra de diamantes com mão-de-obra escrava nas proximidades do Arraial do Tejuco, no Brasil Colonial. Gravura de Spix & Martius (1828), "Extração de diamantes em Curralinho".
Fonte: Arquivo Público Nacional, Rio de Janeiro.

Fig. 1.4 Uma tropa de soldados reais levando diamantes do Arraial do Tejuco para o Rio de Janeiro, em sua passagem pela vila de Caeté. Gravura de Rugendas (1838), "Comboio de diamantes em Minas Gerais".
Fonte: Instituto Histórico e Geográfico Brasileiro, Rio de Janeiro.

que trabalhavam em suas jazidas (Figs. 1.3 e 1.4). Foi nesse período que se destacaram as célebres figuras do contratador João Fernandes de Oliveira e sua amante negra, ex-escrava, Chica da Silva.

A corrupção e o contrabando corriam quase livremente nessa época, fazendo com que a Coroa Portuguesa, em 1772, tomasse conta por si só das áreas diamantíferas. Foi então criada uma companhia estatal para esse fim, a "Real Extração", que começou atuando com grande força ao alugar todos os escravos disponíveis na região que trabalhavam em serviços de lavra. Apesar de feitas novas e importantes descobertas, a Real Extração foi progressivamente definhando, chegando, na época da sua completa paralisação (1832), a possuir apenas alguns poucos escravos e encarregados, insuficientes para manter o monopólio sobre tão vasta área (Felício dos Santos, 1868). Antes disso, porém, a população local, bastante numerosa, havia "tomado" os serviços de lavra, controlados por pessoas influentes do lugar.

Desde que as lavras na região do Tejuco foram intensificadas, em meados do século XVIII, surgia um outro personagem que se tornou marcante na própria história da gente brasileira: o garimpeiro. Escravos perseguidos e outros fugitivos da justiça rumaram para lugares mais longínquos, as "grimpas", daí serem chamados de "grimpeiros", e depois garimpeiros. Os que fugiram para os lados do rio São Francisco, a oeste, atravessaram-no e encontraram diamantes no rio Abaeté, região depois chamada de "Nova Lorena Diamantina" e também objeto de pesquisas por parte da Real Extração. Os que fugiram em direção ao norte descobriram as jazidas de Grão Mogol, na continuação serrana de Diamantina.

O pico da produção brasileira tendo por base os depósitos de Minas Gerais ocorreu na segunda metade do século XVIII. No século XIX, com a descoberta dos depósitos sul-africanos, tal produção sofreu um golpe de morte. Assim, após uma produção acumulada que pode ser estimada em torno de 45 milhões de quilates, atualmente (embora não oficial), ela varia na faixa de 1.000.000 a 1.500.000 de quilates por ano.

1.3 Diamantes na África do Sul

Corria o mês de dezembro de 1866 quando Erasmus, filho de Daniel Jacobs, um jovem de 15 anos, fez uma descoberta que revolucionou todo o mercado mundial das gemas. Enquanto descansava na margem do rio Orange, encontrou um "cristal" mais brilhante que os demais, e pensando que sua irmã gostaria de brincar com a pedra, levou-a para casa, sem saber que iria iniciar toda uma cadeia de eventos econômicos e políticos que perduram até este novo milênio. A pedra ficou esquecida por uns tempos, até que sua mãe resolveu dá-la a um vizinho, Schalk van Niekerk, que colecionava amostras minerais raras. Schalk, imaginando que a pedra tivesse algum valor, entregou-a aos cuidados de um comerciante local que, por sua vez, passou-a a especialistas para exame e avaliação. Resultado: um diamante autêntico de 21,25 quilates, no valor de £ 500 – o primeiro de muitos na mesma região, mais tarde lapidado num brilhante de 10,7 quilates e chamado de Eureka (Robertson, 1974).

Somente com o achado de Erasmus, o diamante passou a ser uma gema "comum". Durante toda a história, apesar da maioria das pessoas estar acostumada ao nome diamante, realmente poucos o conheciam de fato. Na própria Índia antiga, a gema era privilégio de grandes potentados. Após a sua descoberta no Brasil, a oferta mundial cresceu o bastante para a nobreza européia também o valorizar. A Índia demorou vinte séculos para produzir doze milhões de quilates. No Brasil, os dados falam em cerca de quinze milhões de quilates em um século e meio. Apesar desses fatos, o diamante permanecia ainda bastante raro. Com a lavra dos depósitos da África do Sul, produziu-se em cerca de dez anos uma quantidade de diamantes equivalente à do Brasil nos 150 anos anteriores. Nos anos seguintes, a produção aumentou ainda mais, para quase três milhões de quilates anuais.

Outro fato interessante ligado a esse volume de pedras encontrado na região sul-africana liga-se ao poder de um homem. A partir de 1889, a quase totalidade da produção estava passando pelas mãos de um comerciante inglês – Cecil John Rhodes. Desde 1870, Rhodes havia sido enviado para a África, com 17 anos de idade, a fim de se juntar a seu irmão mais velho para trabalhar numa fazenda e tentar melhorar sua saúde (tinha problemas de coração); depois, pretendia completar seus estudos na Universidade de Oxford. Chegando na África, antes ainda de encontrar seu irmão, através do contato com outras pessoas, Rhodes tornou-se um apaixonado pelos diamantes.

Embora a notícia sobre o diamante Eureka tenha se espalhado, a ocorrência, isolada, não chamara a atenção do mundo. Em 1869, porém, um negro nativo encontrou perto do rio Orange uma pedra de brilho muito intenso, que inicialmente tentou trocar por um pernoite em hotel, sendo porém rejeitado. Tal pedra era um fantástico diamante com 83,5 quilates (depois lapidado para 47,7 quilates), recebendo o nome de Star of South Africa, e iniciando uma grande corrida ao local da sua descoberta (Robertson, 1974). Em questão de semanas, milhares de pessoas já se dedicavam aos serviços de lavra, entre eles os irmãos Herbert e Cecil Rhodes. Entretanto, como as condições de vida e de exploração eram muito difíceis, logo os irmãos voltaram para a fazenda.

Em 1871, um aventureiro adquiriu uma área para pesquisar diamantes, entre os rios Vaal e Orange. Além de não fazer as pesquisas necessárias, ele ainda perdeu no jogo seus direitos minerários. Outros exploradores logo encontraram na região algumas pedras pequenas, entre 1 e 3 quilates. Os donos das terras, os irmãos De Beers, aborreciam-se com os estragos causados pelas escavações. A fazenda, comprada por £ 50 onze anos antes, foi vendida por £ 6.300 e os dois irmãos, satisfeitos, mudaram para outro local bastante afastado. A ex-fazenda dos irmãos De Beers, nos anos seguintes, forneceu a maior parte dos diamantes mundiais e uma de suas minas, designada de Kimberley, em homenagem ao lorde inglês governador da província, entrou na história da mineração e da gemologia pela imensa quantidade de diamantes jamais produzida.

Na mesma época, os irmãos Rhodes, depois de uma safra perdida na fazenda, voltaram para o negócio dos diamantes, adquirindo um setor (conhecido como *clain*) de 10 m x 10 m da mina de Kimberley. O vilarejo de Kimberley era ainda mais caótico do que as aldeias nas beiradas dos rios diamantíferos. Todo o material de consumo tinha de ser trazido da região costeira, a uma distância de quase 1.000 km. A mineração era conhecida como "lavagem-a-seco" (*dry-digging*) devido à escassez de água. O irmão de Cecil Rhodes não resistiu, vendendo a parte dele, e seguiu para o norte, em busca de ouro.

Todo o serviço pesado era feito por negros nativos, porém as remunerações eram baixas e o trabalho ineficiente. Rhodes, notando isso, levou negros da tribo Zulu de sua fazenda para a mina e, pagando bons salários, ampliou suas áreas e conseguiu uma produção mais razoável. Depois de dois anos, ele deixou os *clains* com um administrador e voltou a Oxford para terminar seus estudos. Na época, os ingleses, com seu grande British-Empire, julgaram que toda a produção de diamantes da África do Sul poderia ser controlada pela Inglaterra, e Rhodes era um desses sonhadores. Durante os oito anos seguintes, Rhodes viajou diversas vezes entre a África e a Inglaterra, concluiu seus estudos e adquiriu riqueza e poder.

Apesar da grande quantidade de diamantes extraída entre 1872 e 1874 (mais de um milhão de quilates), os preços continuaram estáveis. Ao final desse período, certas instabilidades econômicas, em nível mundial, ocasionaram uma forte queda nos preços dos diamantes. Mais uma vez, Rhodes soube tirar vantagem da situação vigente. Após retirarem as pedras dos níveis próximos à superfície, os mineradores em Kimberley passaram para uma lama amarela, designada de *yellow ground*. Quando alcançaram uma rocha mais dura, preto-azulada, ou *blue ground*, a maior parte deles desistiu das escavações. Rhodes porém, após consultar alguns geólogos, foi um dos poucos a perceber que se tratava da rocha matriz dos diamantes. O *yellow ground* era o produto da alteração do *blue ground*, a rocha vulcânica portadora dos diamantes, que depois seria conhecida como kimberlito.

Os mineradores observaram que as escavações na vertical tornavam difícil o transporte da rocha. Eles precisavam deixar caminhos estreitos, sem escavações, para transportar o material para ser lavado na superfície. Com o aumento da profundidade, esses caminhos foram eliminados e o material tinha de subir em caçambas. Um escritor inglês da época comparou tal mina com a obra de um arquiteto diabólico, que construiu uma casa com 500 quartos, nenhum no mesmo nível do outro e nenhuma escada ligando tais quartos (Fig. 1.5). Fenômeno semelhante ocorreu no Brasil, durante a década de 1970,

Fig. 1.5 *A caótica mineração do* pipe *kimberlítico de Kimberley, África do Sul, em 1872. Foto de Williams (1906).*
Fonte: *American Museum of Natural History, New York.*

na mina de ouro de Serra Pelada, no Pará. À medida que as escavações se aprofundavam, o caos das caçambas, transportando gente e material, só aumentava. Assim, com a queda dos preços, muitos mineradores venderam seus *clains*. Rhodes comprou o que foi possível, fundando a De Beers Mining Company Limited, nome dado em memória aos irmãos De Beers, os antigos donos das terras do local.

Cecil Rhodes nem sempre atuou sozinho, por dois motivos principais: primeiramente não julgava ter conhecimento completo sobre o assunto diamantes e, em segundo lugar, por sua impopularidade, em parte adquirida pelo fato de ser homossexual. Assim, em 1879, ele se associou a um grande conhecedor comercial de diamantes, o alemão Alfred Breit, que tinha contatos excelentes com os banqueiros Rothschild. Apesar de seus intentos, Rhodes não era o maior produtor de diamantes. Nessa época, o "rei" de Kimberley era Barney Barnato, um inglês que iniciara sua carreira como *office-boy* e havia fundado a Kimberley Central Mining Company, firma que somente em 1885 havia registrado lucro de £ 200.000 anuais, quatro vezes superior ao de Rhodes.

Em 1881, Rhodes entrou também na política, ganhando as eleições para o parlamento da Província do Cabo. A partir daí ele iniciou a compra de mais ações para possuir o controle da mina de Kimberley. Após meses de embates contra Barnato, conseguiu comprar uma outra firma de porte, a French Company. Em 1888, Rhodes ofereceu a Barnato um lugar no parlamento para conseguir sua grande conquista: a Kimberley Central Mining, ainda bem maior do que a De Beers. Em seguida, Rhodes comprou diversas outras pequenas companhias e, em 1889, já possuía a maioria das ações de Kimberley. Dessa maneira, passou a possuir o controle de 90% da produção mundial de diamantes.

1.4 A De Beers

No final da década de 1880, a procura por diamantes era inferior à produção, e Rhodes tinha pleno conhecimento desse fato. Para contornar a situação, ele criou um "sindicato", restringindo a venda da produção a um grupo de dez comerciantes. Quando a procura caía, ele diminuía a produção e vice-versa. Conta-nos a história que todos os diamantes produzidos em Kimberley eram colocados em uma caixa de madeira com 70 x 3 x 3 cm, guardada no cofre-forte da companhia. Quando a caixa estava cheia, Rhodes simplesmente mandava paralisar as atividades de lavra. Entretanto, o maior problema da companhia era a quantidade de diamantes roubados, pois estimava-se que menos de 50% das pedras produzidas chegavam à tal caixa-forte. A tentativa de colocar uma polícia especial não funcionou de modo esperado. Os intermediários, comprando esses diamantes roubados, constituíam uma ameaça permanente ao sindicato formado. Como as autoridades pouco se importavam com os roubos, logo as pedras eram facilmente contrabandeadas do país.

Rhodes desenvolveu diversas formas de combate ao furto. Inicialmente, fechou contratos de trabalho por apenas 3 ou 4 meses. O minerador tinha de ficar na mina por esse período inteiro. No final, ficava uma semana no acampamento, passando por exames especiais, incluindo a ingestão de óleo de rícino a fim de recuperar diamantes porventura engolidos. Um sistema de peneiras e água corrente nos banheiros juntou milhares de pedras roubadas dessa forma. Entretanto, as melhores eram escondidas em ferimentos, que eram feitos de propósito, para esconder os diamantes e os médicos tinham grande dificuldade em recuperá-los, pois as feridas cicatrizavam com o tempo. Rhodes então implantou um novo sistema contra os roubos: contratou intermediários disfarçados, pela própria De Beers, que compravam no mercado negro os diamantes roubados, pagando preços um pouco mais atraentes. Aparentemente, esse sistema genial foi o que melhor funcionou para reaver os diamantes extraviados.

Barney Barnato, ainda um dos maiores acionistas da De Beers, desistiu dos diamantes, procurando comprar ações da mina de Witwatersrand, a maior produtora mundial de ouro. Toda a megalomania que Rhodes possuía com diamantes, Barnato tentava com o ouro; entretanto, tal motivação o levou à instabilidade psíquica e ele se suicidou em 1897. Rhodes, ao contrário, nunca mostrou grande interesse em relação ao ouro, apesar de comprar periodicamente ações em Johannesburgo. Dessa maneira, ironicamente, ele passou a ser também um dos maiores acionistas de ouro daquela região.

O sonho de Rhodes – a expansão do imperialismo britânico – se realizou em 1889. Ele fundou a British South-Africa Company e foi designado governador. Em 1890, com a queda do governo da Província do Cabo, ele se tornou primeiro-ministro, possuindo enorme força política e econômica. Em 1894, atingiu o pico de sua carreira, sendo admirado por alemães e portugueses, também colonialistas na África, como o maior construtor de um império. Uma nova colônia britânica veio a se chamar Rhodesia, ao que Rhodes comentava:

"– Quantos países no mundo têm o nome de uma pessoa?". Entretanto, em 1895 a carreira de Rhodes estava encerrada. Com sua megalomania, ele quis encampar também a República do Transvaal e, não conseguindo, teve de se demitir do cargo de primeiro-ministro da Colônia do Cabo. Rhodes morreu em 1902, deixando um monopólio, e um verdadeiro império, exemplo único no mundo das pedras preciosas.

Alguns meses depois da morte de Rhodes, Thomas Cullinan descobriu diamantes perto de Pretória, a capital administrativa do Transvaal. Em poucos anos, esse novo *pipe*, denominado Premier, forneceu mais diamantes do que todas as minas de De Beers. Entretanto, não somente por sua produção notável a mina ficou famosa. Em 1905, F. Wells, um dos supervisores da mina, encontrou o (ainda) maior diamante do mundo, denominado Cullinan, com 3.106 quilates. A gema foi dada de presente ao rei inglês Edward. O novo presidente da De Beers, sem a espertesa de Rhodes, não investira no Transvaal e os grandes centros de lapidação, como Antuérpia e Amsterdã, aproveitaram-se do fato político do governo de Pretória não querer colaborar com o Sindicato dos diamantes, sediado em Londres. Em 1907, tal descoberta quase levou à quebra a De Beers e seu Sindicato.

Em 1908, foi encontrado o primeiro diamante sob as dunas costeiras da Namíbia. Os diretores da De Beers, novamente, a exemplo do caso da mina Premier, ignoraram tal descoberta. Pelo longo caminho geológico de mais que 1.000 km, desde a região de Kimberley até a costa, a maior parte dos diamantes com defeitos foi pulverizada. Desta forma, quase 100% dos diamantes da Namíbia possuem qualidade gemológica. Em 1912, esse país (na época German Southwest Africa) chegou a produzir 20% dos diamantes mundiais. Os diamantes eram vendidos por uma firma sediada em Berlim, a Deustsche Diamant Gesellschaft, que quase acabou com o Sindicato de Londres, fornecendo diamantes para Antuérpia e Amsterdã, a preços mais atraentes. Finalmente, em 1914, a De Beers estabeleceu um convênio com os alemães, porém tal acordo pouco funcionou devido à Primeira Guerra Mundial. A Alemanha, perdendo a guerra, não foi mais aceita pelo Sindicato.

Havia ficado claro que novas jazidas de diamantes deveriam ser encontradas na região, e assim a liderança da De Beers dependia de uma política especial. O homem que construiu essa política foi Ernest Oppenheimer, ao realizar um dos sonhos de Rhodes: o Sindicato conseguiu manter sua posição de topo, apesar de novas importantes descobertas em outros países naquela época e com o uso generalizado dos diamantes na indústria não-gemológica a partir da segunda metade do século XX.

    Ernest Oppenheimer era um judeu alemão ambicioso e de caráter diferente de Rhodes: tímido mas simpático. Imigrou no início do século para Londres como comerciante de charutos e logo se fascinou por diamantes, tentando aprender tudo sobre eles. Em 1902, foi enviado à África como gerente da sua agência em Kimberley. Ficou famoso pela avaliação do diamante de Joel, neto e herdeiro de Barnato. Joel, convidando autoridades para Kimberley, mostrou um diamante enorme, pedindo opinião sobre seu valor aos presentes. Todos ofereceram valores astronômicos, até que Oppenheimer, o último a avaliar a pedra, não se manifestou. Após um longo tempo, Joel perguntou a ele: "– Quanto ele vale na sua opinião?". Ao que Oppenheimer respondeu: "– Nada, porque não é diamante". Tratava-se de um topázio, rolado no transporte fluvial.

    Oppenheimer foi ainda eleito prefeito de Kimberley, mas durante a Primeira Guerra Mundial teve de fugir para Londres. Voltando à África do Sul, após a guerra, ele retomou suas atividades investindo em ouro, perto de Johannesburgo. Em termos econômicos gerais, sua visão era semelhante à de Rhodes, que buscara apoio dos banqueiros Rothschild para comprar ações. Desde 1917, Oppenheimer baseou-se na Morgan & Co., da Wall Street e, em 1919, iniciou a compra de ações das minas da Namíbia, criando a Consolidated Diamond Mines of Southwest África. Logo depois comprou também ações das jazidas de Angola (Portugal) e do Congo (Bélgica) até ser, em 1923, levado para a De Beers.

    Em 1927, a produção mundial subiu de 4,7 milhões para cerca de 8 milhões de quilates. A Primeira Guerra Mundial não motivou grande influência negativa sobre seus preços, por causa da prosperidade econômica então alcançada pelos Estados Unidos. Porém, estava claro que o mercado dos diamantes precisava se estruturar melhor e que a De Beers era a única capaz de se adaptar a essa nova fase. O homem indicado para realizar tal façanha foi Oppenheimer, eleito presidente da De Beers em 1929.

    Em 1930, ele desfez o Sindicato antigo e fundou uma organização denominada Diamond Cooperation, espécie de extensão da De Beers. Três anos depois juntou diversos grupos produtores na Diamond Producers Association, que combinaram uma venda exclusiva para outro braço da De Beers, a Diamond Trading Company. Esses três grupos juntos são conhecidos como CSO – Central Selling Organization. Ernest Oppenheimer, o realizador dos sonhos de Rhodes, morreu em 1957, sendo substituído na presidência da companhia pelo filho, Harry Oppenheimer. A política econômica do diamante, estabelecida por Oppenheimer (pai) permaneceu, e apesar das grandes descobertas na Rússia e Austrália, a De Beers ainda controlou até finais do século XX aproximadamente 75% de todo mercado, valores estes que vêm declinando por vários fatores da conjuntura internacional recente (detalhados no Capítulo 6).

1.5 Outras descobertas importantes no século XX

Em agosto de 1954, a geóloga russa Larissa Popygayeva encontrou na Sibéria Central o primeiro kimberlito diamantífero daquele país, na bacia do rio Lena. Embora tal depósito não fosse especialmente rico em diamantes, foi o precursor da descoberta de cerca de outros 400 *pipes*, muitos deles com reservas imensas. As jazidas nessa área são exploradas a céu aberto sob condições extremamente difíceis, pois, no inverno, o congelamento é permanente. Mesmo no verão, a terra permanece semi-congelada (*permafrost*), e junto com algum alívio do frio milhares de mosquitos invadem a região (os trabalhadores precisam usar roupas especiais para se protegerem dos insetos). Com um crescimento contínuo, a Rússia produziu quase 17 milhões de quilates em 1996, 4º lugar no *ranking* mundial. Parte dessa produção foi sempre lapidada na própria Rússia e negociada clandestinamente em Antuérpia por agentes da polícia secreta KGB. Com o fim do regime comunista, grandes quantidades escondidas por esses ex-agentes entraram no mercado europeu, chegando mesmo a desestabilizar o controle da De Beers. Entretanto, apesar da hostilidade oficial aos países capitalistas, durante todo o período de comunismo os russos colaboraram com o Sindicato. Os diamantes industriais (*borts*) permaneciam no país para consumo industrial, enquanto o material lapidável era vendido através da Diamond Trading Company, ou seja, para a própria De Beers.

Outro país que descobriu enormes reservas em diamantes, a Austrália, foi considerado por certo tempo como independente da De Beers. Diamantes foram encontrados em meados da década de 1980 no extremo noroeste do país, em uma região denominada (por mera coincidência) Kimberley. O *pipe* gigantesco então encontrado (Argyle) de uma rocha conhecida como lamproíto, bem como ocorrências aluvionares próximas (Fig. 1.6), continha reservas estimadas em 800 milhões de quilates, quatro vezes superiores às da África do Sul. Desde então, a produção australiana que era zero, alcançou, em 1999, a cifra surpreendente de 40.000.000 de quilates anuais. Tal achado foi realizado por uma mineradora regional australiana (Ashton Co.), obrigando a De Beers a rever todo o seu programa de prospecção, uma vez que a filosofia da empresa considerava que só kimberlitos poderiam conter diamantes em valores comerciais. Não obstante, as pedras de qualidade gema perfazem apenas 5% do total produzido, bastante baixo em comparação à média mundial de 20-25%.

Fig. 1.6 *Vista aérea da mina de diamantes de Argyle, na remota região de Kimberley do oeste australiano. Foto de Argyle Diamonds, in Harlow, ed., (1998) "The Nature of Diamonds".*

É digno de nota que o período de grandes descobertas não terminou com o lamproíto de Argyle, Austrália. De início, devem ser citados vários outras áreas de prospecção muito promissoras na própria Austrália. No Canadá, ocorrências esporádicas e aparentemente sem importância econômica eram conhecidas de longa data, associadas a depósitos glaciais do Pleistoceno. Uma intensa campanha prospectiva, usando minerais pesados, "seguiu" o rumo do recuo das geleiras para o norte desde aquele período geológico, levando ao encontro de kimberlitos econômicos na região dos Grandes Lagos. Desde

1999, a Mina Ekati está em operação, fazendo com que o país, em 2001, tenha produzido mais de 2.000.000 de quilates. Dois outros corpos kimberlíticos devem em breve entrar em atividades de lavra, elevando ainda mais esse valor. A China, outro país sem "tradição" como produtor de diamantes, provavelmente a partir deste início de século XXI começará a produzir comercialmente diamantes em diversos corpos kimberlíticos recém-encontrados.

E no Brasil, com seu imenso potencial evidenciado por um sem-número de pequenas ocorrências diamantíferas e grande parte de seu território ainda mal conhecido, imagine-se o quanto ainda poderá ser descoberto?

1.6 Alguns dos mais famosos diamantes

Em relação aos mais famosos diamantes, é necessário que se possam distinguir aqueles que conseguiram um nome importante pelos seus grandes tamanhos, daqueles que ganharam fama pelas histórias que os acompanharam. Neste último caso, as duas gemas individuais com histórias mais envolventes provavelmente são o Koh-i-Noor e o Hope. Entre os grandes diamantes já encontrados, devem ser destacados o Cullinan (com 3.106 quilates, sendo o maior de todos) e o Presidente Vargas (com 726,6 quilates), o maior dos diamantes brasileiros e atualmente o 7º de todo o mundo. Este último, por sua importância para o Brasil e para Minas Gerais, onde foi descoberto, terá a sua história relatada em detalhes, juntamente com o maior e mais famoso dos diamantes brasileiros lapidados, o Estrela do Sul.

O Koh-i-Noor

Por centenas de anos, a Índia possuiu a fabulosa coroa denominada Peacock (Fig. 1.7 - p. 98). Em 1739, o Xá Nadir, da Pérsia, invadiu aquele país e entrou em Delhi, matando 30.000 pessoas e capturando grande parte do tesouro da cidade. Dessa forma, a famosa coroa foi para a Pérsia e virou símbolo de sua família real. Junto com ela, mas de maneira diferente, chegou ainda um diamante enorme, que sem dúvida pertenceu a Aurangzeb, o Grande Mongol da Índia, que Jean Tavernier não conseguiu obter. Apesar do fato de a maior parte dos detalhes a respeito dessa pedra terem sido perdidos, provavelmente trata-se do diamante mais antigo conhecido na história.

O diamante foi encontrado há mais de 5.000 anos e era mencionado em papéis muito antigos. Em 1304, a pedra pertenceu ao sultão Alaad-Din. Em 1526, ela caiu nas mãos de Baber, o primeiro dos grandes invasores mongóis, depois de tomar a Índia. Baber relatou que a pedra era tão valiosa que "se podia pagar com ela a metade das despesas diárias do mundo inteiro". Aurangzeb sabia apreciar a pedra, entretanto, o seu neto e herdeiro, Muhammed Shah, perdeu a pedra para o invasor persa. A seguinte história é contada: quando Nadir ouviu sobre a grande pedra, fez o possível para encontrá-la, mas a procura foi em vão. Finalmente, uma mulher do seu próprio harém contou que Muhammed Shah a estava escondendo no turbante. Então, para melhorar a relação entre os dois países, um dos filhos de Nadir casou-se com a filha de Muhammed e matar o sogro do próprio filho não seria a melhor política. Durante um grande jantar, no qual Muhammed foi também convidado, ele sugeriu, como um gesto de boa vontade, na frente de todos os convidados, a troca dos turbantes. Desobedecer a esse ato era totalmente contrário à tradição, e assim a pedra chegou às mãos de Nadir, que a chamou de Koh-i-Noor (montanha de luz).

Nadir foi assassinado, e o Koh-i-Noor passou então pelas mãos de diversos sultãos e aventureiros. Em 1813, a gema voltou para a Índia. Contam que uma guerra foi declarada especialmente para recuperar a gema. Em 1849, autoridades britânicas a acharam na cidade perdida de Lahore, e mandaram o diamante para Londres como presente à rainha Vitória. A pedra tinha uma aparência feia, com poucas facetas e sem brilho. Em 1852, a família real decidiu relapidar a pedra. Voorsnger, mestre lapidador de Amsterdã demorou quase 40 dias, em 12 horas diárias, para reduzir seu tamanho de 187 para 108,9 quilates. A nova pedra não teve o brilho esperado, sendo exposta no castelo de Windsor por 59 anos, e a maioria dos visitantes achou-a feia. Em 1911, ela foi colocada na coroa da rainha Mary (esposa de George V) e depois passou para a coroa da rainha Elisabeth (esposa de George VI e também conhecida como rainha-mãe), acompanhando esta até seu pomposo funeral em 2002. Apesar de tudo, o Koh-i-Noor representa uma das gemas mais famosas do mundo, mostrando que no mundo das pedras preciosas, tamanho, perfeição e mesmo beleza às vezes são bem menos importantes que o *glamour* de sua história.

O Hope

O diamante Hope, caracterizado pela cor azul-violeta, é acompanhado de uma história de superstição e azares. Sem a menor dúvida é um dos diamantes levados para a Europa por Tavernier, comprado em 1642 na Índia, pesando 112,5 quilates. Entretanto, como e onde a gema foi adquirida é um mistério. De acordo com a lenda, esse diamante servia de olho a uma estátua do deus hindu Sita. O diamante foi roubado e o deus irado teria lançado uma maldição a todos que o utilizassem como jóia. Tavernier, em 1668, após a sua sexta e última viagem a Índia, vendeu 45 grandes diamantes e 1.122 menores ao rei Luís XIV. A pedra azul era a maior e foi denominada "o diamante azul da coroa". Tavernier, na sua última viagem à Rússia, então com 83 anos de idade, estranhamente foi devorado por lobos.

A gema foi relapidada para a forma de gota, passando a pesar 67,5 quilates. Luís XIV utilizou o diamante uma única vez, morrendo depois de varíola. Luís XV não admitiu utilizar a pedra, denominada por ele de French Blue, motivado por superstição. Em 1774, Luís XVI herdou a gema e Maria Antonieta foi vista diversas vezes com a pedra, porém, como sabemos, ambos foram decapitados durante a revolução francesa.

A partir de 1792, o French Blue permaneceu desaparecido por 38 anos. Provavelmente a pedra foi vendida para a Espanha e relapidada, resultando em três diamantes menores. A famosa pintura da rainha Maria Luisa da Espanha (feita por Goya, em 1799), mostra um diamante azul com forma e tamanho idênticos a uma outra pedra depois oferecida no mercado de Londres, em 1830. O diamante foi identificado como o French Blue, pesando agora 44,5 quilates e com forma redonda-oval (Fig. 1.7 - p. 98). O banqueiro Henry Hope adquiriu a pedra por US$90.000, constituindo propriedade de sua família até o início do século XX, sendo designado simplesmente de Hope.

H. Hope morreu em 1839, por motivos naturais e, em 1890, a pedra foi herdada por Francis Hope, Duque de New Castel. A mulher do Lorde Hope fugiu com outro homem, levando também parte de sua fortuna, forçando-o a vender a pedra. A mulher morreu em 1940 em Boston, por motivos desconhecidos. A gema mudou de dono diversas vezes, sempre acompanhada de azares: depois do Lord Hope, um príncipe da Europa Oriental deu a gema a sua amante, que tornou-se infiel e foi baleada. Um comerciante grego que comprou a pedra pulou no mar, junto com a mulher e o filho. O sultão turco

Abdul-Hamid possuiu o diamante por apenas dois meses, antes de ser vítima de seu próprio exército.

Em 1911, o diamante foi comprado por US$154.000 pela americana Evelyn Mclean. Apesar de utilizar a gema muitas vezes, ela morreu em 1947, com 61 anos, aparentemente de morte natural. Entretanto, antes disso, seu filho morreu de acidente de carro, e a filha de *overdose* de pílulas para dormir, além de ter o marido internado para sempre em uma instituição de tratamento mental. O diamante Hope foi adquirido da Sra. Mclean por US$1.000.000, por um famoso joalheiro de Nova York, Harry Winston, da Quinta Avenida. Após possuir a gema por alguns anos, ela foi doada para a Smithsonian Institution, de Washington, onde permanece até hoje para ser apreciada.

O Estrela do Sul

Por muito tempo, os diamantes brasileiros foram desvalorizados no comércio europeu, por serem considerados, de modo injusto, de qualidade inferior. Provavelmente, tal depreciação fosse devida ao fato de os diamantes da região de Diamantina, de onde era proveniente a maior parte da produção no século XVIII, em geral possuíam pouco peso e coloração levemente amarelada. Essa consideração foi radicalmente mudada em um dia de julho de 1853, quando uma negra escrava, lavando roupas nas proximidades de um garimpo no rio Bagagem, encontrou por acaso, na margem direita do rio (onde hoje se situa a cidade de Estrêla do Sul, ex-Bagagem), um diamante que pesou impressionantes 52,276 gramas ou 254,5 quilates. Este último valor, em quilates "antigos", foi recentemente recalculado para 261,38 quilates métricos (Smith & Bosshart, 2002).

Esse grande diamante brasileiro ganhou notoriedade internacional por várias razões. Ele foi o primeiro diamante do país reconhecido por seu porte e boa qualidade gemológica. Além disso, ao contrário da maioria dos diamantes famosos antigos, ressalte-se o fato de que a história da descoberta e as características mineralógicas originais da pedra tenham sido bem documentadas, graças às descrições do mineralogista francês A. Dufrénoy (1856), professor do Museu de História Natural de Paris. A escrava anônima descobridora, como resultado de sua descoberta, e também como recompensa pela entrega da pedra ao dono dos serviços de mineração do local, ganhou sua liberdade e ainda uma pensão alimentícia para o resto da vida. Por mais de um século, o futuro Estrela do Sul teve a distinção de ser o maior diamante já encontrado por uma mulher, até quando, em 1967, o diamante Lesotho (pesando 601,26 quilates) foi descoberto por Ernestina Ramaboa.

O primeiro possuidor do diamante foi um certo Casimiro, dono do garimpo, que logo vendeu a pedra por £ 3.000, aparentemente muito abaixo de sua cotação internacional. Nos dois anos seguintes, o diamante permaneceu em seu estado bruto, e novamente vendido na Europa, em 1855, por £ 35.000, quando foi exibido ao público na Mostra Industrial de Paris. Nessa ocasião, ele foi examinado minuciosamente pelo professor Dufrénoy – que observou seu hábito dodecaédrico com acentuada "dissolução" e assimetria das faces. Os novos donos da pedra eram os *messieurs* Halfen (dois irmãos comerciantes de diamantes em Paris), que somente então o batizaram de l'Etoile du Sud. Em 1856 (ou 1857), o diamante foi lapidado durante três meses em Amsterdã, por Voorzanger, da firma Coster.

Até o final da década de 1860, o Estrela do Sul permaneceu como o 6º maior diamante lapidado do mundo (depois disso, entraram em cena os diamantes da África do Sul, quando várias pedras de grande porte foram descobertas). Entre 1867 e 1870, a pedra foi comprada pelo potentado Khande Rao, na época o Gaekwan (governador supremo) do reino indiano de Baroda, pela cifra de £ 80.000 (equivalente a cerca de US$400.000). O diamante permaneceu na coleção dos gaekwans de Baroda por, pelo menos, 80 anos. Em 1934, Sayaji Rao III (Gaekwan de Baroda, e sobrinho-neto de Khand Rao) informou a R. Shipley, do Gemological Institute of America, que o Estrela do Sul havia sido colocado em um colar junto com o diamante Dresden Inglês (curiosamente também encontrado no rio Bagagem, em 1857, pesando originalmente 119,5 quilates e lapidado para 78,53 quilates).

Depois dessa época, diversas estórias foram contadas a respeito do Estrela do Sul e do Dresden Inglês, incluindo as de que eles teriam sido vendidos ou mesmo roubados. Entretanto, Sita Levi (Maharani de Baroda), em 1948, foi fotografada usando o colar com as pedras brasileiras em seu aniversário de casamento. Interessante a história: o país que tradicionalmente mais havia produzido diamantes através dos tempos (dentre eles muitos vultuosos), tinha, em uma de suas jóias mais valiosas, dois diamantes brasileiros! Nos 50 anos seguintes, o destino das duas pedras permaneceu desconhecido, até que em 2001 o Estrela do Sul foi novamente comprado (o dono atual permanece incógnito) e submetido ao Gübelin Gem Lab (Lucerne, Suíça) para estudos gemológicos detalhados. Tais estudos revelaram seu peso agora de 128,48 quilates, e coloração *fancy* marrom-rosada clara (Fig. 1.7 - p. 98, Smith & Bosshart, 2002).

O Presidente Vargas

No município de Coromandel (Minas Gerais), existe um curso d'água não muito caudaloso, chamado apropriadamente pelos garimpeiros da região de "rio das pedras encantadas". Esse rio, o Santo Antônio do Bonito, é um afluente de primeira ordem do rio Paranaíba, possuindo na época chuvosa pouco mais de 10 m de largura, em média. Na seca, é possível atravessá-lo facilmente sem molhar os pés. O grande encanto de tal rio é o fato de que, misteriosa e inexplicavelmente, surgem de vez em quando em seus cascalhos diamantes que podem ser considerados gigantes pelo seu porte formidável. Desta maneira, os três maiores diamantes brasileiros saíram de suas águas turvas.

Foi assim que no dia 13 de agosto de 1938 (um sábado), o garimpeiro Joaquim Venâncio Tiago penetrou em suas águas, na época muito frias. Após um longo dia de labuta, salta da peneira uma pedra enorme que, apesar de suja, teima em brilhar como luz. Ele nunca vira ou imaginara existir um diamante tão grande. Na cidade de Coromandel, a pedra foi pesada, revelando exatos 726,6 quilates, sendo o maior diamante do Brasil e então o terceiro maior do mundo (Fig. 1.8). Sua forma era achatada, medindo 5,6 x 5,0 x 2,4 cm, possuindo faces quebradas ainda "frescas" (Reis, 1959), o que permite considerar ter sido o cristal original substancialmente maior antes de ser quebrado no transporte fluvial.

Logo, os bajuladores de plantão designaram-no de "Presidente Vargas", em homenagem ao então governante do País. Jornais e rádios de todos os lugares anunciaram com ênfase a espetacular descoberta. Joaquim teve de fugir para o mato, tal era a cobiça por sua pedra. Mas o diamante é o único ganha-pão de um garimpeiro, sendo logo a pedra negociada ao Sr. Oswaldo Dantes dos Reis, do Rio de Janeiro. Comprada e levada para o exterior pelo Sr. Jonas Polak, o diamante foi vendido ao joalheiro norte-americano Harry Winston, valendo cerca de US$750.000. Este último mandou lapidá-la na cidade de Nova Iorque, sendo obtidas 29 pedras – a maior pesando originalmente 48,26 quilates, que depois foi ainda relapidada para uma de 44,17 quilates, hoje conhecida como diamante Vargas (ou *Vargas diamond*, Smith & Bosshart, 2002).

Mais de 200 anos de mineração de diamantes haviam se passado no País até essa descoberta. Pelo valor recebido, a vida de Joaquim Venâncio mudou radicalmente. Ele logo comprou uma fazenda bem instalada, com 500 cabeças de gado, além de montar uma agência de peças de automóvel e uma loja na cidade. Foi um garimpeiro que venceu, ao contrário da grande maioria que amofina nos córregos e rios deste País imenso. Atualmente, o Presidente Vargas permanece como o maior diamante brasileiro, ocupando a notável sétima posição entre os muitos bilhões de diamantes já encontrados em todo mundo.

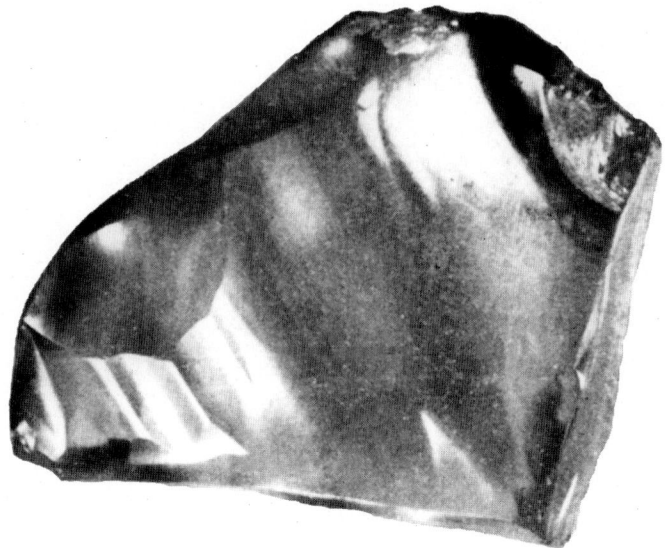

Fig. 1.8 *O diamante Presidente Vargas, o maior de todos do Brasil, em foto original com seu notável peso bruto de 726,60 quilates. Foto da Casa da Moeda (um pouco ampliada),* in: *Reis (1959).*

2
Características do Diamante

A palavra diamante provém do grego *adamas*, que significa indomável ou invencível. O diamante é um mineral de características peculiares e únicas, que o fazem desejado não só como a mais preciosa das substâncias gemológicas, como também pela moderna indústria ávida por materiais nobres, capazes de responder aos rápidos avanços tecnológicos. Neste capítulo, serão estudadas as principais propriedades do diamante, a partir de sua estrutura cristalina, passando pelos diferentes modos de classificação propostos para ordenar as utilidades comerciais e industriais do mineral, e ainda suas aplicações e formas de avaliação tanto dos espécimes em estado bruto como depois de lapidados. Por último, deve ser ressaltado que o consumo de diamantes na indústria é tal, que cerca de 80% dele são provenientes de material sintético. Assim, diamantes sintéticos, diamantes naturais porém tratados de alguma forma, e "simulantes" de diamantes utilizados na indústria gemológica, serão também abrangidos a seguir.

2.1 Minerais de carbono

O diamante é um dos três minerais compostos de carbono em estado puro. Desses três, o mineral mais comum é a grafita, cujas propriedades físicas são marcadamente contrastantes com as do diamante e cujos domínios de estabilidade são mostrados na Fig. 2.1. De fato, observando-se a citada figura., observa-se que o diamante, ao contrário da grafita, necessita de altas condições de temperatura e pressão para a sua cristalização.

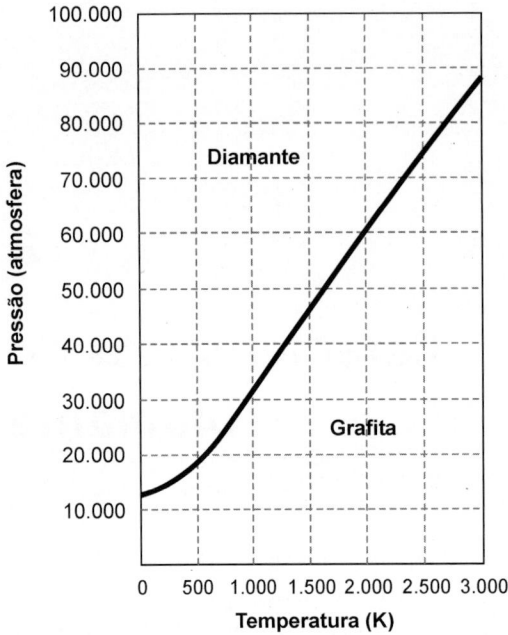

Fig. 2.1 *Domínios de estabilidade (Pressão e Temperatura) da grafita e do diamante (Harlow, 1998).*

É difícil imaginar dois minerais que, partilhando a composição química, sejam mais diversos: o diamante, de simetria interna cúbica, é a mais dura das substâncias, enquanto a grafita tem simetria hexagonal e situa-se no outro extremo de dureza; o diamante é transparente, geralmente incolor ou levemente amarelado; a grafita é opaca, de cor cinza ou negra. Um tão grande contraste nas propriedades desses dois minerais pode ser explicado pelas respectivas estruturas cristalinas. A lonsdaleíta, o terceiro mineral composto de carbono, constitui uma fase muito rara, que também se cristaliza no sistema hexagonal. Por vezes conhecida como diamante do tipo III, é menos estável que o diamante, não parecendo existir qualquer conjunto de condições de pressão e temperatura em que seja idealmente estável. É um mineral cuja origem associa-se a choques catastróficos, aparecendo em crateras de impacto de meteoritos, e a sua origem não está ligada a processos internos da Terra.

Estrutura interna e morfologia externa do diamante

A estrutura interna do diamante (Fig. 2.2), conseqüência das condições especiais da sua formação, lhe confere propriedades únicas, tais como dureza, condutividade térmica e características ópticas. Além disso, a morfologia externa do diamante, uma característica com enorme importância econômica, é fortemente influenciada pela sua estrutura interna.

A forma mais comum dos cristais de diamantes é o octaedro. Podem ser observados diversos outros hábitos, como cubos, dodecaedros rômbicos e trioctaedros. São, também, possíveis combinações dessas formas simples. As faces arredondadas, que por vezes se observam, correspondem a superfícies de dissolução. São observadas com freqüência combinações e geminações de cristais de diamante.

Uma outra característica morfológica importante típica, também conseqüência da estrutura interna, é a ocorrência de cavidades de dissolução, ou trígonos. São cavidades de forma triangular que ocorrem freqüentemente

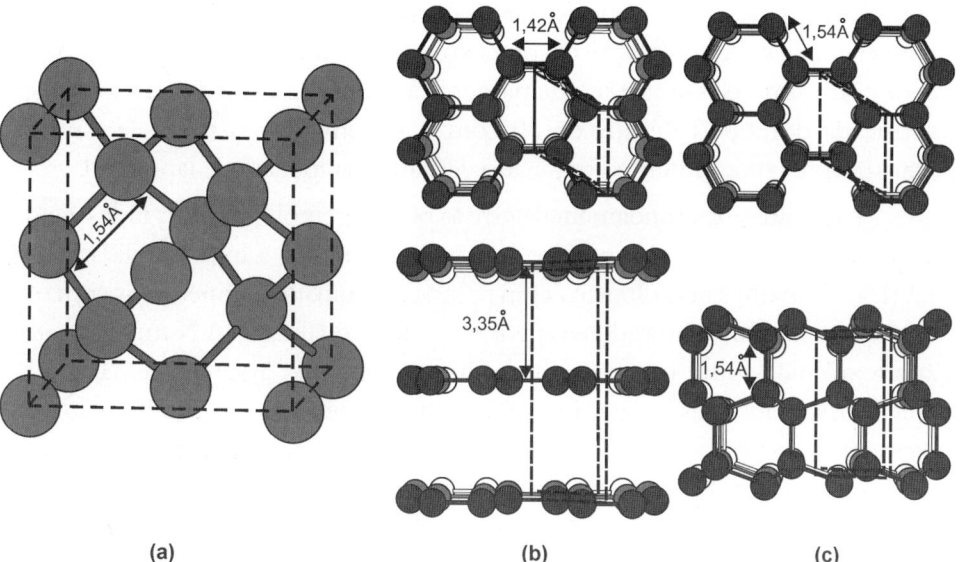

Fig. 2.2 *Estruturas cristalinas do diamante (a), da grafita (b) e da lonsdaleíta (c) (Harlow, 1998).*

nas faces octaédricas dos cristais. Assim, além de ajudarem na identificação do diamante, a sua ocorrência permite determinar a orientação do cristal nos casos em que a sua morfologia é irregular, permitindo orientar a lapidação da pedra. Podem ocorrer trígonos positivos (salientes do cristal), como resultado do crescimento natural da face cristalina. Estas e outras feições serão detalhadas no Capítulo 3, referente à mineralogia do diamante.

2.2 Tipos de diamante

Existem diversas maneiras de classificação do diamante. Os critérios para tal classificação podem ser químicos, morfológicos, estruturais e comerciais ou industriais. São apresentadas neste item as duas classificações inerentes aos aspectos econômicos do diamante, a saber: as classificações comerciais e industriais.

Classificações comerciais e industriais

Os diamantes podem ser classificados, de forma genérica, como gemológicos ou industriais. Uma modificação relativamente recente e importante dessa classificação é o desenvolvimento da classe dos quase-gemas (*near-gems*), uma classe intermediária entre as gemas e as pedras industriais, verificada durante a década de 80 com o surgimento da mina de Argyle (Austrália) e o crescimento conjugado da indústria indiana de lapidação.

Uma diferença fundamental entre as pedras gemológicas e as industriais, além da observada nos respectivos valores unitários, é a impossibilidade de fabricar diamantes gemológicos com preços e qualidade competitivos com os de origem natural, sobretudo nas pedras de maior qualidade. A Natureza é, até agora, a única fonte competitiva de diamantes aptos a serem gemas. Nas aplicações industriais, existe uma crescente tendência para a utilização de diamantes sintéticos, cuja granulometria e outras especificações podem ser melhor controladas. Um diamante gemológico tem, em média, um valor cerca de dez vezes superior ao de um *near-gem* e o deste é, também, cerca de 10 vezes superior ao de um industrial.

Gemas: diamantes gemológicos são aqueles cujos tamanho, forma, cor e pureza correspondem às exigências do processo de lapidação e aplicação em jóias e dos clientes finais. Uma das características fundamentais dos diamantes-gema é o caráter único de cada pedra. A variação das principais propriedades que dão valor aos diamantes brutos – tamanho, cor, forma, claridade e integridade estrutural – faz com que o mercado dos diamantes em estado bruto seja diferente dos de outros minerais, como o cobre, ouro, prata, etc., podendo ser estabelecidas dezenas de classes de diamantes com base nas propriedades referidas.

Quase-gemas (*near-gems*): diamantes *near-gems* são aqueles com impurezas substanciais ou outros defeitos que, em função das condições de mercado e dos custos de lapidação, podem tanto ser usados como gemas de custo mais baixo ou como diamantes industriais. Essa classe é particularmente importante, uma vez que permite promover algumas pedras que seriam classificadas como industriais, através do trabalho de lapidadores de custo mais baixo. As melhores qualidades desse tipo de diamantes são normalmente lapidadas; as qualidades inferiores são utilizadas em aplicações industriais mais específicas que as das aplicações dos diamantes classificados como industriais.

Industriais: diamantes industriais são os que apresentam propriedades que permitem sua aplicação industrial, principalmente dureza inigualável, uma das suas características fundamentais. A tenacidade do diamante será tanto maior quanto menor for o número de inclusões e/ou fraturas (também chamadas de jaças) internas. Os diamantes industriais naturais são aqueles com menor qualidade no que diz respeito à cor, tamanho, forma ou devido à presença de falhas estruturais.

Em termos puramente mineralógicos, os tipos industriais de diamantes podem ser agrupados em duas categorias, designadas como pedras industriais e agregados policristalinos (tal divisão pouco se aplica aos preços praticados pelo mercado para as duas categorias). As pedras industriais são diamantes comuns, monocristalinos, por vezes de grandes dimensões e beleza, porém com defeitos, e são utilizados – depois de moídos – somente em aplicações na indústria de ferramentas ou pastas diamantadas.

Das diversas maneiras que o diamante ocorre na Natureza, é comum a existência de cristais agregados, densamente compactados, podendo ou não mostrarem alguma forma definida. Não existe um consenso para a classificação do diamante policristalino. Dessa maneira, observa-se na literatura específica uma imprecisão entre o que são tipos definidos mineralogicamente e os conceitos que são puramente comerciais. Obras clássicas sobre o diamante, como a de Williams (1932), enquadraram como agregados cristalinos sete dessas variedades: *bort*, *ballas*, *framesite*, *stewartite*, *short bort*, *hailstone bort* e carbonado. Outros autores, no entanto, apropriadamente, consideram vários desses termos apenas como subtipos da variedade *bort*.

• *Bort*: é a mais inferior das variedades do diamante, apresentando aspecto granular, cristalitos defeituosos, que podem ser desde microscópicos até visíveis a olho-nu. Sua coloração é cinza ou preta, devido à presença de inúmeras impurezas como inclusões.

• *Ballas*: são massas mais ou menos esféricas de microcristais interdesenvolvidos, arranjados de forma aproximadamente concêntrica.

Tabela 2.1 *Algumas das principais propriedades apresentadas pelo diamante*

Diamante	Propriedades
Composição	C (carbono). Contém freqüentemente traços de nitrogênio e, muito raramente, de alumínio e/ou boro.
Sistema de cristalização	Cúbico (classe hexaoctaédrica)
Grupo espacial	Fd3 m; a = 3,57 Å
Morfologia	Variada: octaedros, cubos, rombododecaedros, trioctaedros, geminados (rotação de dois semi-octaedros), etc.
Dureza	10 (Escala de Mohs); 56 – 115 GPa (Knoop); maior dureza nas faces do octaedro e menor nas do cubo.
Índice de refração	2,4175 (589,3 nm)
Dispersão	0,044
Densidade	3.520 kg.m^{-3} (média ideal)
Cor	Incolor, em geral com tonalidades amareladas de intensidades variáveis. Muito raramente de cor pronunciada: amarelo, cinzento, azul, rosa, vermelho, verde, etc.
Brilho	Não metálico – Adamantino
Hábito	Octaédrico (forma mais comum) – {111}, cúbico – {100}, rombododecaédrico {110}
Clivagem	Perfeita, paralela aos planos do octaedro – (111)
Condutividade térmica	$5 - 25 \times 10^3$ W.m^{-1}.K^{-1}
Condutividade elétrica	0 – 100 Ω.cm (a 300K)
Compressibilidade	$1,7 \times 10^{-3}$ m^2 kg^{-1}
Módulo de Young (médio)	1.050 GPa
Inclusões minerais	
Protogenéticas e/ou singenéticas	Forsterita, enstatita, Cr-diopsídio, Cr-piropo, Cr-espinélio, Mg-ilmenita, sulfetos, zircão, onfacita, piropo-almandina, cianita, sanidina, rutilo, coríndon (rubi), diamante, etc.
Epigenéticas	Serpentina, calcita, quartzo, grafita, hematita, caulinita, richterita, perovskita, Mg-ilmenita, espinélio, xenotímio, sellaíta, goethita, etc.
Incertas	Flogopita, biotita, moscovita, anfibólio, magnetita, apatita, etc.
Materiais semelhantes	
Minerais	Topázio, zircão, anatásio, etc.
Materiais sintéticos	YAG (*Yttrium Aluminum Garnet*), GGG (*Gadolinium Gallium Garnet*), CZ (*Cubic Zirconia*), moissanita, titanato de estrôncio, etc.

• *Framesite*: é um tipo grosseiro de diamante, preto, de aspecto "arenoso" e preferencialmente friável, encontrado de modo particular nas minas Premier e Orapa, na África do Sul.

• *Stewartite*: é considerado um tipo raro de *bort*, apresentando pouco brilho, e que ocorre em fragmentos disformes e com propriedades magnética e polar, devido a impurezas de magnetita e sílica.

• *Short bort* (ou *shot bort*): é um termo utilizado na África do Sul para um diamante bem arredondado, de forma esférica e estutura radial, algumas vezes translúcido, mostrando uma coloração cinza, rosada ou marrom.

• *Hailstone bort*: é um tipo arredondado de *bort*, que difere das outras formas por apresentar camadas ou zonas distintas de colorações cinzentas, e os cristalitos podem se mostrar desde pobremente até bem cristalizados.

• Carbonado: termo de origem brasileira utilizado para conceituar agregados porosos de microdiamantes, apresentando coloração preta ou cinza-escura, e constituindo uma massa granular e compacta.

Comparando-se as descrições anteriores, existe pouca precisão mineralógica para tais definições, parecendo que diversos tipos, na realidade, constituem variações de outros. Estas, no passado, por suas características algo peculiares, apresentavam valores diferenciados comercialmente. Com a entrada maciça do diamante sintético no mercado, desde a década de 1970, vindo a suprir a maior parte da demanda do diamante industrial, essa cotação diferente, na prática, passou a inexistir.

Chaves (1997) agrupou mineralogicamente o diamante policristalino em apenas três divisões maiores, designadas de agregados policristalinos complexos (são os *borts, sensu lato*), *ballas* e carbonado, cujos conceitos são precisos em termos físicos e mineralógicos, apresentando ainda propriedades estruturais microcristalinas específicas.

Classificação química

O diamante é um mineral com uma composição química muito uniforme. Composto por carbono, somente sob a forma de traços se dá a ocorrência de outros elementos no interior de sua estrutura (foram identificados mais de meia centena), sendo o nitrogênio o mais comum e o que revela maior abundância média.

Apesar da baixa proporção de nitrogênio no diamante e, mais raramente, do boro, é de grande importância na valorização do diamante. O nitrogênio é responsável, através da sua concentração e modo de ocorrência na estrutura do mineral, pela coloração amarelada que freqüentemente associa-se ao mineral. A ocorrência de boro, em baixíssimas concentrações, está associada à cor azul de alguns diamantes, o que muito os valoriza. O famoso diamante Hope (cuja história foi relatada no capítulo anterior – Fig. 1.7 - p. 98) é uma gema de cor azul.

Apenas cerca de 2% dos diamantes mostram uma pequena absorção na faixa do infravermelho entre 800 cm^{-1} e 1.400 cm^{-1}. Todos os outros diamantes contêm nitrogênio em quantidade suficiente para apresentar uma absorção significativa naquela gama; são os diamantes do tipo I, que podem ser subdivididos nos subtipos Ia e Ib. A maior parte dos diamantes naturais pertence ao grupo Ia, enquanto a maior parte dos diamantes sintéticos é classificada como grupo Ib.

O diamante tipo Ia contém agregados de átomos de nitrogênio como impurezas na rede cristalina, apresentando uma linha de absorção aos 415 nm, e não são condutores elétricos. A maior parte dos diamantes amarelados pertence a esse grupo. Os diamantes do tipo Ia podem, ainda, ser subdivididos em IaA, IaB e IaAB, de acordo com os tipos de agregados de nitrogênio presentes. As subdivisões podem ser efetuadas pelas diferenças no espectro de absorção no infravermelho. Diamantes do tipo Ib contêm, principalmente, átomos isolados de nitrogênio dispersos na sua rede cristalina. Apenas uma percentagem muito pequena dos diamantes naturais coloridos pelo nitrogênio são deste tipo, os que mostram cor amarelo-canário, de muito maior saturação que os do tipo Ia (ver, a este propósito, o item Cor). Todos os diamantes sintéticos que contêm nitrogênio são do tipo Ib.

Os diamantes contendo pouco ou nenhum nitrogênio são classificados no tipo II. Alguns, muito raros, mostram alguma condutividade elétrica, devido à presença de traços de boro e/ou alumínio. A distinção entre o tipo IIa e IIb é feita com base no critério de condutividade, e os diamantes do último tipo são condutores da eletricidade. O tipo IIa é raro e tem uma composição química de carbono quase puro, com quantidades ínfimas de nitrogênio e/ou boro. Esses diamantes, muito freqüentemente, apresentam grandes dimensões. Em geral são incolores, embora haja os cor-de-rosa, castanhos ou de cor azul-esverdeada. Inertes à radiação ultra-violeta de onda curta, não conduzem eletricidade, porém são condutores muito eficientes de calor. O tipo IIb é muito raro e caracteriza-se pela substituição na rede cristalina de alguns átomos de carbono por átomos de boro, e, do ponto de vista elétrico, são semicondutores e tão sensíveis a variações de temperatura que podem ser usados para medir flutuações da ordem dos $0,002°$ C. São fluorescentes à radiação ultravioleta. A maior parte dos diamantes azuis naturais é do tipo IIb.

Os cristais de diamante, mesmo monocristalinos, não são, de fato, exatamente uniformes no que diz respeito à sua tipologia química, podendo coexistir na mesma amostra zonas com diferentes tipos, e a sua classificação é dada pela do tipo predominante.

Por vezes, cita-se a existência de diamantes do tipo III. Sabe-se atualmente que se trata não de diamantes mas do mineral lonsdaleíta, o outro polimorfo do diamante e da grafita, inicialmente encontrado na famosa Cratera Barringer (também conhecida como Cratera Meteor), no Arizona. Um possível "novo" e raro polimorfo do diamante é a chaoíta, encontrado apenas em ambientes meteoríticos, onde condições extremas de calor e pressão permitem a sua formação. Até agora, a chaoíta foi encontrada apenas em Mottigen (Alemanha), na Cratera Ries. Entretanto, ambas as espécies são hexagonais e não foi ainda possível confirmar uma real diferença entre elas.

2.3 Propriedades físicas e químicas

As propriedades físicas do diamante podem ser classificadas em propriedades mecânicas, propriedades ópticas e outras propriedades físicas. As propriedades mecânicas mais importantes são: dureza; clivagem; peso específico; coeficiente de dilatação linear; condutividade térmica; condutividade elétrica; compressibilidade e resistência. Dentre as propriedades ópticas mais importantes citam-se: índice de refração; índice de dispersão; transparência; fluorescência e fosforescência; espectro de absorção e poder refletor. Algumas dessas, constantes e de importância no aproveitamento comercial das pedras, serão descritas a seguir. As propriedades mineralógicas que podem apresentar parâmetros inconstantes, e úteis na caracterização das populações de diamantes de diferentes localidades, serão apresentados no Capítulo 3.

Dureza e clivagem

A elevada dureza do diamante é a sua característica física mais conhecida e a base da maior parte das aplicações industriais possíveis para o mineral. O diamante é a substância mais dura, com um valor de 10 na escala de Mohs (ver Fig. 2.3). Sua dureza é máxima na direção das faces do octaedro (111) e menores nas outras (110 e 100), e essa propriedade é largamente conhecida e utilizada pelos lapidadores no momento de fazer o corte das pedras. Entretanto, apesar da sua enorme dureza, o diamante apresenta uma clivagem perfeita paralela às faces do octaedro (Fig. 2.4).

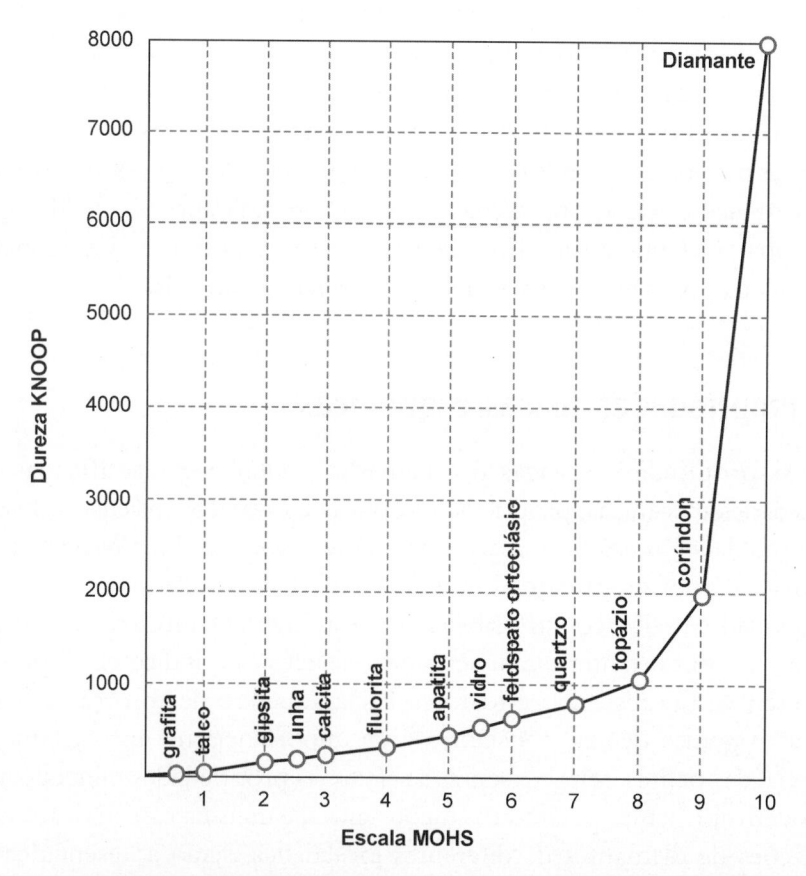

Fig. 2.3 *Escala de Mohs versus a Dureza Knoop (Harlow, 1998).*

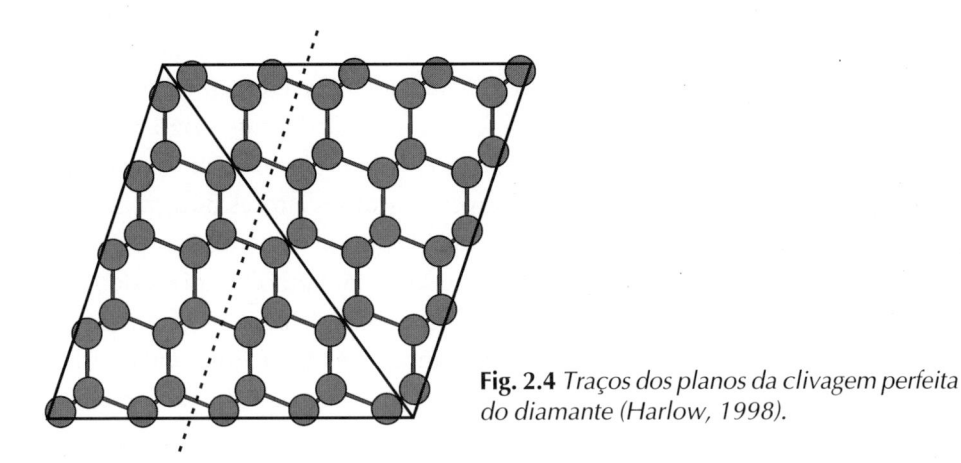

Fig. 2.4 *Traços dos planos da clivagem perfeita do diamante (Harlow, 1998).*

Índice de refração e dispersão

O índice de refração do diamante, uma das propriedades com maior influência no seu valor estético, é de 2,4175 (a 589,3 nm). Isto significa que a luz "caminha" em seu interior cerca de 2,4 vezes mais lentamente do que no vácuo. A dispersão do diamante tem um valor de 0,044. Esse fenômeno ocorre devido ao fato de a luz, além de refratada, é decomposta segundo as cores do espectro e, por isso, a capacidade de refração depende em grande parte do comprimento de onda da luz. Como cada cor do espectro possui um comprimento de onda distinto, cada uma delas será refratada separadamente. No diamante, o índice de refração no vermelho (comprimento de onda de 687 nm) é de 2,407; no amarelo (589 nm), 2,417; no verde (527 nm), 2,427; no violeta (397 nm), 2,465. A dispersão de uma gema é dada pela diferença entre os índices de refração do vermelho e do violeta. Desta forma, aparece no diamante, cuja decomposição das cores é especialmente grande, um imponente jogo de cores que também é conhecido como "fogo".

Cor, fluorescência e fosforescência

A percepção da cor depende da faixa espectral relativamente estreita de radiação detectada pelo olho, situada entre 400 e 700 nm. Mesmo valores baixos de absorvência nessa banda espectral podem produzir uma coloração apreciável.

Se um diamante for observado em luz branca, uma maior absorção na faixa azul do espectro dará origem a uma tonalidade amarela, enquanto uma maior absorção na faixa do amarelo produzirá uma tonalidade azul. Logo, a cor de um diamante é determinada, principalmente, pela forma do seu espectro de absorção, mas é importante notar que diversos outros fatores podem afetar a cor aparente, mesmo em pedras de alta qualidade e extremamente transparentes. A cor aparente de um diamante depende do seu tamanho, sendo produzida pela absorção preferencial de alguns componentes da luz branca. Assim, quanto mais longo for o percurso da luz no diamante, mais luz é absorvida e mais "colorida" será a pedra; de dois diamantes com espectros de absorção idênticos, o maior deverá ter a cor mais forte.

A aparência de uma pedra depende, também, da natureza da luz, definida por normas rígidas quando o objetivo é a avaliação comercial dos diamantes. Mesmo para uma determinada luz, a cor observada depende da sensibilidade dos olhos do observador à cor, e esta sensibilidade varia, algumas vezes consideravelmente, de pessoa para pessoa.

A cor do diamante depende também da concentração dos chamados "centros de cor" (vacâncias eletrônicas no interior da rede cristalina). Os diamantes apenas com nitrogênio nas formas A e B não apresentam absorção na região do visível e serão, assim, incolores. O centro N3 produz uma absorção que se prolonga suficientemente para a região do visível, para absorver alguma luz azul e, conseqüentemente, produzir uma cor amarelo pálido. O centro N simples origina uma forte absorção na extremidade azul do espectro visível, dando origem a uma pronunciada coloração amarela. As plaquetas de nitrogênio não produzem absorção na região do visível e, portanto, qualquer cor. Os centros de boro absorvem luz na extremidade vermelha do espectro visível, dando origem a uma coloração azul.

Os deslocamentos na rede cristalina parecem ser responsáveis pelo crescimento da absorção em direção à extremidade azul do espectro, dando origem a uma coloração acastanhada.

Os diamantes vermelhos são, talvez, os mais valorizados pela cor e a extrema raridade. As colorações rosa, vermelha e púrpura são consideradas próximas e partilham de muitas características: a origem da cor desses diamantes não foi ainda totalmente determinada, mas supõe-se que esteja relacionada a deformações da estrutura cristalina do diamante.

Os diamantes negros (monocristalinos) têm sua cor originada pela presença de inúmeras inclusões daquela cor – grafita, provavelmente. O grande número de inclusões torna-os difíceis de serem lapidados. Os diamantes brancos (também designados de opalescentes) devem sua cor à presença de pequenas inclusões que dispersam a luz em todas as direções. Não é conhecida a natureza da miríade de pequenas inclusões que estão na origem do fenômeno.

Muitos diamantes apresentam cor verde, na maior parte dos casos, restrita a uma fina película superficial. A cor verde é possivelmente causada por radioatividade natural a que tenham sido sujeitos durante a sua vida, embora tenham sido apresentadas outras hipóteses de explicação para a ocorrência desta cor. Encontram-se, também, ocasionalmente diamantes de cor verde-garrafa uniforme com a qual não foi ainda estabelecida qualquer relação com um centro de cor particular. Veja-se a esse propósito, as discussões apresentadas nos capítulos 3 e 5, sobre a origem da cor verde em diamantes da região de Diamantina, Minas Gerais.

Por fim, deve-se citar a ocorrência de alguns diamantes quase incolores, que apresentam uma aparência algo cinzenta. Uma observação cuidadosa desses diamantes revela a existência de defeitos que reduzem a pureza da pedra, os quais podem ser inclusões ou fraturas internas, em escala relativamente grande, parecendo negras quando a pedra é observada em luz transmitida. Algumas vezes, as inclusões têm uma menor dimensão, aparecendo como uma nuvem tênue, dando uma aparência leitosa ao diamante.

Em adição a esses efeitos, se a superfície do diamante for rugosa e irregular, essas características impedem a transmissão e reflexão da luz e a pedra parecerá cinzenta quando comparada com um diamante semelhante lapidado. De fato, a qualidade de um diamante só pode ser definitivamente avaliada após o polimento de superfícies planas – designada abertura de janelas – em lados opostos da pedra, de forma a poder observar-se o seu interior.

Ao discutir a cor dos diamantes, é também importante notar que muitos diamantes, cerca de dois terços, apresentam fluorescência. A fluorescência e a fosforescência são dois aspectos de um fenômeno denominado luminescência – a emissão de luz visível por um material sujeito a algum tipo de excitação – geralmente originada, no caso das gemas, pela exposição à luz ultravioleta. A fluorescência consiste na emissão de luz visível apenas durante o período de tempo em que o material é excitado. Se a emissão de luz prosseguir após a

Tabela 2.2 *A origem das diversas cores nos diamantes naturais e tratados (Fritsch, 1998)*

Cor	Tonalidade	Tipo	Causa	Nome do Centro
Violeta		Ia	Defeitos relacionados com hidrogênio	
Azul		IIb	Vestígios de boro	
Azul		Ia e IIa	Irradiação	GR1
Azul	Acizentado	Ia	Defeitos relacionados com hidrogênio	
Azul		Ia e IIa	Irradiação	GR1
Verde		Ia e IIa	Irradiação com componentes amarelos ou castanhos	
Verde	Amarelado	Ia	Fluorescência	H3
Verde	Acizentado	Ia	Defeitos relacionados com hidrogênio	
Verde	Vários tons	Ia	Vários defeitos desconhecidos	
Verde tratado	Azulado a amarelado	Ia	Irradiação	GR1
Amarelo		Ia	Agregado com 3 átomos de nitrogênio	N3
Amarelo	Acizentado	Ia	Defeitos relacionados com hidrogênio	
Amarelo		Ib	Nitrogênio isolado	
Amarelo tratado		Ia	N3+ lacunas em agregados de nitrogênio	N3 +H3 e H4
Laranja	Acastanhado	Ia	N3+ lacunas em agregados de nitrogênio	N3+H3 e raramente H4
Laranja	Amarelo alaranjado a laranja	Ia	Desconhecido, relacionado com nitrogênio	Banda dos 480 nm
Rosa, vermelho ou purpúra		Ia e IIa	Centro desconhecido relacionado com a deformação	
Rosa, vermelho ou purpúra	Rosa pálido	IIa	Lacunas adjacentes a átomos de nitrogênio isolados	N - V
Rosa a purpúra tratado		Ib, muitas vezes com Ia	Lacunas adjacentes a átomos de nitrogênio isolados	N - V
Castanho		Todos os tipos	Centro desconhecido relacionado com a deformação	
Castanho tratado		Ia	Vários defeitos relacionados com o nitrogênio	N3, H3, H4, outros
Negro		Todos os tipos	Na maioria das vezes inclusões negras	
Negro tratado		Ia	Irradiação	GR1
Cinzento	Muitas vezes amarelado	Ia	Defeitos relacionados com hidrogênio	
Cinzento	Muitas vezes azulado	IIb	Vestígios de boro (?)	
Branco		Ia	Inclusões desconhecidas	

remoção da fonte de excitação, o fenômeno designa-se fosforescência, presente apenas em raríssimos casos no diamante. A luz reemitida tem mais freqüentemente uma coloração azul, modificando assim a cor aparente do diamante. Tanto quanto se sabe atualmente, a fosforescência não tem qualquer papel na coloração dos diamantes, mas a fluorescência pode influenciar as cores percebidas.

Condutibilidades térmica e elétrica

As condutibilidades térmica e elétrica do diamante e da grafita são radicalmente distintas: a grafita comporta-se como um metal (devido ao comportamento de seus elétrons), apresentando assim uma boa condutibilidade elétrica; no diamante, todos os elétrons dos átomos de carbono se encontram fortemente ligados, o que torna a sua mobilização para a transmissão de corrente elétrica difícil e o mineral apresenta um comportamento não-condutor.

O diamante tem uma grande condutibilidade térmica, ao contrário do que seria de se esperar, dado o seu comportamento não-condutor da eletricidade. Essa característica deve-se à sua capacidade de transmissão das vibrações, que pode ser efetuada por dois mecanismos:

• movimentação de elétrons excitados, razão pela qual os bons condutores elétricos são bons condutores térmicos;

• transmissão de energia vibratória, que se baseia na existência de uma estrutura cristalina muito rígida, na qual inexistem ligações fracas, condições verificadas no diamante.

É a combinação dessas duas características físicas – fraca condutibilidade elétrica e elevada condutibilidade térmica (quatro vezes superior à do cobre) – que dá ao diamante uma vasta gama de utilização em aplicações eletrônicas. A existência de determinado tipo de impurezas no diamante pode alterar a sua condutibilidade elétrica, transformando-o num semicondutor com propriedades interessantes do ponto de vista industrial.

Propriedades de superfície

O diamante é um mineral hidrófobo, atraindo as gorduras e óleos, uma característica rara nos minerais em geral. Essa característica dos diamantes foi identificada desde 1896, por um empregado da De Beers, na África do Sul, que desenvolveu um processo de separação dos diamantes através dessa propriedade, com a criação de uma graxa especial.

2.4 Utilidades e avaliação dos diamantes brutos e lapidados

O valor unitário ou dos lotes de diamantes é dado por suas:

• Propriedades físicas (sobretudo ópticas e de dureza) e químicas (estabilidade) únicas, já discutidas.

• Características estéticas: a beleza do diamante é uma das propriedades que lhe dá valor. É impossível definir beleza, propriedade subjetiva relacionada às características ópticas do diamante – poder refletor, transparência, cor, dispersão e índice de refração – mas a que estão, associados valores culturais, variáveis ao longo do tempo. É elucidativo, a esse propósito, observar a valorização que os diamantes de cor tiveram nas duas últimas décadas, após um longo período em que foram apenas considerados como curiosidades mineralógicas e como tal tratados.

• Raridade: o diamante tem valor porque é raro na Natureza. Não fosse o diamante raro, muito ou mesmo a totalidade do seu valor, enquanto gema, seria perdido.

• História e mitologia que lhe estão associadas: ao diamante está associada uma importante componente cultural e histórica. Muitos mitos e dramas reais históricos e atuais se deram em torno ou por causa dos diamantes, adicionando-lhe um importante valor subjetivo.

• Demonstração de riqueza e poder: porque tem elevado valor unitário e é raro, bem como pela história e mitologia que a ele está associada, o diamante é um forte símbolo de poder e *status* social. A afirmação social associada à posse e uso de jóias com diamantes reforça, também, o valor utilitário do diamante.

• Valor unitário elevado: o que os torna uma reserva de valor portátil. Uma das propriedades do diamante que o torna valioso é a de que este mineral é uma forma de reserva portátil de valor. O elevado valor unitário do diamante, a sua estabilidade mediante a desvalorização monetária e facilidade com que pode ser transportado ou guardado tornam-no um modo extremamente popular de reserva de valor, acrescentando-lhe utilidade.

• Gestão do mercado: efetuada pela De Beers, que inclui uma garantia implícita de manutenção ou mesmo acréscimo no valor dos diamantes, além de uma forte e contínua promoção comercial.

Principais aplicações

O diamante tem características únicas, úteis para diversas indústrias. As duas aplicações mais conhecidas do diamante são a joalheria e, nas outras indústrias, como abrasivo. A utilidade do diamante para o homem é, todavia, mais extensa e as suas aplicações tecnológicas têm crescido rapidamente nos últimos anos graças ao desenvolvimento das técnicas de síntese de diamantes.

O diamante foi inicialmente utilizado em joalheria na sua forma bruta ou, mais tarde, afeiçoado de forma primitiva. O progresso da técnica permitiu a criação de talhes independentes da morfologia original do diamante. A utilização do *laser* permite a criação de diamantes lapidados em qualquer forma, ao gosto do cliente final.

As aplicações dos diamantes industriais são diversas, e crescem rapidamente. Às tradicionais aplicações na perfuração e corte, particularmente na pesquisa e produção de petróleo, na indústria mineira, nas engenharias civil e mecânica, baseadas na dureza e resistência do diamante, juntam-se outras aplicações, como em dispositivos eletro-ópticos, em ambientes hostis (como reatores nucleares e no espaço) e em dispositivos eletrônicos, por exemplo.

O crescimento das aplicações dos diamantes industriais nos últimos anos deveu-se sobretudo ao desenvolvimento de técnicas especiais de fabricação de diamantes sintéticos. Apesar dos tipos sintéticos serem fabricados há algumas décadas, com base em técnicas que exigiam altas pressões e temperaturas, só recentemente foram desenvolvidos processos que permitem a sua deposição e crescimento em películas, a partir

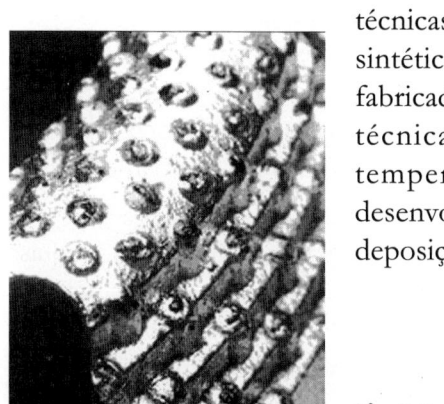

Fig. 2.5 *Pormenor de uma coroa diamantada utilizada em sondas de rotação (Chambel, 2000).*

de gases em baixa pressão. Essas técnicas introduziram uma nova era nas aplicações tecnológicas do diamante, permitindo especificar ferramentas com configurações e dimensões até então impossíveis.

Mais de 90% dos diamantes industriais são usados sob as formas granulométricas de areia (*grit*) e pó, para fabricar serras e outros instrumentos de corte (Fig. 2.5). Embora o diamante seja um produto abrasivo bem mais dispendioso, ele é freqüentemente preferido, pelo fato de ter um ciclo de vida maior, o que o torna mais econômico que outros abrasivos, como a alumina e o carbeto de silício.

A procura no setor dos diamantes industriais deverá continuar a crescer. Os Estados Unidos e o Japão são os maiores consumidores, seguidos, à distância, pela Alemanha e Itália. Estima-se que mais de 80% do mercado dos diamantes industriais (>250 milhões de quilates/ano) atualmente correspondam à quota dos diamantes sintéticos, o que tem desestimulado o comércio dos diamantes industriais de origem natural. A vantagem competitiva do diamante artificial reside na tendência decrescente dos seus preços, que podem variar entre US$0,20 e US$125,00/ct, para os *borts* e para as pedras grandes, respectivamente. Por outro lado, os diamantes sintéticos podem ser manufaturados de forma a cumprir determinadas especificações. Essa vantagem é cada vez mais pronunciada, especialmente no caso das novas aplicações que as técnicas de deposição química de vapor possibilitaram.

Porque se compram diamantes

O diamante é um mineral com algumas propriedades peculiares a que a História e o *marketing* da De Beers associaram as idéias de magia, poder, riqueza e amor eterno, com uma importância diferente ao longo do tempo e para os diferentes segmentos de mercado. Sem dúvidas, o *slogan* criado pela De Beers – *Diamonds are forever* – é um dos mais bem sucedidos jargões comerciais de todos os tempos.

Na atualidade, o diamante é a gema preferida pelo público; uma pesquisa realizada pela associação americana de varejistas de joalheria mostrou que 61% dos clientes americanos preferem o diamante, 10% a esmeralda, 9% a safira e 7% o rubi. As razões por que se compram diamantes como gemas são diversas e mudaram ao longo do tempo. Nem sempre a celebração de datas importantes, como o aniversário ou o Natal (que é a melhor época de venda de diamantes durante o ano), ou a associação com a promessa de amor eterno – ou a constatação do seu fim (como os anéis de divórcio) – foram razões para adquirir diamantes.

Durante a Idade Média, os diamantes não eram usados em joalheria, isto é, o seu valor estético ou como revelador de *status* era muito pequeno. Assim, o seu valor era essencialmente "mágico", sendo utilizados apenas por homens (ao contrário do que sucede hoje). Os diamantes eram incrustados em armaduras (estando apenas ao alcance dos muito ricos e poderosos), na esperança de que as propriedades mágicas, ao exemplo da invencibilidade associada à sua dureza, se estendessem aos seus portadores.

Mesmo hoje, as razões referidas não são as únicas ligadas à aquisição de diamantes-gema, embora correspondam, é certo, às dos principais segmentos de mercado. Além daqueles segmentos, existem outros; o que tem como principal razão para a aquisição de diamantes o investimento e a reserva de valor que representam, e o da chamada "mulher moderna", segmento constituído pelas mulheres economicamente independentes que compram diamantes por si e/ou para si.

O rendimento disponível, as tradições culturais, fenômenos de moda e as ações de promoção de venda de diamantes patrocinadas pela De Beers e comerciantes de joalheria sob a forte pressão de produtos concorrentes, são as principais forças que influenciam em dado mercado e momento o volume de aquisição de joalheria utilizando diamantes.

Todos os produtos de luxo, entre os quais o diamante, têm um apelo intrínseco, adicional ao apelo que advém da sua função de exibição de posição social. Estar rodeado de luxo ou possuir um produto de luxo ajuda a criar a ilusão de ser independente dos outros; muitas pessoas bem-sucedidas tentam dessa forma compensar a ausência de amigos. Os produtos de luxo ajudam as pessoas a sentirem-se acima da multidão, dado que a sua posse é paralela à aparência de posição social. Alguns desses produtos, como os diamantes e os artigos de metais preciosos, também oferecem segurança. Os diamantes, mais que as outras gemas, exemplificam riqueza e luxo e assim têm a vantagem de serem considerados e aceitos mundialmente (as Tabelas 2.3, 2.4, 2.5 e 2.6 ilustram diversas formas de comportamento no mercado de consumo de diamantes). Podem definir-se dois segmentos neste mercado, com base no critério da razão de compra:

- presentes para marcar ocasiões festivas (Natal, noivado, aniversário de casamento, de nascimento, etc.);
- aquisição de diamantes sem qualquer ocasião especial.

Sob a perspectiva de mercado global, pode-se usar um outro critério de segmentação, baseado na relação existente entre o comprador e o utilizador, em que o comprador da peça é o próprio utilizador, ou o comprador adquire a peça para oferecer em alguma ocasião especial. Com base nas citadas tabelas, pode-se definir o comportamento ocidental de acordo com as sociedades de língua e cultura anglo-saxônica, nas quais os diamantes são, na maior parte das vezes, presenteados para mulheres, e se relacionam principalmente a ocasiões festivas. O comportamento asiático, de outra forma, apresenta certas particularidades, pois as compras são feitas independentemente de ocasiões especiais, e os compradores adquirem as peças para si (em geral homens), aparentemente como forma de investimento.

Tabela 2.3 *Hábitos de consumo de diamantes lapidados em diversos países – 1996, De Beers*

1996	Propriedade	Aquisição de anéis de noivado com diamantes	Presente vs compra
	mulheres adultas	noivas	Presente % Total
Estados Unidos	85%	69%	84%
Canadá	80%	78%	
Austrália	74%	73%	
Reino Unido	72%	73%	88%
Japão	71%	64%	44%
Alemanha	46%	17%	85%
Itália	43%	26%	87%
França	33%	21%	90%
Hong Kong	30%		47%
Coréia	24%		92%
México		28%	
Taiwan			60%
Indonésia			55%

Tabela 2.4 *Hábitos de consumo de diamantes: ocasião da compra – 1996, De Beers*

Ocasião dos presentes	Alemanha	Estados Unidos	Taiwan	Japão
Natal	42%	36%	1%	5%
Aniversário de nascimento	25%	13%	12%	11%
Aniversário de casamento	7%	11%	19%	5%
Noivado ou casamento	5%	14%	8%	9%
Outra ocasião	7%	9%	17%	17%
Sem ocasião especial	14%	17%	43%	53%

Tabela 2.5 *Hábitos de consumo de diamantes: sazonalidade da compra – 1996, De Beers*

Sazonalidade	Trimestre 1	Trimestre 2	Trimestre 3	Trimestre 4
Alemanha	16%	16%	18%	50%
Itália	18%	20%	19%	44%
Estados Unidos	20%	22%	19%	39%
Japão	19%	28%	24%	29%
Hong Kong	35%	24%	17%	25%

Tabela 2.6 *Hábitos de consumo de diamantes – quotas de mercado – 1996, De Beers*

Dados de 1996	Peças de joalheria com diamantes	Valor de varejo	Valor dos diamantes	Peso dos diamantes
Estados Unidos	44%	35%	34%	49%
Japão	15%	28%	24%	18%
Europa	16%	14%	12%	8%
Ásia-Pacífico	6%	7%	16%	9%
Outros	19%	16%	14%	16%
Número	67 M	USD 52 bilhões	USD 12 bilhões	21 Mct
Crescimento anual	2%	-2%	0%	

O valor unitário dos diamantes

Os diamantes têm um valor unitário extremamente elevado: uma gota de água com 1 ml de volume – ≈1 g – custa menos de 0,001 centavo de dólar ao consumidor brasileiro no 3º escalão de consumo, um grama de ouro custa cerca de US$10,00 e um diamante bruto de boa qualidade com o mesmo peso (1 g = 5 ct), deve custar cerca de US$5.000,00 (valores de maio de 2003). Lapidado, um diamante de igual peso, e de boa qualidade, pode ainda custar cerca de 10 vezes mais. O preço médio de produção dos diamantes em bruto alcançou um valor próximo de US$70/ct; o valor médio da produção australiana alcançou US$10/ct e, no outro extremo, o da Namíbia cerca de US$300/ct.

Apresentam-se nas Tabelas 2.7 e 2.8 listas de preços de diamantes lapidados (e de outras gemas coradas, para comparações). Os valores dos diamantes lapidados (Tabela 2.7) seguem o modelo das tabelas Rapaport, e evidenciam a estabilidade dos preços ao longo do ano de 1997. O Rapaport, e hoje o seu serviço *online*, é um conjunto de tabelas dos valores de preços pedidos nas transações de diamantes lapidados. Essas tabelas são as principais referências internacionais no que diz respeito aos preços de diamantes lapidados. As transações são negociadas com base no desconto – 30%, 40% ou 50% abaixo do Rapaport, por exemplo – efetuado nas transações com as gemas. Existem ainda outras publicações e/ou serviços semelhantes utilizados no comércio de diamantes, como é o caso do *The Guide* e do *GemKey*.

Uma das razões que fazem do negócio com diamantes uma questão particularmente fascinante é o caráter único de cada pedra. Cada diamante representa um problema diferente de avaliação, tornando tal questão uma mistura de ciência com arte. Duas características se conjugam para que a avaliação dos diamantes, em estado bruto ou lapidados, seja uma operação sensível:

• os diamantes têm um valor unitário muito elevado;

• pequenas variações nas propriedades dos diamantes, algumas de avaliação delicada, podem ter grande impacto no valor unitário final.

A classificação e avaliação de diamantes não é uma operação simples, e a formação de um classificador exige muitos anos de prática. Além disso, não existem tabelas públicas de preços de diamantes em bruto, sendo necessário um contato permanente com o mercado. Mesmo no caso dos diamantes lapidados, existe ainda uma relativa margem de incerteza: as tabelas existentes, das quais a mais utilizada é a citada Rapaport, listam não os valores de transação mas os valores pedidos pelos vendedores.

Tabela 2.7 *Cotações médias de brilhantes no mercado (em US$), em função de seu peso, sua cor e pureza, praticadas em 1997 (Balazik, 1998)*

Peso (ct)	Cor	Pureza	Preços (US$ct)		
			Jan-97	Jun-97	Dez-97
0,25	G	VS1	1.500	1.500	1.500
0,25	G	VS2	1.380	1.380	1.380
0,25	G	SI1	1.130	1.130	1.130
0,25	H	VS1	1.400	1.400	1.400
0,25	H	VS2	1.250	1.250	1.250
0,25	H	SI1	1.050	1.050	1.050
0,50	G	VS1	3.300	3.300	3.300
0,50	G	VS2	2.900	2.900	2.900
0,50	G	SI1	2.500	2.500	2.500
0,50	H	VS1	2.900	2.900	2.900
0,50	H	VS2	2.600	2.600	2.600
0,50	H	SI1	2.400	2.400	2.400
0,75	G	VS1	3.800	3.800	3.800
0,75	G	VS2	3.600	3.600	3.600
0,75	G	SI1	3.300	3.300	3.300
0,75	H	VS1	3.650	3.650	3.650
0,75	H	VS2	3.450	3.450	3.450
0,75	H	SI1	3.100	3.100	3.100
1,00	G	VS1	5.400	5.400	5.4 00
1,00	G	VS2	5.200	5.200	5.200
1,00	G	SI1	4.700	4.700	4.700
1,00	H	VS1	5.000	5.000	5.000
1,00	H	VS2	4.900	4.900	4.900
1,00	H	SI1	4.500	4.500	4.500

Tabela 2.8 *Preços unitários de algumas gemas coradas comuns (Balazik, 1998)*

Gemas	Preços (US$/ct)	
	jan/97	dez/97
Ametista	7-16	7-16
Água Marinha	75-190	75-190
Esmeralda	1580-2900	800-2000
Granada (tsavorita)	600-900	600-900
Granada (rodolita)	20-30	20-30
Rubi	2450-3900	1800-2900
Safira	800-1800	800-1800
Tanzanita	120-210	120-190

A classificação de diamantes lapidados encontra-se muito divulgada, sobretudo no que diz respeito aos fatores que a condicionam, os famosos 4 "Cs" do inglês: *carat weight, colour, clarity* e *cut* – que significam respectivamente, peso em quilates, cor, pureza e qualidade da lapidação. A classificação dos diamantes em estado bruto, mais afastada dos domínios habituais do público não especializado, baseia-se em características semelhantes às do lapidado, porém, em adição, é considerado um forte componente relacionado ao aproveitamento provável na lapidação, além da conseqüente valorização potencial final de cada pedra.

Avaliação dos diamantes em bruto

A classificação e conseqüente valorização dos diamantes gemológicos em estado bruto é complexa. As quatro variáveis que permitem classificá-los são o peso, a cor, a pureza/ integridade estrutural (existência de inclusões, fraturas, planos de geminação cristalina – ou *naats*, etc.) e o hábito do cristal. A grande variabilidade que os diamantes podem apresentar conduz a sistemas de classificação com um número elevado de classes.

Deve salientar-se que alguns diamantes podem ser difíceis de classificar, por terem uma superfície embaçada ou estarem cobertos por uma película mineral, não sendo possível determinar objetivamente a sua cor, e são chamados de diamantes especulativos. Trata-se do caso, por exemplo, dos diamantes brasileiros com uma coloração superficial, em geral verde, conhecidos como diamantes de capa – ou casca – verde.

O estudo de lotes originais de diamantes, com base no peso, cor, pureza e forma cristalina, permite inferir a sua provável origem (país ou mesmo mina). Atualmente, com base nessas características dos diamantes, realizam-se algumas tentativas para desenvolver metodologias de identificação da origem de lotes, com o fim de implementar as sanções do Conselho de Segurança da ONU aos grupos africanos que fomentam guerras civis em seus países às custas do contrabando de diamantes.

O primeiro passo do processo de classificação dos diamantes em estado bruto consiste na determinação do seu peso, a propriedade de mais fácil avaliação. A unidade utilizada é o quilate métrico, de símbolo "ct" (do inglês, *carat*), equivalente a 0,2 g (o quilate métrico foi introduzido em 1913; até então, o peso do quilate variava ligeiramente de praça para praça, de um valor mínimo de 188,5 mg, em Bolonha, a um máximo de 213,5 mg em Turim e na Pérsia, tendo no Brasil, em Lisboa, Hamburgo e Frankfurt, o valor de 205,8 mg). As pedras maiores de 1 ct são pesadas individualmente; abaixo desse peso, os diamantes são classificados de acordo com o intervalo granulométrico respectivo, com o uso de algumas séries de crivos especiais. Abaixo de 0,05 ct, os diamantes não são classificados como gemológicos. O valor unitário dos diamantes cresce com o seu peso de forma grosseiramente exponencial.

A cor é a característica de mais difícil avaliação no diamante bruto. Existem espécimes de todas as cores, embora uma percentagem esmagadora seja incolor, com diferentes tons de amarelo, somente detectados pelos peritos. Em média, de cerca de 3.000 ct extraídos, apenas um ou dois são coloridos. Desta pequena quantidade, 80 a 90% são castanhos ou amarelos. A dificuldade de classificação da cor dos diamantes exige que as condições de iluminação sejam padronizadas, tradicionalmente utilizando-se iluminação natural. Entretanto, pode-se utilizar iluminação artificial, desde que se respeitem normas estabelecidas internacionalmente.

À exceção de alguns dos diamantes coloridos (*fancies*), o diamante mais valioso, no que diz respeito à cor, é o diamante completamente incolor. Entre os diamantes coloridos, os mais valiosos de todos são os vermelhos. Em 1987, um diamante vermelho púrpura de 0,95 ct foi vendido pela Christie's, de Nova Iorque, por US$96.000. Segundo Cassedanne (1989), a venda de outro diamante vermelho (brasileiro, de procedência desconhecida) bruto, com pouco menos que 1 ct representa a substância natural e não modificada mais valiosa vendida na Terra, alcançando o valor de quase 5 milhões de dólares por grama (US$1 milhão por quilate!). Outras cores encontradas nos diamantes são o rosa, violeta, azul, amarelo e verde. É ainda importante notar que a cor dos diamantes pode ser influenciada pela sua fluorescência, o que tem uma forte implicação para a sua valorização. Como regra geral, a fluorescência reduz o valor da pedra em relação a uma pedra "igual" sem fluorescência, embora ainda haja discussões científicas quanto à validade dessa premissa para a totalidade dos casos.

Em relação à pureza do diamante, quanto menos inclusões, fraturas ou outras imperfeições internas contiver, melhor a sua qualidade e mais valioso ele se torna. Esse aspecto é essencial para que as pedras possam exibir, depois de lapidadas, as propriedades ópticas e estéticas que lhes são pertinentes. Em adição ao efeito de perda de limpidez das pedras, a existência de fraturas ou outros defeitos internos podem reduzir seus valores em bruto, através da diminuição do seu volume de aproveitamento durante o processo de lapidação.

Os diamantes em estado bruto podem possuir formas muito variadas, apresentando-se em formas cristalográficas perfeitas, como o octaedro ou o rombododecaedro ou, no extremo oposto, sem forma regular, com superfícies irregulares de fratura ou, ainda, como cristais geminados ou agregados policristalinos. É a forma da pedra que, em conjunto com sua dimensão e as suas imperfeições internas, determina o aproveitamento final do diamante após a lapidação. Embora a classificação usada varie com a dimensão dos diamantes, pode-se usar as seguintes classes principais (tais termos são usados no comércio com seus significados em inglês):

• *Stones*: octaedros ou rombododecaedros inteiros e regulares.

• *Shapes*: octaedros, rombododecaedros e outras formas inteiras ligeiramente achatadas ou de conformação irregular.

• *Cleavages*: formas cristalográficas clivadas, partidas ou muito irregulares.

• *Maclles*: formas geminadas triangulares ou arredondadas, em que o achatamento é predominante.

• *Flats*: formas nitidamente achatadas ou espalmadas.

Avaliação dos diamantes lapidados

Como são quatro as características de um diamante que determinam o seu preço depois de lapidado: o peso, a cor, a pureza e a lapidação do diamante, cada um deve ser pesado individualmente e, tal como para os diamantes em bruto, a unidade de peso é o quilate (ct). Antes da Idade Média, somente poliam-se os diamantes quando não eram perfeitos. As lapidações chamadas "mesa" e "rosa" apareceram antes do século XVII. Na forma "mesa", apenas se cortava a ponta do octaedro. Na "rosa", acima de uma base plana emergem 12 a 36 facetas triangulares, agrupadas simetricamente em torno da cintura. No século XVII, o veneziano Peruzzi criou uma forma desde então chamada "brilhante", na qual, acima da cintura (ou rondiz), aparece a coroa com 33 facetas, e abaixo, o pavilhão com 25 facetas.

Até há alguns anos, os diamantes de cor intensa eram apenas curiosidade, não sendo muito valorizados e de venda difícil. A situação mudou hoje radicalmente, e algumas tonalidades, como champanhe e conhaque, atingem preços muito elevados, e são bons exemplos da mudança de atitude do mercado. Tais diamantes são conhecidos há muito tempo, no entanto nunca tiveram sucesso comercial, talvez devido ao fato de serem considerados castanhos. Quando a mina de Argyle (Austrália) entrou em produção, e uma razoável parte de seus diamantes possuíam tais colorações, uma campanha de *marketing* com sucesso conseguiu modificar a imagem negativa associada pelo público aos diamantes de tonalidades amarronzadas, criando as designações referidas. Apesar da atenção que os diamantes de cor atingiram nos últimos anos, representam apenas uma pequeníssima fração do total de diamantes lapidados: mais de 99,9% dos diamantes são incolores ou levemente tingidos de amarelo; destes, os mais caros são os diamantes totalmente incolores.

Na Fig. 2.6 são apresentados alguns dos sistemas mais comuns de classificação da cor dos diamantes. O mais utilizado é o do GIA, *Gemological Institute of America*. Tais classificações referem-se aos diamantes incolores ou levemente tingidos de amarelo. Os diamantes de cores intensas (diamantes *fancies*) são classificados de forma diferente, não existindo ainda uma metodologia padrão, em conseqüência da complexidade da classificação da cor "física" das pedras coloridas.

Os diamantes lapidados são, como os diamantes em bruto, também classificados de acordo com suas purezas: as classes assim constituídas variam

	Gemological Institute of America	European Gemmological Institute	Normas internacionais	Sistema escandinavo	Sistema britânico	Sistema francês	Sistema alemão	Termos usados por alguns *brokers* de diamantes	
Incolor	D	0+	Exceptional White +	River	Finest White	Blanc Exceptionnel	River	Blue White or Jager	Pedras melhores
Incolor	E	0	Exceptional White	River	Finest White	Blanc Exceptionnel	River	Collection White or River +	Pedras melhores
Incolor	F	1*	Rare White +	Top Wesselton	Fine White	Extra Blanc	Top Wesselton	River	Pedras melhores
Incolor	G	1	Rare White	Top Wesselton	Fine White	Extra Blanc	Top Wesselton	Top Fine White or Top Wesselton	Pedras melhores
Quase incolor	H	2	White	Wesselton	White	Blanc	Wesselton	Fine White	
Quase incolor	I	3	Slightly Tinted White	Top Crystal	Commercial White	Blanc Nuance	Top Crystal	White Crystal or Top Crystal	
Quase incolor	J	4	Slightly Tinted White	Crystal	Top Silver Cape	Légèrement Teinté	Crystal	Crystal	
Ligeiramente tingido	K	5	Tinted White	Crystal	Top Silver Cape	Légèrement Teinté	Crystal		
Ligeiramente tingido	L	6	Tinted White	Top Cape	Silver Cape	Teinté	Top Cape		
Ligeiramente tingido	M	7	Tinted Colour						

Fig. 2.6 *Alguns exemplos mais conhecidos de classificações quanto à cor gemológica dos diamantes.*

entre as que contêm diamantes puros ou praticamente sem defeitos e/ou inclusões, até aquelas em que as inclusões presentes nos diamantes são visíveis a olho-nu. Quanto maior a dimensão dos diamantes, maior o número de classes que podem ser formadas, e seus valores de mercado caem drasticamente com o aumento das impurezas presentes (Fig. 2.7). Os seguintes graus de pureza são reconhecidos: FL (*flawless*): totalmente limpo; If (*internally flawless*): limpo internamente; VVS (*very very small inclusions*): inclusões minúsculas; VS (*very small inclusions*): inclusões muito pequenas; SI (*slight inclusions*): inclusões pequenas; P1, P2 e P3 (*piqué inclusions*): inclusões visíveis progressivamente maiores e mais abundantes.

A dimensão, posição e natureza das inclusões têm um impacto no valor do diamante, proporcional à redução do valor estético da pedra; de um modo geral, quanto maiores e em maior número forem as inclusões, menor será o valor da pedra. A observação da pureza do diamante é também, como a cor, efetuada com o auxílio de uma lupa de 10 aumentos.

É o talhe que faz com que o diamante utilize da melhor forma a luz que nele incide. Quando o diamante é lapidado com boas proporções, a luz é refletida entre as suas facetas e dispersada através do seu topo. Se o corte do diamante não for o ideal, um pouco da luz escapará através das facetas, perdendo parte do seu brilho potencial. Assim, o brilho e "fogo" de um diamante lapidado dependerão do rigor dos seus ângulos e facetas. Por vezes, para ter um maior aproveitamento da pedra original, o lapidador não respeita as proporções ideais, perdendo a gema algo do brilho e do valor potencial, assim como um polimento deficiente desvaloriza a pedra lapidada.

Uma nota final: muitas vezes, são confundidas no comércio varejista as designações brilhante e diamante, considerando-as sinônimas. Deve-se reconhecer que, por ser o brilhante uma forma de lapidação, nem todos os brilhantes serão diamantes, assim como nem todos os diamantes são lapidados na forma brilhante (Fig. 2.7). Existem diversas outras formas de lapidação, como os talhes em pêra, marquise, esmeralda (não confundir com a gema do mesmo nome), coração, etc.

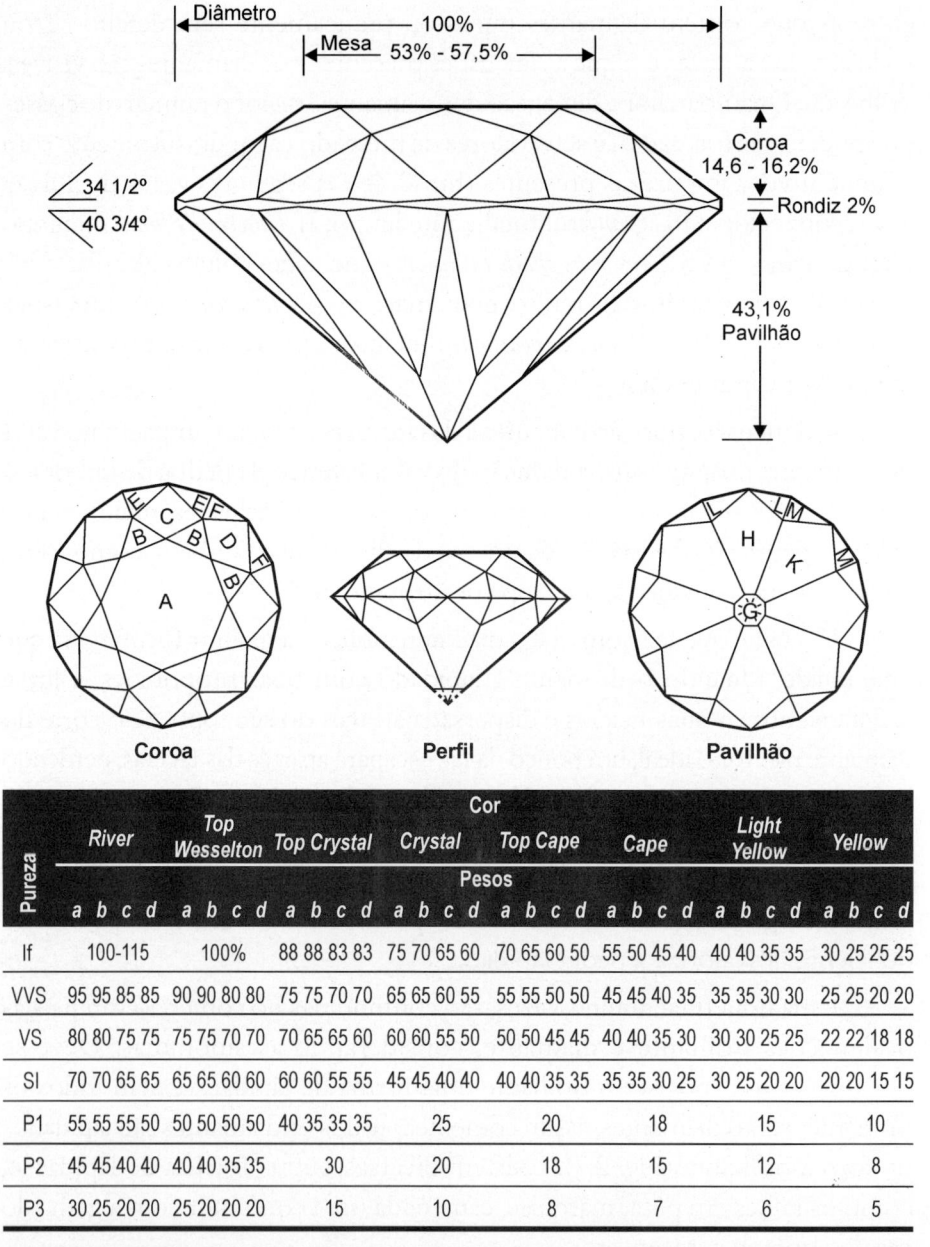

	River	Top Wesselton	Top Crystal	Crystal	Top Cape	Cape	Light Yellow	Yellow
Pureza				Pesos				
	a b c d	a b c d	a b c d	a b c d	a b c d	a b c d	a b c d	a b c d
If	100-115	100%	88 88 83 83	75 70 65 60	70 65 60 50	55 50 45 40	40 40 35 35	30 25 25 25
VVS	95 95 85 85	90 90 80 80	75 75 70 70	65 65 60 55	55 55 50 50	45 45 40 35	35 35 30 30	25 25 20 20
VS	80 80 75 75	75 75 70 70	70 65 65 60	60 60 55 50	50 50 45 45	40 40 35 30	30 30 25 25	22 22 18 18
SI	70 70 65 65	65 65 60 60	60 60 55 55	45 45 40 40	40 40 35 35	35 35 30 25	30 25 20 20	20 20 15 15
P1	55 55 55 50	50 50 50 50	40 35 35 35	25	20	18	15	10
P2	45 45 40 40	40 40 35 35	30	20	18	15	12	8
P3	30 25 20 20	25 20 20 20	15	10	8	7	6	5

Fig. 2.7 *A lapidação brilhante em suas proporções ideais, e suas três partes: coroa, rondiz (cintura) e pavilhão. A tabela mostra variações relativas nas cotações de brilhantes, tomando-se como base os valores médios do mercado, tendo como padrão 100% uma pedra de cor Top Wesselton e pureza If. Faixas de peso dos brilhantes: a) entre 0,25 e 0,95 ct; b) entre 0,96 e 1,90 ct; c) entre 1,91 e 3,00 ct; d) acima de 3,01 ct.*

2.5 Diamantes sintéticos, diamantes naturais tratados e simulantes

O elevado valor dos diamantes gemológicos naturais sempre foi um incentivo à criação de substitutos mais ou menos legítimos, à semelhança do que acontece com outras gemas de valor muito elevado. Existem hoje diamantes sintéticos, diamantes naturais tratados e imitações.

Às vezes, forma-se uma certa confusão entre aquelas três situações – síntese, tratamento e imitação – que convém esclarecer. Os diamantes tratados são diamantes de origem natural, que sofrem um tratamento que lhes altera alguma(s) de sua(s) propriedade(s) com influência no valor da pedra (cor, grau de fraturamento e inclusões aparentes). Os diamantes sintéticos resultam da síntese de carbono cristalizado no sistema cúbico. Portanto, têm a mesma composição química e estrutura do diamante, mas não a origem natural. Simulantes são substâncias, ou combinações de substâncias, de origens tanto natural como sintética, com propriedades físicas e químicas que buscam se aproximar do diamante, mas cuja composição lhe é totalmente distinta.

Diamantes sintéticos

Desde o século XIX tenta-se obter diamantes de forma sintética. Entretanto, por ser um produto meta-estável nas condições normais da superfície terrestre, somente foi possível sintetizar o diamante, a partir da grafita, submetendo-o a pressões maiores de 60.000 atmosferas e temperaturas acima de 2.000 Kelvin. A primeira síntese de diamante (do tipo industrial), foi conseguida pela ASEA, em 1953-54, logo seguida pela General Electric, em 1955. Hoje, a indústria dos diamantes sintéticos é uma importante atividade, com centros principais nos Estados Unidos, África do Sul, Rússia, Japão e Suécia.

Os primeiros diamantes sintéticos de qualidade gemológica foram produzidos pela General Eletric em 1970. Todavia, o seu custo de produção era (e continua) a ser demasiado elevado para que a sua produção industrial generalizada se justifique. Em 1985, a Sumitomo (japonesa) anunciou a produção em larga escala de diamantes de qualidade gemológica com dimensões de até 2 ct. As pedras produzidas até hoje possuem geralmente uma cor amarela intensa, tendo como aplicações principais a produção de instrumentos de corte e de dispositivos térmicos. Parece inevitável que as pedras sintéticas acabem por penetrar no mercado das gemas e possam até mesmo ser comercializadas como pedras naturais.

É possível distingüir a origem da quase totalidade dos diamantes sintéticos através de ensaios laboratoriais, excetuando a produção das pedras de cor melhorada, recentemente anunciada pela GE e pela Lazare Kaplan – os diamantes Pegasus (em uma zona quase de fronteira entre as pedras naturais e sintéticas).

Processos de síntese dos diamantes

A tecnologia que permitiu a fabricação de diamantes sintéticos foi introduzida pela General Electric, em meados da década de 1950. Esta tecnologia baseia-se na aplicação de grandes pressões e temperaturas, simulando, de alguma forma, as condições naturais de formação daqueles. Atendendo aos princípios em que se baseia, é um processo de alto consumo de energia, ou seja, de custos muito elevados (Fig. 2.8). Essa tecnologia não permitiu – e não se conhece, ainda, nenhuma que o faça – fabricar diamantes sintéticos com qualidade para joalheria de forma competitiva com os provenientes da mineração, como acontece com diversas outras pedras preciosas.

O método da reconstituição (um dos métodos utilizados na síntese de diamantes) oferece a possibilidade de fabricar diamantes grandes e de boa qualidade (gemas). Os custos são, todavia, muito superiores aos dos diamantes naturais. Mesmo melhorando o controle das condições de crescimento dos cristais, de forma a obter diamantes livres de impurezas e com uma boa morfologia, há ainda que resolver o problema da pequena velocidade de crescimento – um

Fig. 2.8 *Laboratório original para síntese de diamantes da General Electric (www.amnh.com/exhibitions/diamonds).*

diamante de 0,5 ct demora cerca de uma semana para se cristalizar – indispensável para a síntese de diamantes de boa qualidade. Técnicas recentes baseadas no crescimento simultâneo de vários diamantes, diminuindo o respectivo custo unitário, são uma das possíveis vias de desenvolvimento da síntese de cristais de qualidade gemológica a custo competitivo.

Os diamantes sintéticos possuem características gemológicas que permitem que sejam distinguidos com facilidade dos diamantes naturais. A distinção entre esses diamantes exige uma observação cuidadosa das propriedades geralmente usadas para a classificação dos diamantes, além de outras. Diversos métodos (ou conjugação de métodos) são usados para identificar a origem dos diamantes; nos mais utilizados, a pedra sob exame para classificação ou determinação da origem da sua cor (procedimentos que diferem consideravelmente), pode-se determinar, simultaneamente, a sua origem (sintética ou natural), segundo um ou mais dos seguintes testes gemológicos:

• exame da pedra com ampliação, procurando inclusões, zonamento de cores e da granulação;

• observação de fluorescência aos raios ultravioletas, especialmente com a pedra na posição de mesa para cima, pesquisando um padrão de fluorescência ou a intensidade relativa da reação aos ultravioletas em ondas curta e longa;

• análise do espectro do diamante;

• verificação da presença de magnetismo em diamantes suspeitos de serem sintéticos;

• observação, se necessário, dos padrões e cores da tensão interna em microscópio gemológico com filtros polarizadores cruzados.

A corrida permanente entre os laboratórios de certificação de pedras e as empresas de síntese de diamantes implica a necessidade constante de se atualizarem os processos e metodologias para identificar os diamantes sintéticos.

O processo de síntese CVD (Chemical Vapour Deposition)

Ao mesmo tempo que começaram a aparecer os diamantes sintetizados pela tranformação da grafita, em 1954 publicou-se o primeiro indício da obtenção do diamante a partir do estado gasoso de alguns compostos orgânicos, isto é, via-CVD (*chemical vapour deposition*), em pressão inferior a 1 atm e temperatura menor que 1.200 K. Entretanto, devido à completa falta de compreensão dos mecanismos envolvidos no processo e à reduzida taxa de crescimento do diamante-CVD, as técnicas de altas pressão/temperatura prosperaram com mais eficácia. O método de CVD só voltaria a ter sucesso no final da década de 1970, com a escola russa, ao descobrir que o átomo de hidrogênio poderia funcionar como elemento catalizador da síntese. A partir de 1980, em todo o mundo, numerosos grupos de pesquisa têm se dedicado ao estudo desse processo, particularmente no Japão.

O processo básico de crescimento do diamante-CVD consiste na ativação, por diversos métodos, de uma mistura de gases composta de reduzidas quantidades de hidrocarbonetos "diluídas" em hidrogênio. A ativação desses gases produz hidrogênio atômico e radicais de hidrocarboneto, em especial o radical metila (CH_3), embora em condições de desequilíbrio termodinâmico. O crescimento da rede cristalina do diamante se faz pela incorporação dos átomos de carbono restantes nos hidrocarbonetos em fase gasosa. Os métodos de ativação que mais evoluíram foram os assistidos por plasma gerado de microondas, por filamento quente, por chama de acetileno e oxigênio, e por jato de plasma. Os componentes gasosos dos materiais a serem depositados são transportados para uma superfície onde ocorre uma reação térmica ou deposição. O diamante-CVD, apesar de policristalino, é um material de alta tecnologia e extrema versatilidade, em virtude das características únicas do diamante e por poder ser sintetizado de forma a obedecer a especificações morfológicas impossíveis ao material de origem natural ou mesmo do sintético "clássico".

Trata-se de um material 100% constituído por diamante, sem impurezas grafíticas ou de carbono amorfo, e também sem a utilização de qualquer matriz de cimentação que lhe degrade as características. Ele pode ser lapidado (como qualquer diamante) e metalizado, para permitir a sua soldadura, e tem ainda (as conhecidas) extrema dureza, elevada condutividade térmica e excelente resistividade elétrica, resistindo à corrosão tanto como o teflon por possuir um baixo coeficiente de atrito. Além disso, é transparente à radiação espectral desde o ultravioleta até o infravermelho, resiste às radiações cósmica e ultravioleta, e é um material biocompatível e de excelente "integração" óssea. Sendo policristalino, o diamante-CVD tem uma dureza média superior – devido à orientação aleatória dos cristais que constituem a película, tal como acontece na variedade carbonado, de origem natural. A película pode ser depositada em diversos tipos de substratos e com diversas morfologias, formando revestimentos de filmes muito finos (de frações de mm^2) até peças compactas de centenas de cm^2.

Essas e outras propriedades permitem que o potencial de aplicações da técnica de CVD possa abranger variadas áreas tecnológicas: no campo espacial, como proteção de células solares e superfícies sujeitas a bombardeio por partículas cósmicas, e ainda como dissipadores de calor, dispositivos eletrônicos ultra-resistentes, etc.; na área óptica, para obtenção de componentes de *lasers* de alta potência, em proteção de janelas ópticas de detectores acoplados a mísseis, etc.; na indústria mecânica sua utilidade é ainda mais atraente, pois além de ferramentas de corte "finas", pode ser usado em junções de motores automotivos e aeronáuticos, proteção de superfícies em ambientes agressivos, etc.; nas indústrias odontológica e médica, como brocas para dentística, implantes ósseos e outros dispositivos especiais. O CVD é ainda utilizado na produção de revestimentos de corpos porosos, tubos e outras configurações inacessíveis a outros métodos de revestimento, confecção de fibras, pós e blocos monolíticos. É possível produzir peças de quase qualquer elemento metálico ou não metálico, incluindo o carbono e o silício, bem como outros compostos, ao exemplo de carbetos, nitretos, boretos, óxidos, etc., através desse processo.

Diamantes naturais tratados

A utilização de técnicas para a valorização artificial de diamantes – fraudulentas, se não divulgadas ao seu eventual comprador – é difícil de ser detectada, ao contrário dos diamantes sintéticos de qualidade gemológica ou das imitações de diamantes. Aplicadas em diamantes naturais, essas técnicas permitem aumentar o valor de espécimes que seriam rejeitados como gemas ou teriam um valor comercial muito menor. A aplicação de tratamentos químicos ou físicos para melhorar a cor de gemas naturais tem merecido uma grande atenção por parte da indústria, revelada pelo espaço que é atribuído a esse assunto nas publicações da especialidade. Um dos tópicos mais importantes é o da adoção de normas de revelação ao cliente final dos tratamentos a que as gemas foram sujeitas. Os principais tipos de técnicas de tratamento de diamantes são:

• enchimento de fraturas: as fraturas que atingem a superfície do diamante (lapidado ou em bruto) podem ser preenchidas por um material vítreo, de forma a diminuir o seu impacto visual negativo. O principal problema desse tipo de tratamento é que nem sempre o enchimento das fraturas resiste à lapidação ou à limpeza dos diamantes. A identificação da presença desse tipo de tratamento é efetuada ao microscópio, pelas características típicas das zonas preenchidas: uma aparência gordurosa, a existência de efeitos de *flash* e/ou a ocorrência de bolhas.

• Remoção de inclusões: Algumas das inclusões dos diamantes que não podem ser economicamente removidas durante o processo de lapidação, podem ser eliminadas através da perfuração a *laser* de um estreito orifício no diamante até à inclusão, com vaporização a *laser* ou lixiviação da inclusão por ácido, e posterior enchimento do orifício com material vítreo.

• Irradiação dos diamantes: foram feitas experiências de irradiação de diamantes desde o início do século XX, para melhoramento de cores. As técnicas iniciais eram perigosas para a saúde pública, dado que as pedras assim tratadas permaneciam radioativas. O desenvolvimento das técnicas de irradiação permitiu remover esse obstáculo. Surgiram diamantes radioativos no mercado mundial em meados da década de 90, que se suspeita terem origem no tratamento realizado por grupos mafiosos da ex-URSS. Os dispositivos atualmente utilizados para irradiar diamantes incluem os aceleradores lineares de partículas, dispositivos de raios gama e reatores nucleares. A irradiação por elétrons modifica apenas a cor da superfície do cristal, produzindo uma concentração de cor nas zonas onde este é mais estreito, o que permite efetuar a sua identificação.

• Outras técnicas de alteração da cor surgiram no início do ano de 1999 – www.diamonds.com – com notícias de que a Lazare Kaplan iria comercializar diamantes de cor não natural produzidos pela General Electric. Tais notícias, confirmadas, davam ainda conta de que se trataria de um processo não detectável pelos laboratórios gemológicos. O processo encontra-se em sigilo, não tendo sido ainda patenteado pela GE. As informações disponíveis até o momento indicam que somente uma pequena proporção – 1%? – dos diamantes pode ser sujeita a esse tipo de tratamento.

Tabela 2.9 *Análise comparada das propriedades do diamante e de outros materiais, naturais ou sintéticos, utilizados como simulantes*

Nome do material gemológico	Índice de refração	Dispersão	Densidade	Dureza (Mohs)	Características	Possibilidades de distinção
Diamante	2,417	0,044	3,52-3,53	10	Dispersão e dureza altas, brilho forte, polimento excelente.	
Aluminato de ítrio*	1,836	0,028	4,55-4,65	8,25	Dispersão baixa, densidade alta, inclusões gasosas pequenas.	Em líquido denso (d=3,53), os três primeiros materiais afundarão rápido. Lupa de mão + polariscópio. Moissanita vai flutuar no líquido denso.
Titanato de estrôncio* (fabulita)	2,409	0,190	5,13	5-6	Dispersão bem alta, mole, arranhões no polimento, densidade muito alta.	
Zircônia cúbica*	-	-	5,40	8,5	Dispersão quase igual ao diamante, brilho menor, densidade alta, dureza mais baixa.	
Moissanita sintética	2,65	0,104	3,21	9,25	Dispersão maior, densidade menor.	
Rutilo sintético	2,62-2,90	0,330	4,25	6,5-7	Dispersão altíssima, coloração amarelada, duplicação das facetas, densidade alta.	Duplicação das facetas.
Zircão	1,92-1,98	0,038	4,70	7,5	Duplicação das facetas, densidade alta, inclusões sólidas.	
Safira	1,76-1,77	0,018	4,00	9	Brilho mais baixo, dispersão baixa, inclusões minerais fenda-cicatrizantes.	
Safira sintética	1,76-1,77	0,018	4,00	9	Brilho relativamente baixo, dispersão baixa.	Leitura no refratômetro.
Espinélio sintético	3	0,020	3,65	8	Dispersão baixa, birrefringência anômala, brilho baixo, inclusões gasosas.	
Vidro	1,48-1,70	-0,049	2,30-5,00	5-6,5	Brilho fraco, dispersão fraca, inclusões minerais fenda cicatrizantes.	
Topázio	1,61-1,62	0,014	3,53	8	Brilho fraco, dispersão fraca, inclusões minerais fenda cicatrizantes.	
Berilo	1,57-1,58	0,014	2,72	7,5-8	Brilho e dispersão baixos, inclusões minerais comuns.	

* material sintético sem correspondente natural

Simulantes (ou imitações)

Os materiais simulantes são algumas substâncias (ou combinações de substâncias), naturais ou sintéticas, cujas propriedades são relativamente semelhantes às do diamante (ver Tabelas 2.1 e 2.9) e, conseqüentemente, podem ser usadas em sua substituição (fraudulenta ou não).

Os simulantes podem ser distingüidos dos diamantes por uma análise cuidadosa das variações das suas propriedades em relação às dos diamantes (Tabela 2.9). As propriedades mais utilizadas no diagnóstico de imitações são: índice de refração, birrefringência, dispersão, dureza, peso específico e padrões-sombra (*shadow patterns*). A moissanita sintética – carbeto de silício (SiC) – é o último simulante do diamante a ser sintetizado e comercializado, desde o final de 1998. Até então, esse material era considerado muito raro em ocorrências naturais e por isso nunca antes havia sido utilizado como gema.

3
Geologia e Mineralogia do Diamante

Até a descoberta das primeiras chaminés mineralizadas na África do Sul, a gênese primária do diamante era postulada em diversas hipóteses que tentavam associar a sua origem, nos rios onde eram encontrados, com as rochas regionalmente mais comuns. Assim, no Brasil, o Barão von Eschwege (1833) considerava os xistos e itabiritos abundantes em Minas Gerais como as prováveis fontes do diamante. Quando a chaminé (ou *pipe*) de Kimberley começou a ser lavrada e cientificada como uma rocha de origem magmática pelo geólogo norte-americano H. Lewis (1887), que depois a batizou de kimberlito, uma nova era no conhecimento geológico dos diamantes iniciou-se.

Atualmente, conhecemos como depósitos primários apenas os que se associam a kimberlitos e lamproítos, rochas geradas no manto superior do planeta, embora outros tipos de depósitos, destituídos de importância econômica, também tenham sido identificados. Os depósitos secundários podem ser de natureza bastante diversa, tais como aluvionares, costeiros, marinhos ou eólicos, que ainda comportam divisões, ou sub-ambientes de sedimentação característicos.

Sem considerar o tipo de ocorrência ou seus métodos de exploração, a média do conteúdo em diamantes é sempre muito baixa, seja nos kimberlitos, seja nos aluviões de rios ou ainda nos cascalhos de praia. Tal conteúdo, de uma parte de diamantes para cada 20-200 milhões de partes de rocha ou cascalho/areia, significa que depósitos com média de 5-50 pontos/tonelada podem ser economicamente viáveis, constituindo um teor médio mundial, grosso modo, de 25 pontos (0,25 ct) por tonelada.

Kimberlitos e lamproítos já foram encontrados em todas as regiões do planeta, em exceção da Antártica (onde provavelmente também devam ocorrer). De início, serão descritos os principais aspectos geológicos, mineralógicos e de ambientação tectônica dessas rochas, para em seguida discorrer sobre os métodos de como prospectá-los e, por fim, lavrá-los. Esses métodos são muito diversos, e alguns deles bastante demorados para a implementação, constituindo em seu conjunto um dos mais complexos casos no ramo da pesquisa geológica.

3.1 Gênese dos depósitos primários de diamantes

Apesar da sua raridade, a existência de diamantes pode se ligar a diversos fenômenos naturais, como a explosão de estrelas (conforme identificado na Nebulosa de Ampulheta) e choques cataclísmicos dos tipos asteróide-asteróide e meteorito-planeta. Entretanto, a maior parte dos diamantes se formou por processos metalogenéticos que ocorrem no interior profundo da própria Terra.

Assim, o espaço sideral é fonte de alguns diamantes. Sem qualquer interesse econômico, esses diamantes são uma curiosidade científica, apenas importantes pela compreensão adicional que possibilitam dos mecanismos da gênese daquele mineral. O espectro do diamante foi identificado em poeiras cósmicas de nebulosas. Gerados em explosões estelares, supõe-se que o processo de formação destes nanodiamantes se dê a partir de descargas elétricas num meio com metano, um processo conceitualmente semelhante ao dos diamantes CVD (item 2.5).

O choque de objetos cósmicos envolve sempre a liberação de grandes quantidades de energias térmica e cinética. Se a composição química desses objetos cósmicos for apropriada e a energia liberada suficiente, pode ocorrer a formação de diamantes, explicando-se a presença de microdiamantes em asteróides por processos de choque entre corpos desse tipo.

Evolução do conhecimento sobre as fontes do diamante

Após a breve descrição dos kimberlitos por H. Lewis em 1887, os estudos pioneiros mais detalhados e abrangentes sobre essas rochas na África do Sul foram realizados por Wagner (1914) e Williams (1932). Lamproítos foram descritos inicialmente por Niggli (1923), sendo consideradas como exemplos típicos as ocorrências de Leucite Hills (Wyoming, EUA) e Murcia (Espanha), ainda que sua relação com depósitos diamantíferos tenha sido feita somente com a descoberta da jazida de Argyle, na Austrália. Outras rochas primárias portadoras de diamantes foram encontradas nos últimos tempos (descrições abrangentes sobre o assunto encontram-se em Janse, 1994), entretanto são de interesse apenas acadêmico, desprovidas de qualquer valor econômico. No Kazaquistão, os soviéticos encontraram micro-diamantes (de diâmetros inferiores a 0,01 mm) em aluviões, com sua gênese relacionada a rochas metamórficas de alta pressão formadas durante o processo de colisão entre duas placas tectônicas.

Lewis (1887) já havia constatado que alguns kimberlitos eram particularmente ricos em mica. Essa observação foi substanciada por Wagner (1914), que reconheceu os kimberlitos "basálticos" (ricos em olivina e contendo menos de 5% de micas como fenocristais) e os kimberlitos "lamprofíricos" ou "orangitos" (mais de 50% de micas na massa rochosa, com fenocristais abundantes do mesmo mineral). Essa terminologia descrevia principalmente a aparência da rocha, sem maiores conotações genéticas. Ainda que ela apresentasse incorreções (em particular o termo "basáltico" não era apropriado, pois tais rochas não possuem feldspatos e não são mineralógica ou geneticamente relacionadas a basaltos), esses tipos tiveram ampla aceitação na bibliografia até a década de 1970.

Mitchel (1970) propôs o reconhecimento de três variedades de kimberlitos, em função das presenças marcantes de olivina, flogopita ou calcita: kimberlitos (equivalente aos kimberlitos "basálticos"), kimberlitos micácios (equivalentes aos "lamprofíricos") e kimberlitos calcíticos, nova categoria introduzida depois do reconhecimento da presença de calcita magmática primária em certos corpos kimberlíticos. Posteriormente, o autor distinguiu três "clãs" de rochas geneticamente distintas, capazes de trazer os diamantes desde o manto terrestre: kimberlitos do "grupo-I" (verdadeiros), kimberlitos do "grupo-II" ou "orangeítos", e lamproítos. Na realidade, os termos kimberlitos dos grupos I e II possuem semelhança com as antigas designações kimberlitos "basálticos" e "lamprofíricos" ou micácios propostos por Wagner (1914), bem guardadas as correlações não recomendadas com os tipos rochosos (basaltos e lamprófiros) entre aspas.

A caracterização dos processos que levaram à possível formação dos diamantes nos kimberlitos (e lamproítos) foi desenvolvida ao longo de todo o século XX, a partir do estudo dos fenômenos que ocorrem no manto superior do planeta. Tal conhecimento baseou-se em aspectos diversos, podendo ser relacionados:

• condições de temperatura e pressão do campo de estabilidade do diamante;

• gradientes térmico e de pressão no interior do planeta;

• inclusões presentes nos diamantes, suas paragêneses e idades;

• xenólitos encontrados nos kimberlitos (e lamproítos);

• características das populações de diamantes em função de suas áreas de ocorrência;

• idade e características químicas das intrusões.

O conhecimento preciso das condições termodinâmicas nas quais o diamante se cristaliza foi essencial para o entendimento de sua origem. Essa formação ocorre sob elevadas condições de temperatura e pressão, alcançadas somente no manto superior, em profundidades superiores a 150 km, abaixo de regiões cratônicas, conforme preconizado na Regra de Clifford (ver os domínios de estabilidade do par diamante-grafita na Fig. 2.1). Segundo tal regra, primeiramente observada por Clifford (1970) ao traçar o mapa tectônico do continente africano, as intrusões de kimberlitos férteis tendem a ocorrer no interior dos crátons, áreas muito antigas e longamente estáveis em termos de atividades tectônicas.

Até a década de 1980, pensava-se que os diamantes se cristalizavam nos próprios kimberlitos, de onde eram lavrados, constituindo fenocristais raros na matriz dessas rochas, origem esta que criava também uma estreita "dependência geológica" entre diamantes e kimberlitos. Richardson *et al.* (1984) provaram através de datações em certas inclusões minerais presentes em diamantes, que estas, na maior parte das vezes, eram consideravelmente mais antigas que o kimberlito hospedeiro. Logo, segundo uma nova proposta, os diamantes seriam apenas "xenocristais" contidos na matriz kimberlítica, ali presentes quase que fortuitamente, já que tal rocha é uma das poucas formas de magmatismo a atingir a crosta terrestre desde o manto. Tal fato foi também comprovado com a descoberta dos lamproítos altamente mineralizados de Argyle (Austrália).

O estudo das inclusões permitiu que fossem determinadas paragêneses minerais típicas em função de sua rocha (kimberlítica ou lamproítica) hospedeira. Após a análise de populações de diamantes contendo até milhares de indivíduos, mostrou-se a existência de duas paragêneses típicas: uma, associada a rochas peridotíticas e outra, a rochas eclogíticas. Os diamantes relacionados com essas rochas foram designados, respectivamente, como do tipo-P e do tipo-E. Assim, quase 100 anos depois que H. Lewis reconhecera o kimberlito como a fonte primária do diamante, uma guinada no conhecimento geológico levou à definição das duas rochas nas quais o diamante realmente se cristaliza, os peridotitos e os eclogitos, de quimismos distintos e cada uma delas formada sob condições características de profundidade, temperatura e pressão.

Constituição e gênese de kimberlitos e lamproítos

Considera-se atualmente que kimberlitos e lamproítos sejam formados pela cristalização de magmas híbridos (ou secundários), em parte diferenciados a partir dos magmas primários, perídotítico ou eclogítico. Kirkley *et al.* (1991) definiram kimberlitos como rochas híbridas, ultrabásicas, potássicas (0,6-2% K_2O) e ricas em voláteis (CO_2 e H_2O), compostas por fragmentos de eclogitos e/ou peridotitos, em uma matriz fina formada essencialmente de olivina (predominante), flogopita, calcita, serpentina, diopsídio, granada, ilmenita e enstatita. Os kimberlitos aparecem normalmente na forma de chaminés intrusivas na crosta (os *pipes*), podendo apresentar contribuições variáveis de xenólitos das rochas por onde passou a intrusão. A Tabela 3.1 sumariza os principais minerais primários e secundários encontrados nos kimberlitos e lamproítos, com destaque para o diamante (Fig. 3.1 - p. 98).

Os lamproítos constituíam um tipo relativamente obscuro de rochas, até o momento – no início da década de 1980 – em que se encontraram diamantes a eles associados, na Austrália. Mesmo neste local, a rocha foi inicialmente definida como um "kimberlito ultrapotássico", tal era a dificuldade em estabelecer sua identidade. De fato, mais do que um tipo específico de rocha, lamproítos integram um "clã" de rochas de composição química semelhante e, da mesma forma que os kimberlitos, são rochas híbridas tendo como produtos de cristalização primária principalmente olivinas, que ocorrem tanto na matriz como em fenocristais (Tabela 3.1). Em termos químicos,

Tabela 3.1 *Principais minerais encontrados em kimberlitos e lamproítos da África do Sul e Austrália (modificada de Kirkley et al., 1991), incluindo uma comparação da freqüência relativa de diversos deles em função de seus tipos de rocha-fonte (Kimberlitos do tipo I, Kimberlitos do tipo II, Olivina-lamproítos e Leucita-lamproítos).*

Minerais	Kimberlitos	Lamproítos
Minerais cristalizados diretamente a partir de magmas kimberlíticos e lamproíticos		
Maiores		
Olivina (1)	X	X
Diopsídio (2)	X	X
Flogopita (3)	X	X
Calcita (4)	X	
Serpentina	X	
Monticellita (5)	X	
Leucita e sanidina (6)		X
Anfibólio (7)		X
Enstatita		X
Menores		
Apatita	X	X
Perovskita e zircão (8)	X	X
Ilmenita (9)	X	X
Espinélio	X	X
Priderita (10)		X
Nefelina		X
Wadeíta		X
Minerais derivados do manto superior que ocorrem como xenocristais		
Olivina	X	X
Granada (piropo)	X	X
Clinopiroxênio	X	X
Ortopiroxênio	X	X
Cromita	X	X
Zircão	X	X
Diamante	X	X

	(1)	(2)	(3)	(4)	(5)	(6)	(7)	(8)	(9)	(10)
Abundância relativa em função do tipo de rocha primária										
K Tipo I	DO	AU	ME	AU	CO	AU	AU	PR	CO	AU
K Tipo II	DO	CO	AB	AU	AU	AU	AU	MR	AU	RA	AU
Ol-Lampr.	AB	CO	AB	RA	AU	ME	ME	PR	RA	PR
Leuc-Lampr.	ME	CO	AB	RA	AU	PR	PR	AU	PR	CO

Freqüência relativa decrescente: DO, dominante; AB, abundante; CO, comum; ME, menor; PR, presente; RA, raro; MR, muito raro; AU, ausente constituem rochas ultrapotássicas (6-8% K_2O) ricas em magnésio, porém, ao contrário de kimberlitos, pobres (<1%) em CO_2, ainda que enriquecidas em flúor. Pelo visto, as semelhanças entre kimberlitos e lamproítos, certamente, são maiores que as diferenças.

Os depósitos primários de diamantes conhecidos têm natureza kimberlítica ou lamproítica. Ambos os tipos de rocha são raros e correspondem a erupções de material originado no manto terrestre. Sendo os kimberlitos rochas híbridas ricas em voláteis, os megacristais "primários" reagem com a matriz de relativa baixa temperatura e, durante e após a intrusão, com água subterrânea e contribuições variáveis de material das rochas encaixantes, podem apresentar variadas composições modais. Kirkley *et al.* (1991) apresentam ainda uma outra definição de kimberlito, mais simples, embora menos precisa: kimberlito é uma rocha híbrida, ígnea ultramáfica, potássica e rica em voláteis, com origem a mais de 150 km de profundidade e que ocorre à superfície ou perto dela sob a forma de pequenas chaminés vulcânicas ou diques; é composto, principalmente, por olivina (quer como fenocristais quer na matriz), com quantidades menores de flogopita, diopsídio, serpentina, calcita, granada piropo, ilmenita, espinélio e/ou outros minerais, sendo o diamante apenas um constituinte muito raro.

Do ponto de vista geoquímico, lamproítos são rochas ígneas ultrapotássicas, ricas em magnésio e, logo, em minerais magnesianos (Tabela 10). Os elementos-traço significativos incluem o zircônio, o nióbio, o estrôncio, o bário e o rubídio (elementos em que o kimberlito se encontra também enriquecido). Ao contrário dos kimberlitos, muito ricos em CO_2 (em média 8,6%), nos lamproítos aquele volátil tem um teor médio inferior a 1%, sendo enriquecido em outro volátil, o flúor. Os lamproítos possuem ainda um teor menor em magnésio, ferro e cálcio, mas superior em silício e alumínio (Tabela 3.2). Em função de seus conteúdos mineralógicos predominantes, os lamproítos têm sido designados de olivina lamproítos e leucita lamproítos.

Os depósitos de diamantes apresentam populações de diamantes com diferentes características. Este fato foi observado com a descoberta dos depósitos primários e secundários sul-africanos. Por exemplo, a produção proveniente das minas De Beers e Kimberley tinha uma coloração ligeiramente amarelada (para evitar a utilização do termo depreciativo amarelo, esses diamantes foram batizados de *Cape* ou *Cape White*, numa atitude semelhante à adotada nos nossos dias para os diamantes castanhos de Argyle – designados

Tabela 3.2 Composições químicas (em óxidos), em rocha total, de kimberlitos e lamproítos. K1, média geral de kimberlitos "basálticos"; K2, média geral de kimberlitos micácios; K3, média de 25 kimberlitos do Lesotho; K4, média de 11 kimberlitos da África do Sul; K5, média de 63 kimberlitos siberianos (Rússia); K6, Kimberlito Camútuè (Angola); K7, Kimberlito Mbuji-Mayi (República Democrática do Congo, ex-Zaire); K8, Kimberlito Huangjiachuan (China); L1, Lamproíto Argyle (Austrália); L2, média de 89 análises nos lamproítos Ellendalle-4 e Ellendale-9 (Austrália); L3, média de 10 amostras nos lamproítos Leucite Hills (Estados Unidos); L4, média de 9 análises nos lamproítos Murcia-Almeria (Espanha).
Fontes: K1 e K2, Dawson, 1967; K3, K5, K7 e K8, Mitchel, 1986; K4, Muramatsu, 1983; K6, Chambel, 2000; L1 e L2, Jaques et al., 1984; L3 e L4, Mitchel & Bergman, 1991.

Óxidos	K1	K2	K3	K4	K5	K6	K7	K8	L1	L2	L3	L4
SiO_2	35,20	31,10	33,21	34,03	27,64	37,59	37,61	34,12	45,00	41,50	50,90	53,54
MgO	27,90	23,90	22,78	25,39	24,31	25,02	13,88	28,04	21,20	25,00	7,92	11,29
Al_2O_3	4,40	4,90	4,45	3,37	3,17	4,90	3,90	2,97	4,84	3,64	9,59	9,65
Fe_2O_3	nd	nd	6,78	4,58	5,40	7,61	5,33	6,04	3,00	*8,10	3,88	1,90
FeO	*9,80	*10,5	3,43	3,78	2,75	3,41	1,71	2,26	4,66	nd	1,00	3,30
CaO	7,60	10,6	9,36	9,45	14,13	4,48	14,06	8,49	4,88	4,99	6,16	5,33
K_2O	0,98	2,10	2,1	1,60	0,79	9,32	0,54	0,15	5,50	4,12	10,11	6,86
TiO_2	2,32	2,03	0,79	1,52	1,65	1,32	1,30	1,52	3,32	3,62	2,44	1,46
Na_2O	0,32	0,31	0,19	0,48	0,23	0,95	0,10	0,72	0,46	0,46	1,31	1,51
P_2O_5	0,70	0,70	0,65	1,12	0,55	0,13	1,04	0,71	1,58	1,68	1,93	1,17
MnO	0,11	0,10	0,17	0,16	0,13	nd	nd	nd	0,12	0,13	0,09	0,05
Cr_2O_3	nd	nd	0,17	0,20	0,14	nd	nd	0,25	nd	nd	nd	nd
NiO	nd	nd	nd	nd	nd	nd	nd	0,13	nd	nd	nd	nd
BaO	nd	nd	nd	nd	nd	nd	nd	nd	0,09	1,15	0,69	0,29
SrO	nd	nd	nd	nd	nd	nd	nd	nd	nd	0,06	0,29	0,13
CO_2	3,30	7,10	4,58	5,08	10,84	0,64	9,38	3,58	0,50	0,45	1,15	0,88
H_2O+	**7,40	**5,90	8,04	7,26	7,89	7,28	nd	9,67	3,01	**6,36	2,37	3,13
H_2O-	nd	nd	2,66	0,99	0,24	5,74	**10,55	1,58	0,67	nd	0,91	0,90
Total	100,30	99,24	99,23	99,01	99,86	99,84	99,40	100,24	98,83	101,26	100,74	101,39

(*) Todo o ferro contido nesta forma; (**) toda a água contida nesta forma; nd, não determinado.

de conhaque e champanha – como explicado em 1.4). Quando começaram a ser produzidos diamantes nos *pipes* de Wesselton e Jagersfontein, foram introduzidas as designações Wesselton e Jagers, para indicar a qualidade superior das pedras extraídas naquelas minas (ver Fig. 2.6).

Em âmbito mais regional, certas áreas têm populações de diamantes caracterizadas pela ocorrência anômala de determinados tipos de morfologia e/ou outros aspectos, tais como os diamantes na forma de cubos de Mbuji-Mayi (Congo), os octaedros nos depósitos aluvionares da Serra Leoa, os rombododecaedros nos depósitos do litoral da Namíbia, os diamantes de capas verdes e carbonados de Minas Gerais e Bahia (Brasil), etc. Esses fatores, quando analisados em termos de percentagens envolvendo lotes originais, permitirão constituir a "assinatura" mineralógica de cada população, assunto este que será detalhado no Cap. 3.5, e exemplificado com o estudo de caso dos diamantes de Minas Gerais no Cap. 5.2.

Pelo reconhecimento de diferenças nas características de populações locais de diamantes, levantou-se a hipótese inicial de que os diamantes seriam fenocristais do magma kimberlítico – diferentes magmas produziriam populações distintas de diamantes. Entretanto, outra hipótese defendia que tanto os diamantes, como os eclogitos (alguns dos quais contêm diamantes) e os peridotitos granatíferos teriam se formado de um magma original, que somente depois seria transportado para a superfície, solidificando-se a partir de um magma residual. Os diamantes poderiam ainda ser classificados como fenocristais e os xenólitos como cogenéticos, isto é, ter-se-iam formado simultaneamente a partir de um magma comum, embora o tempo decorrido entre a sua formação e a erupção (e a consolidação do "resíduo" magmático) do kimberlito fosse desconhecido.

As teorias recentes de formação dos depósitos primários de diamantes afirmam que os diamantes se formaram a profundidades situadas entre 150 e 200 km, e temperaturas na faixa dos 1.100-1.500°C, no manto superior, em períodos iniciados desde 3.300 Ma. Tal formação deu-se em zonas mais frias (e sólidas) do manto, do que nas quentes e fluidas. Permanecendo aquelas rochas frias e essencialmente inalteradas por longos períodos de tempo, poderiam ter sido penetradas por magmas de origem profunda que transportariam os diamantes como "xenocristais" (no interior de xenólitos – a maioria dos quais dissolvidos no processo de erupção) até à superfície terrestre.

As verdadeiras "rochas-mãe" dos diamantes no manto

A erupção dos kimberlitos ou lamproítos é o mecanismo de transporte dos diamantes até à superfície terrestre. Os dois tipos de rocha trouxeram xenólitos e xenocristais de onde passaram, incluindo os diamantes, para a superfície, embora nem todos os kimberlitos e lamproítos contenham diamantes, por não terem alcançado zonas férteis no manto. Como viu-se nos itens anteriores, os diamantes encontram-se geneticamente ligados a peridotitos e eclogitos, que constituem as rochas mais importantes do manto terrestre.

O peridotito é a rocha mais abundante do manto. Seu nome deriva de "peridoto", uma variedade verde, gemológica, da olivina. Em função de suas constituições químicas (e mineralógicas), duas variedades dessa rocha se destacam como as fontes genéticas do diamante: o lherzolito e o harzbugito. Na Fig. 3.2 - p. 99, observam-se as composições mineralógica e química dessas rochas, que apresentam pequenas diferenças entre si, constituindo-se basicamente de olivina e, em menor quantidade, de ortopiroxênio, clinopiroxênio e granada. A maior parte dos diamantes peridotíticos, ou diamantes do tipo-P, se cristaliza nos harzbugitos granatíferos.

O eclogito é um tipo bastante invulgar de rocha, constituído predominantemente por granada e clinopiroxênio (onfacita), e mais rico em SiO_2, Al_2O_3 e CaO que os peridotitos (Fig. 3.2 - p. 99). Eclogitos são indicadores de ambientes de alta pressão e alta temperatura (com ênfase na primeira), consistente com aqueles em que o diamante se forma. Tais rochas ocorrem em regiões metamórficas crustais profundas debaixo dos continentes, formando-se através da transformação (metamórfica) no estado sólido de rochas previamente existentes, provavelmente do tipo basáltico. Possivelmente, os eclogitos mantélicos formaram-se segundo o mesmo mecanismo, através da subducção de rochas crustais.

Os três tipos de rocha possuem um peso específico semelhante, que se situa entre 3,3 a 3,5 g/cm³, muito próximo do diamante (3,52).

Idades e origem do carbono dos diamantes

Os kimberlitos diamantíferos, bem como os lamproítos, introduziram-se na crosta terrestre através das suas fraturas mais profundas, ao longo de um extenso período do tempo geológico (Tabela 3.3).

Tabela 3.3 *Algumas das principais faixas de idade de intrusão de pipes kimberlíticos ao longo do registro geológico (Kirkley et al., 1991)*

Idade geológica	Idade (Ma)	Localidade
Eoceno	50-55	Namíbia, Tanzânia
Cretáceo Superior	65-80	Província do Cabo (África do Sul)
Cretáceo Médio	80-100	Kimberley (África do Sul), Lesotho, Botswana, Brasil
Cretáceo Inferior	115-135	Angola, África Ocidental, Sibéria
Jurássico Superior	145-160	América do Norte (Leste), Sibéria
Devoniano	340-360	Colorado-Wyoming (USA), Sibéria
Ordoviciano	440-450	Sibéria
Neoproterozóico	810	NW da Austrália
Mesoproterozóico	1.100-1.250	Premier (África do Sul), Índia, Mali
Paleoproterozóico	1600	Kuruman (África do Sul)

Estudos geocronológicos recentes mostram claramente que a maior parte dos diamantes são muito mais velhos do que as suas rochas hospedeiras (kimberlitos e lamproítos), as quais os transportam até à superfície e não estão geneticamente relacionadas com eles. Tais rochas vulcânicas se cristalizaram e ascenderam à superfície terrestre, possivelmente de forma episódica, durante uma grande parte da história da Terra.

Embora a idade dos diamantes não possa ser diretamente medida, foram efetuadas datações das inclusões minerais neles contidas. Essas datações, principalmente em granadas, demonstraram que os diamantes em geral se formaram muito antes dos kimberlitos (Tabela 3.4). As datações até agora realizadas situam a idade dos diamantes entre 3.300 e 1.000 Ma. Os kimberlitos e lamproítos são muito mais recentes, com idades variando entre 1.600 a 50 Ma, que os diamantes por eles transportados.

A origem do carbono dos diamantes foi objeto de discussão durante mais de um século. As hipóteses avançadas incluíram origens como o carvão, no século XIX, até o dióxido de carbono e metano. É hoje geralmente aceito que são duas as fontes de carbono na gênese dos diamantes no manto, com

Tabela 3.4 *Comparação das idades de formação dos diamantes e das rochas primárias – kimberlitos e lamproítos – que os contêm (Kirkley et al., 1991)*

Mina	Rocha primária	País	Idade dos diamantes (Ma)	Idade da intrusão (Ma)	Tipo de inclusões nos diamantes
Kimberley	Kimberlito	África do Sul	± 3.300	± 100	Peridotíticas
Finsch	Kimberlito	África do Sul	± 3.300	± 100	Peridotíticas
Finsch	Kimberlito	África do Sul	1.580	± 100	Eclogíticas
Premier	Kimberlito	África do Sul	1.150	1.100-1.200	Eclogíticas
Argyle	Lamproíto	Austrália	1.580	1.100-1.200	Eclogíticas
Orapa	Kimberlito	Botswana	990	± 100	Eclogíticas

base na análise das proporções dos isótopos estáveis deste elemento (Fig. 3.3). Os diamantes harzburgíticos (ou peridotíticos) devem ser provenientes de uma fonte de carbono relativamente homogênea no manto superior, o que explicaria a variação pequena dos valores de $\delta^{13}C$. O carbono desses diamantes pode ter sido um dos componentes originais da Terra primitiva que se acumulou no manto superior há, talvez, 4.500 Ma, sendo homogeneizado pela convecção e aí permaneceu até se cristalizar como diamante no interior do peridotito.

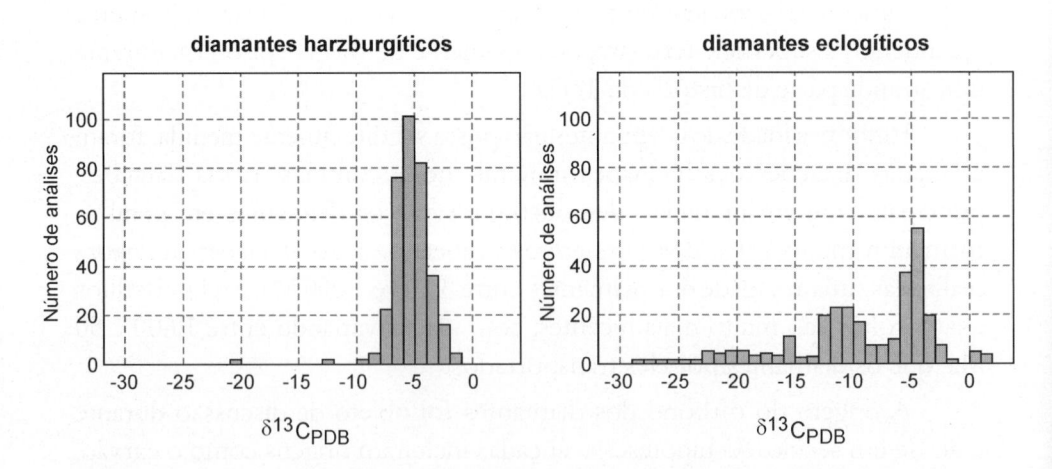

Fig. 3.3 *Composição isotópica dos diamantes: origem harzburgítica (diamantes do tipo-E) versus eclogítica (diamantes do tipo-P) (Kirkley et al., 1991).*

Quando se verifica o choque de duas placas tectônicas (um limite continental e outro oceânico), a placa oceânica mergulha, e suas rochas basálticas – predominantes – são empurradas por subducção para regiões de maiores pressão e temperatura, onde são eventualmente transformadas em eclogito. O carbono que possa, sob a forma de rochas carbonatadas ou de hidrocarbonetos, estar incluído na laje mergulhante pode ser a fonte do material dos diamantes eclogíticos.

Os diamantes eclogíticos contam uma história muito diferente. A gama de variação dos valores de $\delta^{13}C$ é muito maior, além de semelhante à encontrada em carbonatos e hidrocarbonetos, razão pela qual se postulou a hipótese de que o carbono dos diamantes eclogíticos tivesse se originado em material transportado da superfície terrestre por subducção para as profundidades necessárias (>150 km) à formação do diamante.

Tectônica de *emplacement* de kimberlitos e lamproítos

As rochas primárias mineralizadas incluem kimberlitos, lamproítos e, muito mais raramente, lamprófiros ultrabásicos ou alcalinos; contudo, apenas algumas dessas vão constituir jazidas de diamantes. Das cerca de 5.000 ocorrências conhecidas de kimberlitos e lamproítos, somente cerca de 100 foram alguma vez exploradas, das quais um quarto produziu ou está produzindo quantidades significativas de diamantes (Tabela 3.5). Seis lamproítos produziram quantidades significativas de diamantes, sendo um deles (Argyle) a principal mina (em volume de produção) atualmente em atividade no mundo. Não foram, até ao momento, desenvolvidas minas de diamantes em outros tipos de rocha primária.

Os diamantes foram transportados do manto terrestre até à superfície no interior de dois tipos específicos de rochas vulcânicas; os restos de alguns dutos desses paleovulcões hoje são explorados como jazidas primárias de diamantes. A partir dos dados obtidos pode-se concluir o seguinte:

• as intrusões de kimberlitos e/ou lamproítos podem ocorrer em diversas épocas em uma mesma vizinhança;

• a maioria dos kimberlitos e lamproítos instalou-se durante os últimos 200 Ma, embora existam intrusões importantes tão antigas como 1.600 Ma e mesmo anteriores a 2.600 Ma.

Tabela 3.5 Características geológicas e econômicas de alguns dos principais pipes de kimberlitos e lamproítos conhecidos (Helmstaedt, 1993 e Janse, 1993)

Pipe (país)	Rocha	Fácies	Área (m²)	Teor (ct/100t)	Valor US$/ct	Mct até 120m	% Gemas	% Diamantes tipos P/E	Idade (Ma)
Kimberley (Áfr. Sul)	K1	diatrema	370	100	200	9,0		P>>E	≈100,0
Bultfontein (Áfr. Sul)	K1	diatrema	970	40	75	9,6	50	95/5	91,0
De Beers (Áfr. Sul)	K1	diatrema	510	90	75	11,0		92/8	90,0
Dutoitspan (Áfr. Sul)	K1	diatrema	1.080	20	75	5,2			
Wesselton (Áfr. Sul)	K1	diatrema	870	27	100	5,7		98/2	90,3
Koffiefontein (Áfr. Sul)	K1	diatrema	1.030	12	150	3,0	50	96/4	90,4
Jagersfontein (Áfr. Sul)	K1	diatrema	1.000	7	299	1,7		P≈E	86,0
Premier (Áfr. Sul)	K1	diatrema	3.220	30	35	23,0	20	38/62	≈1.200,0
Finsch (Áfr. Sul)	K2	diatrema	1.790	90	40	40,0	22	3-35(**)	94,0
Venetia (Áfr. Sul)	K2	diatrema	1.270	120	100	37,2			
Jwaneng (Áfr. Sul)	K1	(?)	5.100	140		170	50		
Lethlakane-1 (Áfr. Sul)	K1	diatrema	1.160	30	150	8,4	40		
Orapa (Áfr. Sul)	K1	cratera	10.600	67-132(*)	50	70,0	15	15/85	93,0
Letseng (Lesotho)	K1	diatrema	1.600	4	400	0,4			
Kao (Lesotho)	K1	diatrema	1980	3-18					
Catoca (Angola)	K1	cratera		46	60	30,0			≈130,0
Camútuè (Angola)	K1	diatrema	930	12	200	2,8			≈130,0
Mwadui (Tanzânia)	K1	cratera	14.600	20	150	29,0	40		40-53,0
Mbuji-Mayi (R.D. Congo)	K1	cratera	1.860	600(*)	10	108,0	5		71,0
Koidu (Serra Leoa)	K1	dique	40	100	200	1,0			
Mir (Rússia)	K1	diatrema	690	200(*)	100	34,0	20	88/12	
Zarnitsa (Rússia)	K1	diatrema	2.150	15	120	3,6			
Udachnaya (Rússia)	K1	diatrema duplo	2.000	100	100	49,0	20	88/12	
Majhgawan (Índia)	L	cratera	1.200	12	220	1,9			≈1.200,0
Argyle (Austrália)	L	cratera	4.600	600	7	270,0	5	P<<E	≈1.200,0
Ellendale-4 (Austrália)	L	cratera	8.400	3,1-24,5			60	P>>E	22,0
Sloan (EUA)	K1	diatrema		8-20	(?)	(?)	15	33/66	≈350,0
Prairie Creek (EUA)	L	dique	600	13	-	-	-	P>>E	97-106,0
Leucite Hills (EUA)	L	lavas	2.500.000 (área total)	-	-	-	-	-	1,1-1,3

(*) Valor máximo para teor na zona superficial, (**) Máximo para valor de diamantes de grande porte.

Os kimberlitos ocorrem com a forma de uma cenoura – conforme a Fig. 3.4. A zona da cratera ocupa os 300 m do topo de um kimberlito que, no seu estágio de formação, é um vulcão. As chaminés lamproíticas têm uma morfologia semelhante, embora a sua parte superior seja mais larga que a dos kimberlitos, podendo ser comparada a uma taça de champanhe. As outras zonas (ou fácies) dos kimberlíticos incluem o diatrema, abaixo da cratera, e ainda a zona de raiz, mais profunda e onde as rochas se comportam como diques estreitos.

As chaminés kimberlíticas e lamproíticas possuem natureza piroclástica; o material expelido é constituído por fragmentos sólidos de rocha. Algumas estimativas apontam para velocidades de ascensão do material das chaminés kimberlíticas da ordem de 10-30 km/h. À medida que o kimberlito se aproxima da superfície, a velocidade cresce para, talvez, várias centenas de quilômetros por hora, donde se pode inferir a violência associada a esses fenômenos (se a

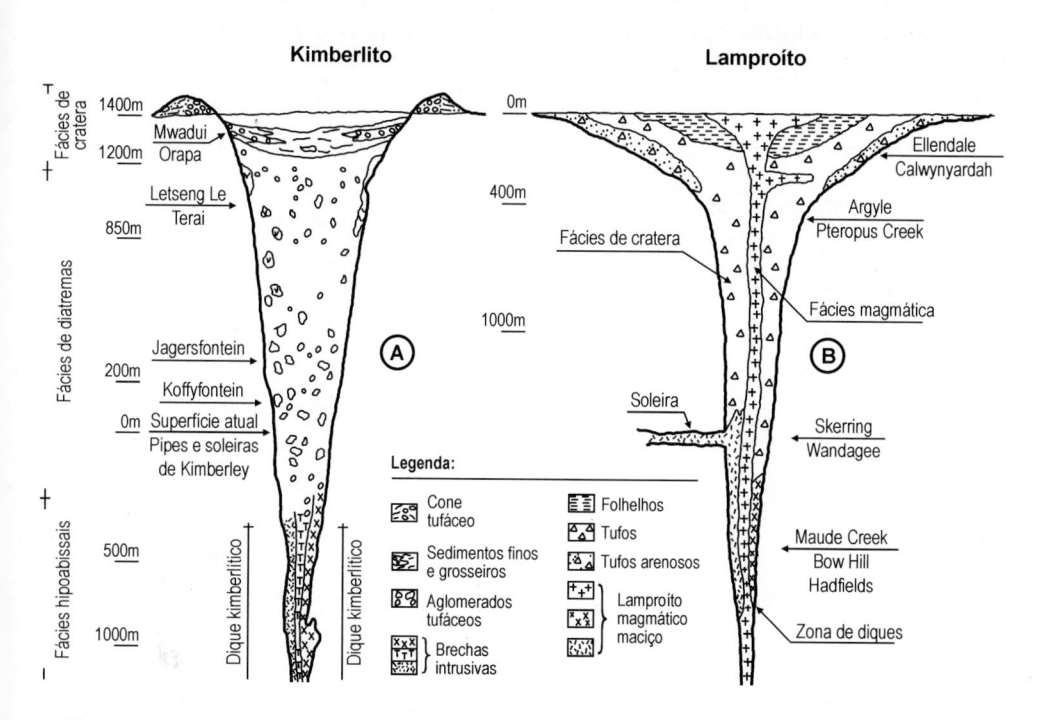

Fig. 3.4 *Esquema idealizado da morfologia de um pipe kimberlítico, incluindo suas três zonas ou fácies características e os níveis atuais de erosão a que estão submetidos alguns dos mais conhecidos kimberlitos sul-africanos (simplificado de Hawthorne, 1975 – kimberlito, e Atkinson et al., 1983, in Gonzaga & Tompkins, 1991 – lamproíto).*

intrusão dos kimberlitos fosse lenta, o diamante se transformaria em grafita, que é a forma de carbono mais estável sob condições crustais).

Localização e ambiente geotectônico dos principais depósitos

A distribuição geográfica dos principais depósitos primários (conforme a Fig. 3.5) não é aleatória, encontrando-se confinada a regiões da crosta continental de idade antiga, nunca intrudindo ambientes oceânicos ou cadeias montanhosas fanerozóicas. O ambiente mais favorável para a intrusão de kimberlitos é o cráton – conforme a mencionada Regra de Clifford. No interior dos crátons, certos modelos mostram que as intrusões kimberlíticas ocorrem apenas nas zonas conhecidas como árcons (de idades maiores que 2.500 Ma), enquanto as lamproíticas podem ocorrer também nos prótons (entre 1.600 e 2.500 Ma), os quais se situam nas margens dos crátons. Foram encontrados diamantes na maior parte dos crátons de todos os continentes. Alguns crátons têm maior produção e potencial diamantífero do que outros, como exemplo,

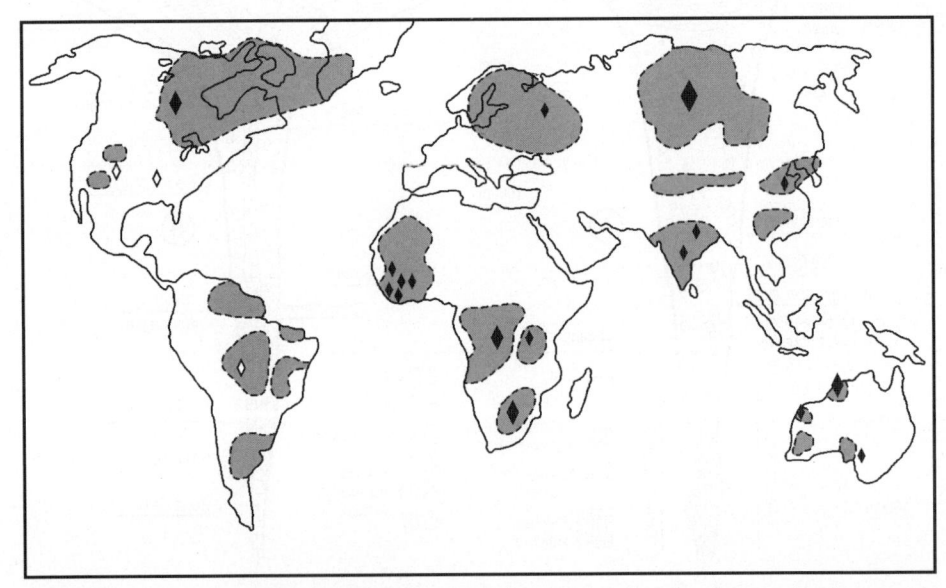

Fig. 3.5 *Distribuição geográfica dos principais depósitos primários do mundo, destacando as áreas cratônicas em cinza (adaptada de Kirkley et al., 1991). Os losangos cheios grandes correspondem a crátons com depósitos de grande porte, os losangos cheios pequenos, a depósitos de pequeno porte e os losangos vazios, a depósitos aparentemente estéreis.*

o cráton do Kaapvaal (Kalahari) na África Meridional, que possui 7 dos 12 grandes agrupamentos de kimberlitos produtores de diamantes que existem no mundo.

Na Fig. 3.6 (p. 102), observa-se um modelo geral da estrutura da Terra, fornecido por dados geofísicos, no qual aparecem a crosta com 8 a 50 km de espessura, o manto até a profundidade de 2.900 km e o núcleo constituído por metais. As partes mais internas das crostas continental e oceânica podem ser estudadas diretamente por amostragem em áreas mais erodidas ou mesmo sondagens profundas. As zonas de maior profundidade podem ser somente acessadas por informações geofísicas, ou através de "janelas" dadas por intusões magmáticas profundas que tragam materiais destas até os níveis superficiais. Ultimamente, o estudo das inclusões minerais contidas nos diamantes e o conhecimento teórico de suas relações de fase, permitem conhecer as condições de profundidade de formação das diferentes inclusões e, por conseguinte, do próprio diamante.

A coexistência de certas inclusões minerais, passíveis de formação somente no manto inferior do planeta (como perovskita + Fe-periclásio, moissanita e ferro nativo), em alguns raros diamantes, demonstra que o mineral pode ser cristalizado em condições de muito maior profundidade do que se supôs até agora. Para o transporte de tais diamantes até a superfície, alguns autores têm postulado a existência de "superkimberlitos" capazes de ascender desde tais profundidades (Haggerty, 1994). Outros autores admitem que tais diamantes teriam sido trazidos desde o manto inferior até cerca de 200 km de profundidade por mecanismos de convecção, e só então teriam sido transportados por kimberlitos "comuns" sob os crátons (Fig. 3.6, p. 102 – Stachel *et al.*, 2000).

Em termos geotectônicos pode-se observar que os crátons e as zonas subcratônicas têm uma espessura que pode ser tão grande quanto 200 km (linhas grossas) e são limitadas por faixas de dobramentos (*mobile belts*), conforme o esquema da Fig. 3.7. As isotermas (tracejado curto) são, no cráton, côncavas para baixo. O campo de estabilidade do diamante é convexo (para cima). Assim, o kimberlito K1 possuirá tanto diamantes do tipo-P como do tipo-E, porque os transportou desde as respectivas zonas de armazenamento na quilha do cráton, onde esses diamantes se encontram acumulados. A chaminé K2 poderá ter somente diamantes do tipo-E, enquanto o kimberlito K3 será virtualmente estéril. Em L1, embora ainda mal entendida, situa-se a possível

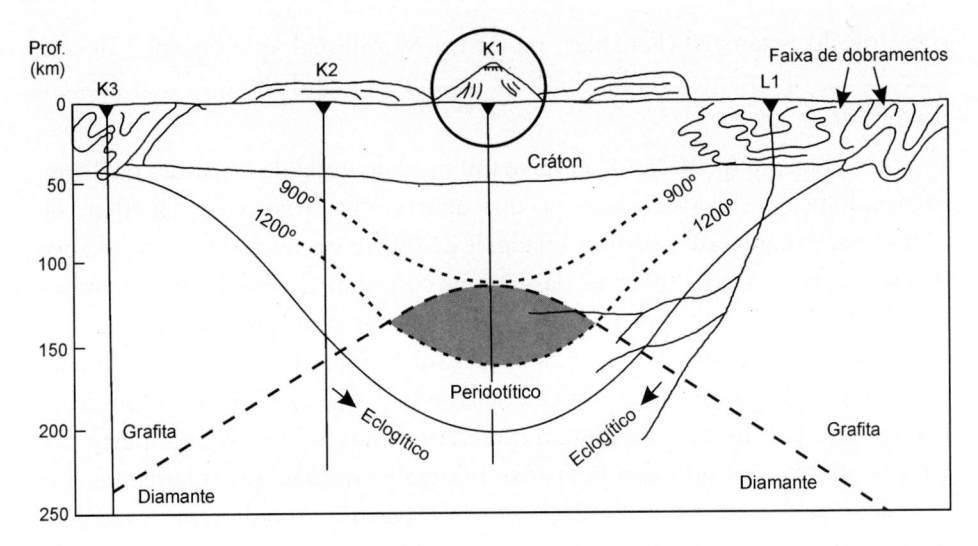

Fig. 3.7 *Modelo simplificado de gênese dos diamantes sob as regiões cratônicas e seus possíveis modos de transporte até a superfície terrestre (Kirkley et al., 1991).*

localização de chaminés lamproíticas do tipo de Argyle (Austrália), localizadas em área de faixa de dobramentos, onde estão presentes também tanto diamantes do tipo-P como diamantes do tipo-E.

3.2 Depósitos secundários de diamantes

As rochas fontes diamantíferas primárias, sejam kimberlitos, sejam lamproítos, possuem preferencialmente uma composição mineralógica pouco estável sob condições superficiais (conforme a Tabela 3.1). Assim, os agentes intempéricos agem no sentido de alterar e/ou desagregar a maioria desses minerais, fazendo com que o principal agente transportador da superfície terrestre – a água – carregue o resíduo desagregado pelos sistemas de drenagem, incluindo o diamante. Ao contrário da maioria dos minerais das intrusões, os diamantes são altamente estáveis e resistentes aos processos químicos e físicos atuantes, fazendo com que possam ser transportados por longas distâncias desde sua rocha matriz, até que processos de sedimentação possam "pará-los" em locais típicos.

Antes da descoberta de diamantes em kimberlitos da África do Sul, eram conhecidas apenas jazidas formadas pelos processos anteriormente descritos, ou secundárias, na forma de aluviões de rios. Os métodos de extração utilizados na Índia e no Brasil Colonial eram tão primitivos que não exigiam qualquer tecnologia. Os mineradores, em geral escravos, simplesmente desviavam os rios através de canais laterais, secando seu leito e expondo os cascalhos de sua parte interna mais profunda. Tais desvios, ainda usados nos rios Jequitinhonha e Paranaíba (Minas Gerais), onde são conhecidos como "viradas", eram métodos utilizados na Índia antiga. Nesses locais, a lavagem final ainda é feita por peneiras, de onde o mineral é catado manualmente. Na atualidade, porém, plantas móveis de dragagem são usadas para a recuperação do diamante aluvionar e sofisticados processos de aspiração submarina são aplicados na lavra de diamantes marinhos da costa sudoeste africana.

Antes de caracterizar os diversos tipos de depósitos secundários, é necessário discutir, ainda que de modo breve, os processos geológicos que os originaram, principalmente pela importância que tais depósitos representam para Minas Gerais e para o Brasil. Da intensidade relativa de cada um desses processos vão depender as características específicas dos vários depósitos e, apesar dos fenômenos que condicionam a sua gênese serem simples, não significa que os diamantes encontrados em determinado depósito secundário tenham somente uma única fonte primária, porque, como deve ser ressaltado, os próprios depósitos secundários podem ser remobilizados e, desta maneira, darem origem a novos depósitos secundários.

Como existe uma certa tendência para o agrupamento de diversas chaminés kimberlíticas ou lamproíticas, é comum que uma bacia hidrográfica qualquer intercepte várias dessas estruturas mineralizadas. A formação dos depósitos detríticos estão ligados a fenômenos de concentração mecânica natural dos resíduos provenientes das fontes diamantíferas. Os kimberlitos estão sujeitos a processos de dissolução por intemperismo químico, que normalmente antecedem e facilitam a erosão mecânica. Após a liberação dos minerais resistentes (grupo em que está incluído o diamante), ocorre a sua classificação natural durante o transporte ao longo dos cursos d'água, com base nas diferenças de densidade, dureza e granulometria original dos minerais transportados.

As águas superficiais são os principais agentes mobilizadores dos minerais resistentes à ação química, transportando-os ao longo das drenagens. Nesta fase, os minerais sofrem uma ação física interna, pelo que os de clivagem perfeita ou de dureza mais baixa tendem a pulverizar-se em partículas muito finas. Apenas os minerais mais duros e/ou muito densos estarão aptos ao maior transporte e deposição/concentração em áreas favoráveis. Os cascalhos diamantíferos são compostos, em geral, por grãos de quartzo, acompanhados, em quantidades bem menores e variáveis de local para local, por óxidos de ferro, cianita, epídoto, estaurolita, rutilo, andaluzita, piropo, zircão e diopsídio, nas vizinhanças de kimberlitos.

A formação dos diversos tipos de depósitos secundários dá-se de acordo com processos semelhantes. A classificação dos depósitos associa-se à dependência dos seus posicionamentos em relação à rede hidrográfica (Fig. 3.8). São também incluídos nessa classificação os depósitos litorâneos e marinhos, a respeito dos quais os processos de sedimentação, apesar de associados com ambientes oceânicos, são conceitualmente semelhantes aos continentais. Em conseqüência desses processos gerais de formação, os diversos tipos de depósitos, relacionados a seguir, implicarão a escolha do(s) método(s) de exploração a serem utilizados:

• Depósitos em conglomerados antigos, dobrados (1-Fig. 3.8) e em geral pré-cambrianos, cujas fontes provavelmente encontram-se erodidas. No presente, tais depósitos desempenham um papel semelhante a um depósito primário (2-Fig. 3.8).

• Depósitos em conglomerados antigos, não dobrados (3-Fig. 3.8) e em geral fanerozóicos, que atuam como "super" terraços, encontrando-se expostos descontinuamente no alto de planaltos sob atividade erosiva.

• Depósitos coluvionares (4-Fig. 3.8), que se situam nas proximidades das rochas-fonte diamantíferas, que podem ser tanto de natureza primária (kimberlitos e lamproítos), como secundária (outros depósitos secundários, representados por cascalhos antigos). Ocorrem de preferência ao longo e ao sopé das encostas, e a natureza normalmente angulosa do material constituinte reflete seu curto transporte. Tais depósitos são conhecidos como "gorgulhos" pelos garimpeiros de Minas Gerais.

• Depósitos de terraços (5-Fig. 3.8) ocorrem em posições topográficas superiores às do rio atual, sendo por isso chamados de "grupiaras altas" pelos garimpeiros, representando uma época de deposição mais antiga, quando o nível de base era outro, superior ao atual. A sua relação estéril/cascalho é em

3 Geologia e mineralogia do diamante

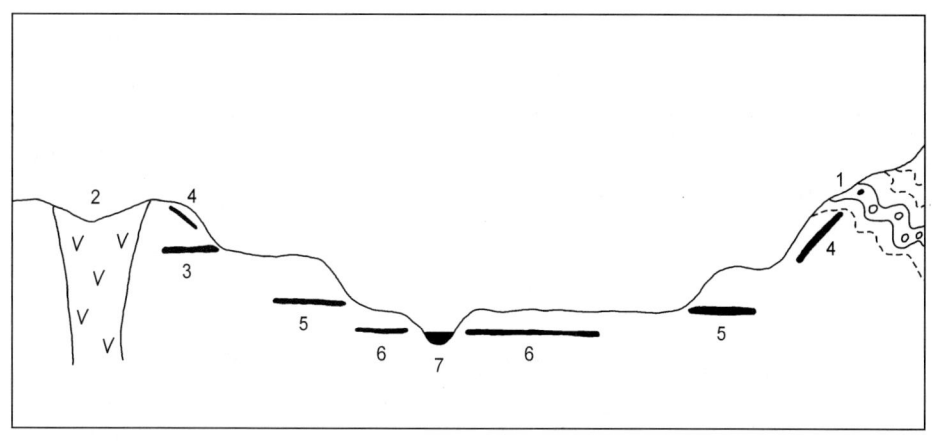

Fig. 3.8 *Representação esquemática da tipologia dos depósitos diamantíferos continentais.*

geral maior que a de outros tipos de depósitos (normalmente recobertos por solos), embora pelo fato do nível hidrostático estar situado em áreas topográficas mais baixas, os custos de drenagem são reduzidos.

• Depósitos de lezírias (6-Fig. 3.8), que constituem as planícies aluvionares dos rios (são as "grupiaras" dos garimpeiros), correspondendo a (sub)recentes migrações laterais dos mesmos. Constituem depósitos ricos, do ponto de vista do teor, por apresentarem as relações estéril/cascalho mais favoráveis (deve ser lembrado que quanto menor for a citada relação, menor será o volume de estéril a ser removido para a extração do cascalho diamantífero).

• Depósitos dos leitos de rios (7-Fig. 3.8), formados pelos cascalhos presentes na base interna dos rios atuais, cujos pontos singulares, como as cachoeiras e outras depressões, os canais alongados e as barragens rochosas são locais especialmente favoráveis à deposição de cascalhos mineralizados. Destacam-se, pelo teor elevado que podem conter, as marmitas – depressões circulares no leito dos rios – onde ocorre um processo natural de jigagem, muito propício à concentração de diamantes.

• Depósitos litorâneos, que incluem os sedimentos de praias (atuais) e os terraços litorâneos (antigas linhas costeiras), que podem se estender até alguns quilômetros para o interior. A formação desses depósitos deve-se à distribuição dos diamantes depositados nos estuários dos rios pelo efeito das correntes marítimas, associadas a variações do nível médio das águas do mar e à migração lateral do próprio estuário dos rios que trazem os diamantes. A maior parte dos depósitos litorâneos da Namíbia (ao longo da costa ao norte da foz do rio Orange) formou-se dessa maneira.

• Depósitos *off-shore*, constituídos por cascalhos depositados no fundo do mar, transportados pelas correntes, a partir da foz dos rios mineralizados (também são típicos para o caso do rio Orange).

3.3 Prospecção dos depósitos diamantíferos

Depósitos primários

As técnicas de geofísica são usualmente utilizadas para localizar áreas propícias ao encontro de depósitos diamantíferos primários em kimberlitos e lamproítos. Conforme explicado, os magmas formadores dessas rochas originam-se no manto terrestre em certas regiões onde a litosfera continental é mais espessa. Além disso, para serem detectáveis e economicamente lavráveis, os *pipes* de tais rochas devem estar expostos nas proximidades do nível de superfície.

Somente uma pequena parte dos kimberlitos contém diamantes em quantidades economicamente viáveis, e esses tendem a aparecer em áreas de litosfera espessa (150-200 km), onde as condições de estabilidade do diamante prevalecem sobre as de outras formas do carbono. Como a litosfera possui uma espessura média de 100 km, espessuras que atingem o dobro dessa são pouco comuns, aparecendo apenas sob as regiões cratônicas, onde definem uma protuberância semelhante a uma "barriga" voltada para baixo (Fig. 3.7). Os crátons são as regiões mais propícias à formação de tais estruturas, pois se encontram estabilizados por períodos superiores a 1,5 bilhão de anos, tempo suficiente para a litosfera se resfriar e espessar, ao contrário das poucas centenas de milhões de anos das áreas oceânicas. Assim, os métodos que permitam medir a espessura da litosfera são inicialmente os mais úteis para definir regiões com maiores possibilidades de conter rochas primárias. Sabendo-se que as raízes da litosfera são mais densas que o manto superior adjacente, técnicas geofísicas relacionadas à densidade, como os gravimétricos e os de sísmica por refração, são ideais para tal medição.

Pela medição da velocidade das ondas sísmicas, obtêm-se algumas estimativas de variação na densidade das rochas e na rigidez. Por serem tais rochas partes do manto e litosfera, elas se mostram mais densas e rígidas, com as ondas sísmicas apresentando velocidades mais altas do que nas rochas adjacentes e parcialmente fundidas da astenosfera (porção do manto localizada na litosfera, de comportamento fluido). O topo da astenosfera funde-se entre 100-200 km de profundidade, na maior parte das vezes abaixo dos crátons. Assim, os mapas de velocidade de ondas sísmicas possuem em menores profundidades valores anomalamente altos nas porções litosféricas sob os crátons (devido às maiores densidade e resistência). Uma vez as áreas de raízes litosféricas delimitadas, os dados magnéticos e elétricos de alta resolução permitem a identificação de anomalias associadas individualmente às estruturas dos kimberlitos e lamproítos. Entretanto, a identificação de agrupamentos de kimberlitos em zonas de litosfera mais espessa não é garantia de se encontrarem depósitos econômicos, ainda que fora dessas condições as possibilidades de serem encontrados corpos potencialmente importantes tornem-se diminuídas de maneira drástica.

A presença local de kimberlitos e lamproítos também pode ser detectada por métodos geofísicos, de modo particular, usando-se técnicas magnéticas e elétricas. Técnicas magnéticas são utilizadas desde a década de 1930 para determinar os limites dos corpos kimberlíticos. Tais rochas possuem altas concentrações de minerais com ferro e, deste modo, são mais magnéticas e melhor condutoras de eletricidade do que as rochas nas quais estão intrudidas. Além disso, os *pipes* normalmente formam estruturas circulares ou ovais, sendo possível de serem delineados em planta por medições magnéticas e elétricas, ainda que eles estejam recobertos por rochas sedimentares. No presente, as técnicas aeromagnéticas são usadas mundialmente na exploração de kimberlitos, tendo sido responsáveis pela descoberta dos lamproítos de Ellendale, no oeste da Austrália.

Depósitos secundários

Na prospecção geofísica regional de depósitos diamantíferos secundários, teoricamente as regiões consideradas mais propícias ao encontro de jazimentos interessantes são aquelas situadas nas bordas cratônicas, onde a litosfera é menos espessa e os diamantes teriam sido trazidos das áreas mais internas dos mesmos. Entretanto, os métodos geofísicos são pouco aplicáveis nesses casos, uma vez que envolvem possibilidades de acerto extremamente reduzidas. Desta maneira, a prospecção de depósitos secundários aluvionares se baseia principalmente em procedimentos que demandam amostragens diretas no leito dos rios, que possuem espaçamentos dados pelo interesse relativo, que tanto pode ser a busca de uma fonte primária, como a delimitação dos limites e reservas do próprio depósito (secundário) enfocado. A amostragem dos depósitos litorâneos e marinhos envolve técnicas mais complexas, necessitando-se de sondagens exploratórias e lavras experimentais prévias.

A prospecção aluvionar em leito vivo constitui a principal técnica exploratória de fontes primárias de diamante a partir de depósitos secundários de rio, uma vez que combina fatores como praticidade, baixo custo e cobertura de grandes áreas com relativa rapidez. Um dos Autores deste livro (M. Chaves) utiliza os procedimentos da prospecção aluvionar desde 1980, quando executava campanhas de pesquisa de cassiterita (SnO_2) na floresta amazônica, onde, como em grande parte da região tropical brasileira, existem poucos afloramentos rochosos, a maior parte do relevo é coberta por solos espessos e/ou matas fechadas. A prospecção no leito dos rios torna-se, assim, uma ferramenta de extrema utilidade, capaz de "ler" as informações do sub-solo encoberto, porque os sedimentos dos rios conterão sempre alguns grãos minerais derivados desse meio não exposto.

A técnica de prospecção aluvionar pode ser aplicada tanto diretamente ao mineral-alvo (caso da cassiterita, ouro, platina e outros minerais metálicos), como indiretamente (situação específica do diamante). Neste caso utilizam-se outros minerais, chamados de "indicadores" ou "satélites", que são mais abundantes e muitas vezes acompanham os diamantes desde as suas fontes primárias. Dos minerais que normalmente são encontrados nos kimberlitos e lamproítos (Tabela 3.1), alguns são mais úteis na prospecção aluvionar, não só por serem mais constantes, como também por apresentarem maiores resistências física e química, podendo ser detectados a longas distâncias de suas fontes primárias. Os principais minerais que servem como guias na prospecção do diamante em aluviões são a granada piropo, a ilmenita magnesiana e o cromo-espinélio (cromita).

Com o uso de certa malha exploratória previamente definida, uma determinada (sub)bacia fluvial pode ser pesquisada desde a cabeceira até o encontro com as drenagens maiores. Tal malha normalmente varia alguns quilômetros e a técnica de amostragem é bastante simples: em cada ponto, a ser escolhido em locais de armadilhamentos naturais (os *traps*) de minerais pesados, cerca de 20 litros de sedimentos do rio devem ser recolhidos (a amostragem precisa ter um volume constante, visando futuras comparações dos dados), peneirados a 1 ou 2 mm de diâmetro e o resíduo de fundo deve ser concentrado na batéia. Em trabalhos acadêmicos, parte do material peneirado também é recolhido, pois ele pode trazer informações geológicas úteis, entretanto, em serviços exploratórios empresariais, apenas o concentrado de batéia é utilizado (≈100 g/ponto), onde estarão os (possíveis) minerais interessantes que, no caso do diamante, são os seus indicadores referidos.

3.4 Exploração e lavra dos depósitos diamantíferos

Desde a descoberta dos diamantes na Índia, mais de 200 toneladas do mineral já foram extraídas no mundo. Para este fim, necessitou-se da remoção de aproximadamente 4.000.000.000 de toneladas de rochas, cascalhos ou areias nos quais eles estão contidos. De maneira independente do tipo de ocorrência ou do método de extração, o conteúdo médio em diamantes é sempre muito reduzido, seja nas rochas-fonte primárias, seja em aluviões de rio, ou ainda nas areias e cascalhos de praia: uma parte de diamante para cada 20 a 200 milhões de partes de rocha ou cascalho/areia. Considerando os valores em quilates, equivalem a 0,05-0,5 ct por tonelada de material estéril.

Depósitos primários

Na época das primeiras descobertas (décadas de 1870-90), todos os *pipes* eram trabalhados por métodos simples a céu aberto. O material rochoso era quebrado e carregado até a superfície diretamente com a mão ou em pequenas caçambas. Entretanto, com o aprofundamento das escavações e o caos formado pelo interferimento entre os diversos serviços, as operações tornaram-se difíceis e perigosas para os trabalhadores (Fig. 1.5) e uma maior eficiência nos serviços só foi possível com a junção de todos os diversos pequenos mineradores com a formação da De Beers Consolidated Mines Ltda., em 1888. Desta maneira, o *pipe* de Kimberley foi explorado até cerca de 250 m de profundidade, formando o hoje famoso Big Hole, atração turística na República Sul-Africana (Fig. 3.9, p. 103). No início da mineração "organizada" dos kimberlitos, o *blue ground* era levado até a superfície e espalhado, já triturado, ao redor da mina. Após alguns anos, esse material decomposto permitia que os diamantes fossem extraídos com os métodos antigos de gravidade. O método descrito logo foi abandonado por vários motivos, como ocupação de enormes espaços, longo tempo de espera e grande possibilidade de ocorrência de roubos nesse ínterim.

Segundo Linari-Linholm (1973), por volta de 1890 foi desenvolvido o método de *chamberring* ("salões"), ainda utilizado atualmente nas minas Wesselton e De Beers (nesta última, parcialmente). Depois, a maioria das minas abandonou-o em favor de outros com maior capacidade de produção. Nesse processo de lavra, poços verticais (*shafts*) são perfurados longe do kimberlito e, a partir de tal poço, a cada 60 m são escavados túneis horizontais até próximo ao *pipe*, ligados verticalmente através de *shafts* secundários de onde se abrem túneis para dentro do próprio corpo mineralizado. Em 1955, porém, introduziu-se na maioria dos *pipes* da região de Kimberley o método de *block caving* ("escavação de blocos"), que apresentava alta produtividade, além de diminuição dos trabalhos manuais. Neste método, o kimberlito é quebrado por gravidade, e o número de níveis de trabalho é bastante reduzido, através da perfuração de uma série de túneis 150-200 m abaixo do topo do corpo. Apesar de bastante reforçados, são deixadas várias cavidades, denominadas pontos de ação no topo dos túneis, através das quais são cortadas passagens verticais para o topo, em forma de funil, dentro do kimberlito. Seguindo tal procedimento, uma enorme área pode ser escavada e, pelo peso de sua massa, o topo da cavidade se rompe caindo pelos pontos de ação para os túneis, de onde o material é levado para beneficiamento. Os dois métodos têm em comum o fato de que grande parte dos serviços pode ser feita de maneira automática, substituindo a mão-de-obra dos métodos pioneiros.

Os métodos indiretos de beneficiamento foram substituídos por métodos diretos, em que o kimberlito é triturado no *shaft* principal antes de chegar à superfície, onde é novamente triturado, peneirado e, através de métodos eletroquímicos de flotação, os resíduos pesados são separados. Após a passagem por várias peneiras cilíndricas e mesas de vibratórias, o material pesado é levado para mesas especiais recobertas com cerca de 2 cm de graxa industrial, nas quais passam correntes de água. Nessas mesas, com vibrações curtas de até 8.000 vezes por minuto, os diamantes são separados, pois somente eles aderem à graxa, enquanto o resto do material é carregado pela corrente. Tal método baseia-se na propriedade especial que o mineral apresenta, o de possuir alta tensão superficial. De tempos em tempos, a graxa é retirada e derretida, para liberar os diamantes.

Em 1958, os russos desenvolveram um novo método de tratamento, praticado hoje na Rússia e em diversas lavras da África do Sul no processo de separação final do diamante. Sabe-se que a maior parte dos diamantes apresenta fluorescência quando atingidos por raios-X, enquanto o restante do concentrado de minerais pesados não é fluorescente. Para a separação do diamante, o material pesado passa por um feixe de raios-X, onde o diamante vai emitir luz. Então, uma célula fotoelétrica recebe esses sinais, abrindo torneiras especiais de ar comprimido e, com um sopro, expulsa as pedras fluorescentes para uma caixa colocada abaixo do concentrado.

Em todos esses casos, o custo de extração e beneficiamento do diamante é bastante elevado (Fig. 3.10 - p. 103). O tempo de garimpagem primitiva, usando-se métodos rudimentares (como na maior parte do Brasil) está ultrapassado. Atualmente, são utilizados métodos modernos, altamente sofisticados e de custo elevado. Por isso, as atividades de prospecção, extração e beneficiamento do diamante precisam ser bem programadas e calculadas, ao contrário dos métodos aventureiros de pesquisa e produção efetuados na garimpagem do mineral em países pouco desenvolvidos, e também na pesquisa e extração da maioria das outras demais pedras de valor gemológico.

Os métodos de lavra em rochas primárias que não necessitam dos *shafts* verticais são bem mais econômicos, a exemplo de certas minas da África do Sul e do lamproíto Argyle, na Austrália, onde a mineração é a céu aberto. A partir de terraços redondos ou ovais, retira-se progressivamente o material, que é beneficiado na superfície. Esse método também é utilizado em todos os *pipes* em suas fases iniciais de lavra, entretanto na medida em que as escavações se aprofundam, ele se torna de mais difícil aplicação. Na Rússia, onde o método é também utilizado, grandes dificuldades nos processos de lavra são ocasionadas pelas condições climáticas adversas.

Depósitos secundários

De modo geral, a extração e beneficiamento das ocorrências secundárias, tanto continentais como marinhas, são semelhantes. No Brasil como na Índia

Fig. 1.7 Os famosos diamantes lapidados Koh-i-Noor (108,90 quilates), Hope (44,50 quilates) e Estrela do Sul (128,48 quilates). Fotos Koh-i-Noor e Hope, in: Harlow, ed. (1998). Foto Estrela do Sul, in: Smith & Bosshart (2002).

Fig. 3.1 Cristal de diamante incrustado em matriz kimberlítica.

3 Geologia e mineralogia do diamante

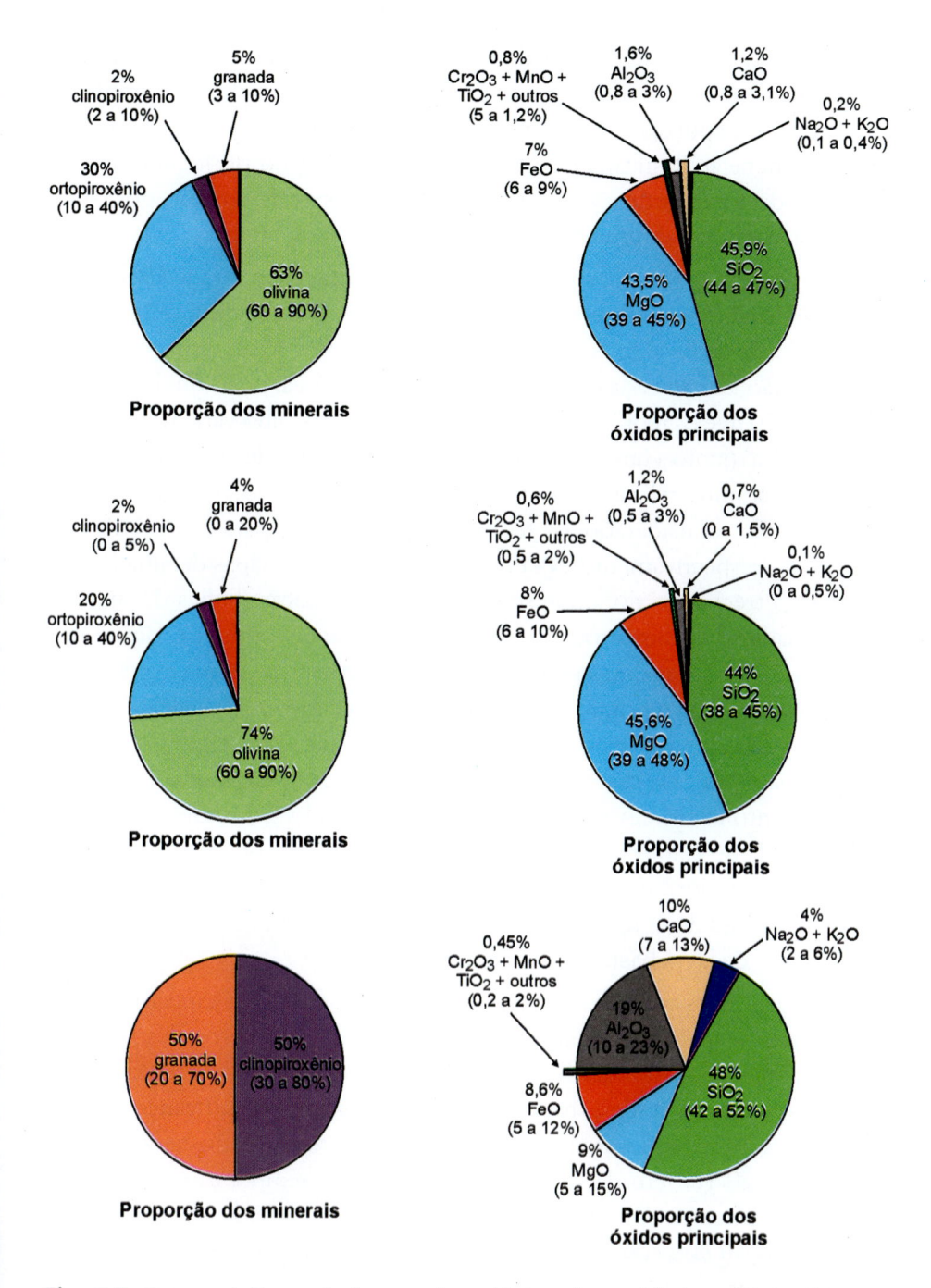

Proporção dos minerais (peridotito lherzolítico):
- 2% clinopiroxênio (2 a 10%)
- 5% granada (3 a 10%)
- 30% ortopiroxênio (10 a 40%)
- 63% olivina (60 a 90%)

Proporção dos óxidos principais (peridotito lherzolítico):
- 0,8% Cr_2O_3 + MnO + TiO_2 + outros (5 a 1,2%)
- 1,6% Al_2O_3 (0,8 a 3%)
- 1,2% CaO (0,8 a 3,1%)
- 0,2% Na_2O + K_2O (0,1 a 0,4%)
- 7% FeO (6 a 9%)
- 45,9% SiO_2 (44 a 47%)
- 43,5% MgO (39 a 45%)

Proporção dos minerais (peridotito harzburgítico):
- 2% clinopiroxênio (0 a 5%)
- 4% granada (0 a 20%)
- 20% ortopiroxênio (10 a 40%)
- 74% olivina (60 a 90%)

Proporção dos óxidos principais (peridotito harzburgítico):
- 0,6% Cr_2O_3 + MnO + TiO_2 + outros (0,5 a 2%)
- 1,2% Al_2O_3 (0,5 a 3%)
- 0,7% CaO (0 a 1,5%)
- 0,1% Na_2O + K_2O (0 a 0,5%)
- 8% FeO (6 a 10%)
- 44% SiO_2 (38 a 45%)
- 45,6% MgO (39 a 48%)

Proporção dos minerais (eclogito):
- 50% granada (20 a 70%)
- 50% clinopiroxênio (30 a 80%)

Proporção dos óxidos principais (eclogito):
- 0,45% Cr_2O_3 + MnO + TiO_2 + outros (0,2 a 2%)
- 10% CaO (7 a 13%)
- 4% Na_2O + K_2O (2 a 6%)
- 19% Al_2O_3 (10 a 23%)
- 48% SiO_2 (42 a 52%)
- 8,6% FeO (5 a 12%)
- 9% MgO (5 a 15%)

Fig. 3.2 *Composições química e mineralógica de peridotitos (lherzolíticos e harzburgíticos), e eclogitos (Kirkley, 1998).*

antiga, são utilizados métodos primitivos de lavra aluvionar, normalmente envolvendo técnicas que incluem o auxílio de bombas de sucção para a retirada do cascalho e a apuração final com peneiras manuais. Companhias maiores, como a Mineração Tejucana e a Mineração Rio Novo, no rio Jequitinhonha (ao norte de Diamantina, MG) utilizam métodos mais sofisticados, que permitem a lavagem de grandes volumes de cascalho aluvionar.

A Mineração Rio Novo (Grupo Andrade Gutierrez), desde 1988, está em atividades de lavra sobre um trecho de 27 km do rio Jequitinhonha, onde a profundidade do nível mineralizado, que pode alcançar 45 m, torna proibitiva uma lavra não mecanizada em grande escala. Nessa área, o *flat* aluvionar tem em média 170 m e os teores médios de diamante no cascalho variam em torno de 0,036 ct/m^3 (junto a um conteúdo médio de 0,102 g/m^3 de ouro). Tomando-se como base uma relação estéril/cascalho de 2,5/1, se o volume total de sedimentos for considerado, os teores serão reduzidos para 0,012 ct/m^3 e 0,033 g/m^3, respectivamente. Na Fig. 3.11, mostram-se mapas detalhados de um mesmo trecho do rio, onde se observam as isópacas (linhas de mesma profundidade) do sedimento total e do cascalho mineralizado, e a relação final estéril/cascalho. Duas dragas trabalham conjuntamente na lavra (Fig. 3.12, p. 106); de jusante para montante, na frente, uma draga menor, de sucção, escava e recolhe o capeamento arenoso estéril. Uma outra draga, maior e de alcatruzes, segue recolhendo esse cascalho (com 8 m de espessura em média), fazendo um tratamento inicial em *trommels* e jigues, cominuindo os sedimentos a uma fração pesada de diâmetro entre 18 e 6 mm. O concentrado resultante desse processo é posteriormente tratado em terra, na sede da empresa. A Mineração Tejucana, que atualmente (2002) está com suas atividades paralisadas, utilizava um processo de lavra bastante semelhante ao relatado.

Os depósitos costeiros, de praia, possuem características especiais, como os encontrados no litoral da Namíbia. Alguns rios diamantíferos, destacando-se o rio Orange, transportaram o mineral por distâncias de quase 1.000 km até o Oceano Atlântico, desde as fontes primárias no planalto sul-africano. Depois, as correntes marinhas levaram os diamantes para o norte, depositando-os no litoral entre 50-100 km da foz daquele rio. Com o tempo, esses depósitos foram recobertos por areias e, assim, os diamantes hoje são encontrados em cavidades do *bed-rock*, cobertos por 20-30 m de sedimentos. Na lavra, tal camada é removida por tratores especiais, e aspiradores de pó ultra-potentes retiram o material interno às cavidades rochosas, de onde os diamantes são separados

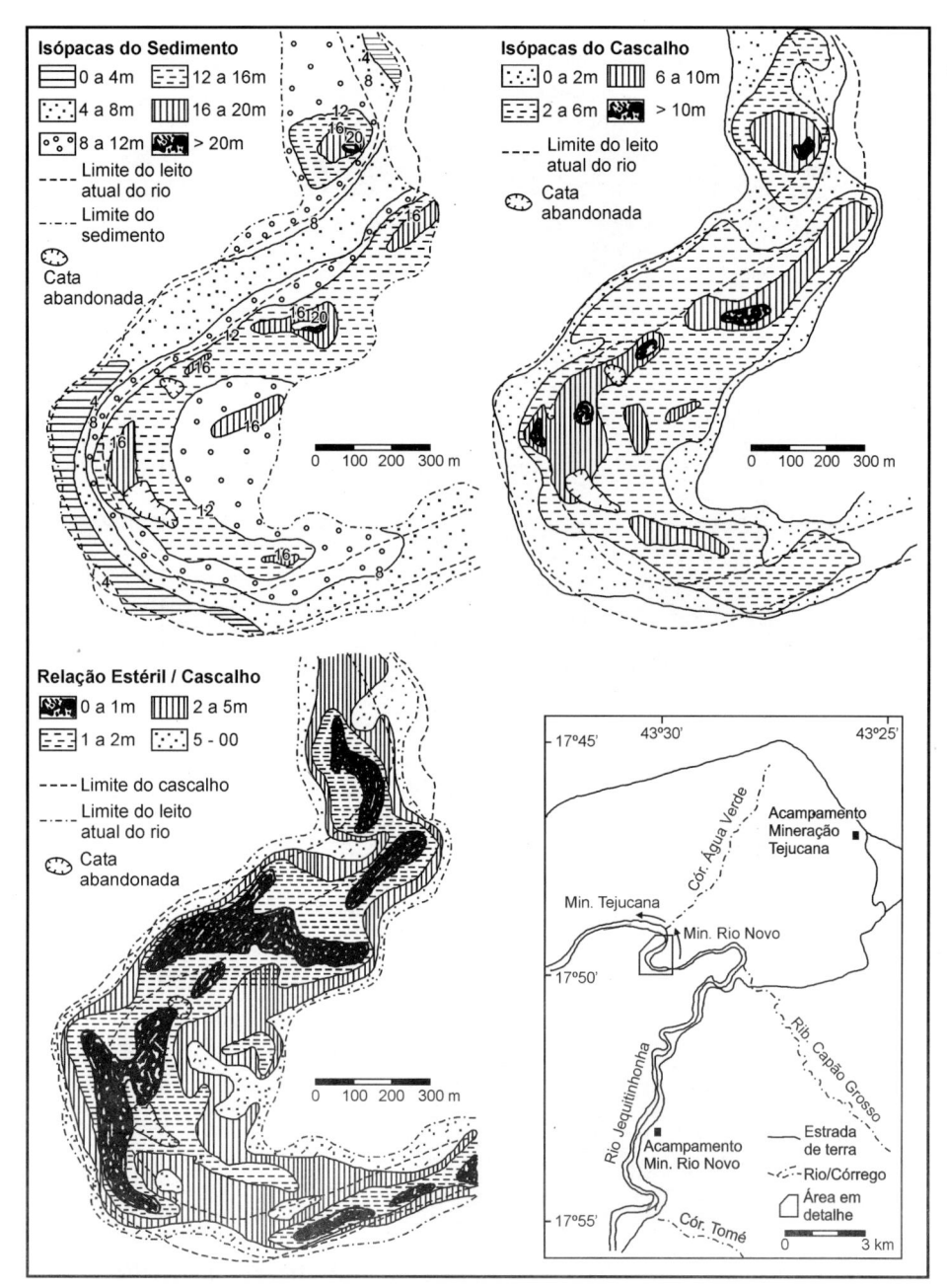

Fig. 3.11 *Exemplo de um trecho de aluvião diamantífero do rio Jequitinhonha, ao norte de Diamantina, mostrando as isópacas de sedimento total e as isópacas do cascalho mineralizado basal, e ainda a relação estéril/cascalho (dados cedidos pela Mineração Rio Novo, em 1984).*

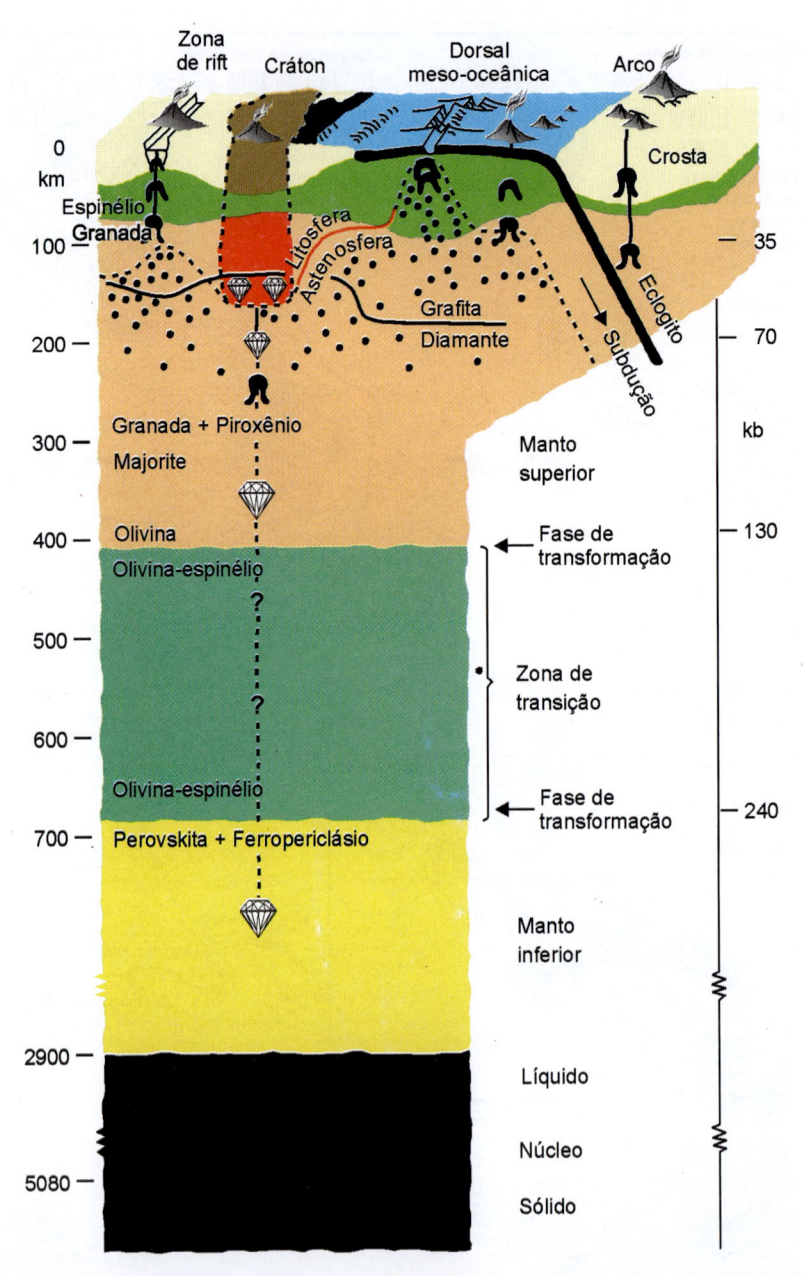

Fig. 3.6 *Estrutura da Terra mostrando sua divisão em três zonas principais (crosta, manto e núcleo) e as transformações minerais de fase até cerca de 700 km. As "amebas" pretas representam os diferentes tipos de magmatismo ocorrendo no planeta, onde as formas mais profundas destes fenômenos são dadas pelas intrusões kimberlíticas e lamproíticas sob as regiões cratônicas (Stachel et al., 2000).*

3   Geologia e mineralogia do diamante   103

Fig. 3.9 *O Big Hole (Buraco Grande) deixado pelas escavações de lavra do pipe kimberlítico de Kimberley, na República Sul-Africana (Linari-Linholm, 1973).*

Fig. 3.10 *Exploração do pipe kimberlítico de Finsch, uma das maiores minas da República Sul-Africana na atualidade (Kirkley, 1998), mostrando o complexo industrial implantado para a recuperação dos diamantes.*

com métodos convencionais (Fig. 3.13, p. 106). Essa técnica, embora de custo elevado, é compensadora porque a (quase) totalidade dos diamantes possui qualidade gemológica.

Finalmente, devem-se mencionar as ocorrências marinhas do tipo *offshore*, trabalhadas na atualidade através de navios do porte de cargueiros, que retiram os cascalhos/areias do mar e no seu interior o material pesado (junto com os diamantes) é pré-concentrado. O resíduo mais grosso é jogado de volta ao mar, enquanto a separação final do diamante é feita em bases mineradoras instaladas no continente próximo.

O método das mesas vibratórias recobertas com graxa, descrito no beneficiamento de kimberlitos, não é ideal para os depósitos secundários, onde pode acontecer que diamantes escapem, pois muitas vezes estes possuem uma película de silte/argila ou de sais ao seu redor. Desta maneira, antes de utilizar tal método em aluviões ou sedimentos de praia, é preciso tratar o material pesado com soluções químicas, para liberar os diamantes de partículas indesejáveis. Os diamantes bem pequenos podem ainda ser separados através de métodos eletrostáticos, pela propriedade de apresentarem uma condutividade elétrica mínima comparada com a de seus principais minerais acompanhantes.

3.5 O estudo das populações de diamantes

Estudos envolvendo detalhes das várias feições mineralógicas de diamantes brutos tornaram-se comuns desde o início do século passado, a partir da entrada em massa das pedras brasileiras no mercado europeu. Tais estudos procuraram caracterizar os aspectos cristalográficos de indivíduos isolados (vide, por exemplo, Eschwege, 1833; Fersman & Goldschmidt, 1911) e, posteriormente, evoluíram para métodos investigatórios que exigiam aparelhagens mais sofisticadas, visando aspectos químicos do diamante, como a espectroscopia de raios infravermelhos (Robertson *et al.*, 1934; Sutherland *et al.*, 1954; Kaiser & Bond, 1959), ou ainda os aspectos morfológicos das estruturas de dissolução presentes em determinadas faces do mineral (Patel & Agarwal, 1965; Patel & Patel, 1972). Na década de 1980, com as análises químicas de grande precisão utilizando a microssonda eletrônica, o rumo das pesquisas foi radicalmente mudado e identificava as inclusões presentes no diamante, tendo em vista que tais espécies minerais vão constituir um dos raros meios de se conhecer aspectos quanto ao quimismo do manto superior do planeta.

Na África do Sul, estudos sistemáticos de lotes contendo até milhares de indivíduos de diferentes intrusões kimberlíticas mostram-se importantes ferramentas no auxílio de interpretações genéticas sobre o mineral (Whitelock, 1973; Harris *et al.*, 1975, 1979). No Brasil, tais estudos são escassos, ainda que algumas descrições tenham abrangido depósitos de certas regiões como Triângulo Mineiro e Mina de Romaria, em Minas Gerais (Leite, 1969; Svisero & Haralyi, 1985) e rio Tibagi, no Paraná (Chieregatti, 1989). Em relação ao diamante pré-cambriano da Serra do Espinhaço (MG) e sua controvertida origem, a descrição detalhada de lotes com centenas de diamantes é proposta para obterem interpretações sobre a gênese do mineral a partir do seu próprio conhecimento (Chaves, 1997). Essas descrições propiciaram a elaboração de uma tabela simplificada para a agilização dos trabalhos, permitindo posteriores tratamentos em programas de informática, além de comparações entre diversas localidades. O modelo preliminar de tal esquema foi aperfeiçoado para a versão ora apresentada (Fig. 3.14) e, assim, este capítulo objetiva detalhar os vários parâmetros que regem a mineralogia de populações de diamantes, de acordo com os enfoques mais atualizados sobre o tema.

Para a descrição de diamantes brutos deve-se utilizar uma lupa de 10 aumentos, o mesmo processo utilizado para a classificação comercial de diamantes lapidados. Recomenda-se o uso de lupas do tipo triplet, pois elas possuem um sistema óptico que, por evitar deformações da imagem, agiliza o trabalho de descrição. Como o esquema elaborado (conforme a Fig. 3.14) foi proposto para descrições de campo, evitaram-se comparações com outras tentativas classificatórias tomadas a partir de análises químico-laboratoriais mais sofisticadas, como a de Orlov (1973), ou impraticáveis a uma aplicação rápida, como a de Bartoshinsky (1983, in Chaves & Svisero, 2000), em que somente quanto à morfologia foram reconhecidas 55 classes de diamantes, ainda arranjadas em 12 grupos distintos.

Peso

As pedras devem ser pesadas em balanças gemológicas portáteis, com peso em quilates e divisão por pontos (1 ct = 100 pontos = 0,2 g), com vários modelos no mercado. Certos autores como Harris *et al.* (1975, 1979) preferem utilizar crivos específicos, podendo assim fazer estimativas de peso. Acredita-

Fig. 3.12 Método de trabalho da exploração dos aluviões diamantíferos do rio Jequitinhonha (Minas Gerais) por duas dragas, uma de sucção e outra de alcatruz (foto cedida pela Mineração Rio Novo).

Fig. 3.13 Vista geral da exploração dos extensos depósitos costeiros da Namíbia, no sudoeste africano, implicando custos financeiros e ecológicos muito altos (Schulmann, 1982).

se que tal método, apesar de agilizar as descrições, além de embutir um erro natural nas estimativas de peso, é mais adequado para a classificação comercial de lotes com milhares de indivíduos, uma vez que, nesse caso, se torna inviável a pesagem das pedras uma a uma.

De qualquer modo, os diamantes deverão posteriormente ser agrupados em faixas de acordo com o padrão geral do peso de determinada localidade. Exemplificando, nos estudos da região do Espinhaço, propôs-se a divisão em faixas de 0,20 ct até o peso de 1,40 ct, uma vez demonstrado nas descrições que mais de 99% das pedras estavam nessas faixas. Em outras localidades como Coromandel e rio Abaeté, a oeste de Minas Gerais, tal divisão seria inaplicável, pois nessas áreas é comum o aparecimento de cristais com centenas de quilates. Sendo assim, para tais localidades, as faixas de peso devem envolver espaçamentos consideravelmente maiores.

Morfologia do cristal

Um determinado cristal pode se apresentar inteiro ou fragmentado, de acordo com os planos de clivagem que o diamante possui (Fig. 3.14). Certos

Nº _____ Peso _____ ct	Local _____	Região _____
MORFOLOGIA	**FIGURA DE DISSOLUÇÃO**	**CAPA**
☐ Inteiro	☐ Ausente	☐ Ausente
☐ Fragmentado	☐ Presente _____	☐ Verde transparente
		☐ Verde densa
HÁBITO	**COR**	☐ Marrom/amarela
☐ Cubo (hexaedro)	☐ Incolor (cores gemológicas D até I)	☐ Outra cor _____
☐ Cubo piramidado (tetrahexaedro)	☐ Incolor de tons amarelados (I até Z)	
☐ Octaedro	☐ Marrom claro/escuro	**INCLUSÃO**
☐ Rombododecaedro	☐ Branco	☐ Ausente
☐ Transição octaedro-rombododecaedro	☐ Cinza	☐ Pequena _____
☐ Trioctaedro	☐ Preto	☐ Grande _____
☐ Combinações diversas	☐ Colorido _____	
☐ Geminado		**QUALIFICAÇÃO**
☐ Irregular	**FLUORESCÊNCIA**	**GEMOLÓGICA**
☐ Agregado cristalino	☐ Ausente	☐ Lapidável
☐ Agregado policristalino complexo (*bort*)	☐ Fraca	☐ Industrial
☐ *Ballas*	☐ Média	Cor esperada _____
☐ Carbonado	☐ Forte Cor _____	Pureza esperada _____

Fig. 3.14 *Parâmetros propostos para a classificação mineralógica de diamantes naturais no campo.*

autores identificaram os fragmentos de clivagem como um dos "hábitos" que o diamante pode apresentar (p. ex., Svisero & Haralyi, 1985), o que é incorreto. Na tabela proposta por Chaves (1997), esse critério também foi utilizado, porém como a fragmentação é ocasionada pelo transporte do diamante, seja no meio magmático original, seja no meio aluvionar depois da erosão das rochas matrizes, tal aspecto independe do hábito do cristal. A divisão proposta entre cristais "inteiros" e "fragmentados" pode ainda trazer interpretações genéticas importantes para o lote estudado, depois de estatisticamente definidas as proporções das duas. Os Autores, em estudos sobre o diamante do Espinhaço, observaram uma presença superior a 90% de cristais inteiros na região, sendo esse um dos fatores que os levaram à defesa da hipótese sobre a origem distante para o mineral, uma vez que rochas-fonte primárias – kimberlitos e lamproítos –apresentam um alto percentual de pedras clivadas (Whitelock 1973, Otter *et al.*, 1994).

Hábitos

Durante a observação da integridade física de determinado exemplar, é possível a definição do hábito, ou forma cristalina por ele apresentado. Os diamantes podem ser monocristalinos ou policristalinos, mas na tabela, por questão de espaço, os hábitos de ambos estão relacionados em seqüência. As formas monocristalinas podem ser simples, como o cubo (hexaedro), o cubo piramidado (tetrahexaedro), o octaedro, o trioctaedro, o rombododecaedro, além de transicionais entre as três últimas (Fig. 3.15), ou irregulares. Apesar do diamante se cristalizar na classe hexaoctaédrica do sistema cúbico, o hábito hexaoctaédrico é extremamente incomum, além de não poder ser definido em descrições rápidas. Os hábitos podem ainda ser compostos, como as geminações (ou maclas) e as combinações entre dois hábitos distintos.

A respeito das transições entre o octaedro, com faces planas e arestas retilíneas, e o rombododecaedro, com faces abauladas e arestas curvas (Fig. 3.16), certas considerações devem ser levadas em conta. Essas formas transicionais, designadas de octaédricas-dodecaédricas, constituem o principal ponto de divergência entre os diversos sistemas classificatórios encontrados na literatura (p. ex., Orlov, 1973; Whitelock, 1973; Harris *et al.*, 1975, 1979; Svisero & Haralyi, 1985; Otter *et al.*, 1994). Considerando que o octaedro no meio magmático sofre dissolução ao longo de suas arestas, e em conseqüência surgem superfícies que correspondem ao do rombododecaedro, torna-se difícil classificar o cristal resultante desses processos. Propõe-se que somente os cristais, nos quais seja realmente visível o desenvolvimento de faces rombododecaédricas, sejam classificados como transições, uma vez que é comum certas deformações nas faces do octaedro se assemelharem com o surgimento de faces rombododecaédricas.

A ocorrência de geminações é bastante característica no diamante. Em geral, predominam os tipos desenvolvidos segundo a Lei do Espinélio (geminados de contato) com o plano de composição (111). Esses diamantes são tabulares e exibem contorno triangular, designados popularmente chapéus-de-frade (A5-Fig. 3.15). Muitas vezes apresentam reentrâncias próximas aos vértices e estrias simétricas ao plano de geminação, aspectos que facilitam sua identificação. Geminados de Mohs são mais raros, tratando-se de cristais com vértices salientes e faces reentrantes, que resultam de crescimentos complexos, talvez produto da interpenetração de quatro octaedros distintos. Quanto às combinações, as mais comuns observadas na classe hexaoctaédrica são aquelas representadas pelas formas (110), (111) e (100), ou ainda (111) e (100). Tais combinações são raras e provavelmente sejam as únicas originadas pelo crescimento cristalino.

Muitos diamantes não apresentam hábito definido, mostrando-se como cristais muito achatados ou irregularmente desenvolvidos, sendo impossível orientá-los nas descrições de campo. Nesses casos, as faces planas são pouco proeminentes e, por vezes, os planos mostram-se tão recurvados que não se podem notar as arestas formadas por eles. Segundo Svisero (1971), as formas irregulares são conseqüência de desproporções ocorridas durante o desenvolvimento do cristal (possivelmente por diferentes velocidades de crescimento, segundo seus três eixos), bem como pela dissolução posterior mais acentuada em determinados setores do cristal.

Durante as descrições foram também observados, apesar de raros, tipos agregados com dois e até uma dezena de indivíduos. Em todos os casos, notou-se o hábito particular de um ou mais desses indivíduos, que foram então designados como agregados (mono)cristalinos, definindo uma transição para os tipos policristalinos propriamente ditos. Estes caracterizam três variedades do diamante, designadas de *bort*, *ballas* e carbonado. Os *borts*, ou agregados policristalinos complexos, possuem aspecto irregular, cor cinza-escura ou preta, e os cristalitos não são individualizáveis. Os *ballas* podem ser definidos como

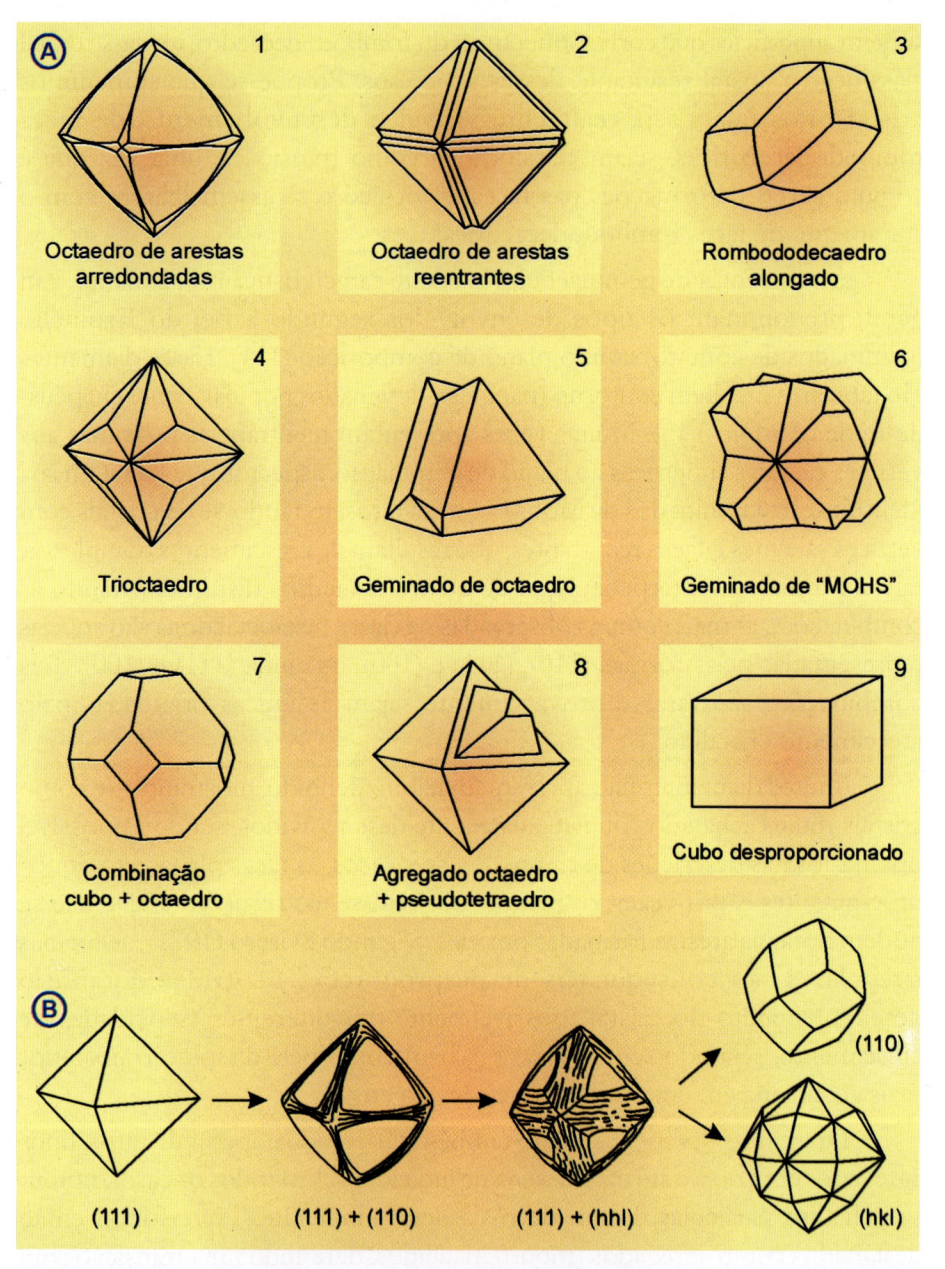

Fig. 3.15 De (A-1) até (A-9), os principais hábitos observados em diamantes brasileiros. Em (B), processos de evolução morfológica do diamante a partir do octaedro primitivo, passando por meio de dissolução natural durante a intrusão kimberlítica a formas transicionais (111) + (110) e (111) + (hhl), e culminando com a formação do rombododecaedro (110) ou do hexaoctaedro (hkl) (modificada de Chaves, 1997).

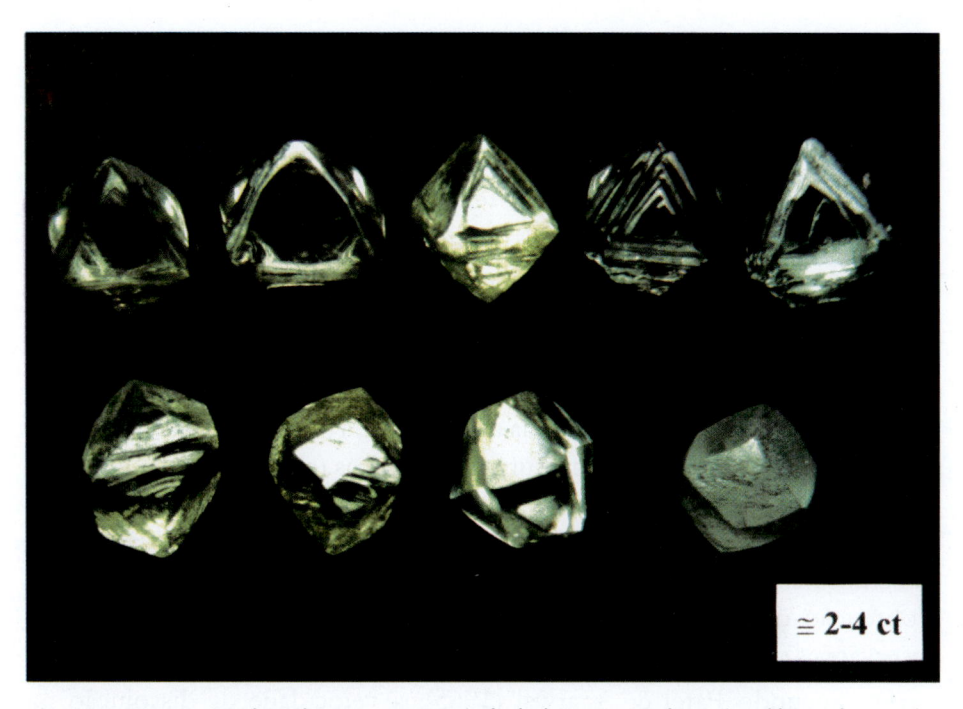

Fig. 3.16 *Diamantes brasileiros apresentando hábitos octaédrico (na fileira de cima) e rombododecaédrico (fileira de baixo). Todos os cristais foram amostrados na região de Diamantina (MG). Foto J. Karfunkel.*

agregados policristalinos de desenvolvimento orientado globular, com os cristalitos mostrando direções (110) radiais que resultam em uma forma esférica ou próxima dela. Os carbonados são agregados pretos e porosos, de aspecto irregular, apresentando cristalitos muito reduzidos, da ordem de 0,001 mm, sendo típicos da Chapada Diamantina baiana, onde chegam a alcançar até 50% dos diamantes encontrados.

Com fins comparativos sugere-se, para tratamento estatístico dos dados, o agrupamento de várias classes de hábitos que mostrem características genéticas comuns. Essa reunião procura agregar classes afins, e será utilizada na descrição dos diamantes de Minas Gerais (Capítulo 5.2), pois seria visualmente confusa uma figura ou um histograma com todas as classes constantes do esquema (Fig. 3.14). Assim, propõe-se a simplificação nas seguintes classes: (1) cubos + cubos piramidados; (2) octaedros + rombododecaedros + trioctaedros + transições entre estas; (3) geminados +

combinados + agregados cristalinos; (4) formas irregulares; e (5) agregados policristalinos.

Figuras de dissolução

No esquema da Fig. 3.14, discriminou-se apenas a existência ou não de uma figura de dissolução, pelo fato do grande número de tipos possíveis dessas figuras desenvolvidas na superfície de diamantes naturais (vide, por exemplo, Patel & Patel, 1965; Svisero & Pimentel, 1970; Orlov, 1973). Assim, no caso de ser constatada uma figura de dissolução qualquer, é preferível designá-la pela terminologia correntemente utilizada na literatura, a maior parte dela refletindo semelhanças apresentadas com figuras geométricas (como trígonos = *trigons*), objetos (como degraus = *steps*) ou feições geológicas (como colinas = *hills*). Deve-se ressaltar que o estudo detalhado de uma figura de dissolução requer aumentos maiores que o da lupa de 10 aumentos, sendo usualmente necessária a obtenção de fotografias no microscópio eletrônico de varredura para observações conclusivas.

Segundo Patel & Agarwal (1965), a velocidade de dissolução na superfície do diamante não é homogênea, ocorrendo seletivamente na seguinte ordem dos planos cristalográficos: (110) > (100) > (111), o que significa existir uma diferença relativa na velocidade de dissolução entre esses planos que facilita a corrosão segundo (110), correspondente às faces do rombododecaedro. Esse fato explica porque os cristais, inicialmente octaédricos, tornam-se progressivamente trioctaédricos, hexaoctaédricos e por fim rombododecaédricos, conforme ilustrado na Fig. 3.15-B.

Microestruturas em (111)

No diamante, as faces (111) são as únicas que apresentam superfícies planas, geralmente lisas e contendo estruturas simétricas ao eixo ternário, com as arestas variando desde agudas até muito arredondadas. Os trígonos representam as principais figuras observadas nessas faces, constituindo depressões triangulares equiláteras de profundidades variáveis, podendo ser observadas desde à vista desarmada, até dimensões de alguns angstrons (Orlov, 1973). Essas feições orientam-se sempre em oposição ao contorno triangular das faces do octaedro. O fundo das depressões pode ser plano ou escalonado, quando, muitas vezes, se desenvolvem como pirâmides negativas.

A obtenção artificial dos trígonos, por meio de corrosão com KNO_3 fundido a 500°C, revelou figuras concordantes orientados nas faces (111), levando Williams (1932) a admitir o crescimento cristalino como responsável pelas situações comuns, em que tais figuras estão em oposição. Leite (1969), porém, baseado em diversas evidências morfológicas, considerou os trígonos como originados por fenômenos de dissolução, que são, provavelmente, responsáveis pela transformação de superfícies planas (111) em formas abauladas, que resultam progressivamente nas transições entre o octaedro e o rombododecaedro. Em geral, o aspecto liso das faces do octaedro contrasta com o aspecto "áspero" dàs faces do dodecaedro rômbico (110), e isso fica evidente nos cristais transicionais entre os dois hábitos, onde as duas características podem estar presentes.

Microestruturas em (100)

Nas faces cristalográficas relativas ao cubo (111), ocorrem certas figuras características com a forma de cavidades de contorno quadrado ou retangular, escalonadas ou piramidadas. Essas cavidades são pouco profundas e se encontram inclinadas a 45° das arestas cúbicas, interpretadas por Williams (1932) como estruturas originadas pelo crescimento cristalino. Leite (1969), de outra maneira, considerou improváveis quaisquer figuras de crescimento na superfície de diamantes naturais, preferindo explicá-las por processos corrosivos diversos.

Microestruturas em (110)

Os primeiros estudos envolvendo as superfícies (110) de diamantes foram realizados por Fresman & Goldschmidt (1911), admitindo que essas faces resultem de processos naturais de dissolução. Williams (1932) realçou a presença comum de estrias paralelas sobre essas faces entre os diamantes sul-africanos. As feições típicas de arredondamento, quase sempre presentes nessas superfícies, foram também atribuídas à dissolução por Moore & Lang (1974). O exame das superfícies (110) em campo e em amostras selecionadas na microscopia de varredura revelou várias feições, tais como estruturas em degraus, em rede, estrias paralelas, linhas de limite diametrais e colinas, entre outras.

As estruturas em degraus escalonados caracterizam-se por apresentar um padrão geométrico constante, que podem ser observadas desde a lupa de 10 aumentos, até ampliações de centenas de vezes no microscópio. Cada degrau corresponde a um plano (111) formado durante o crescimento do cristal. A dissolução atua nos setores de separação dos sucessivos planos e produz inicialmente um abaulamento nas bordas dos degraus (Svisero & Pimentel, 1970). As regiões contendo menor número de defeitos cristalinos oferecem uma resistência maior à dissolução, destacando-se na superfície. Esses detalhes constituem evidências diretas de que tais feições sejam produzidas pela dissolução natural.

Nas superfícies (110) observam-se ainda por vezes figuras com formas aproximadas de meia-lua, designadas no jargão comercial como "unhadas". Essas figuras, também conhecidas na geologia como marcas-de-impacto (ou *impact marks*, Censier & Tourenq, 1995), constituem um dos principais problemas concernentes a essas superfícies. Como o próprio nome define, elas teriam sido produzidas nos diamantes durante o transporte no meio fluvial. Chaves (1997) examinou várias dessas estruturas no microscópio óptico, não encontrando evidências a favor dessa hipótese, preferindo correlacioná-las com as estruturas em degraus. Novos estudos porém, com microscopia eletrônica de varredura, ora em andamento, parecem demonstrar que as estruturas em questão diferem das marcas de impacto, e que ambas podem coexistir em um mesmo espécime. Dessa maneira, as figuras conhecidas como estruturas em degraus, produzidas pela dissolução natural, podem ser consideradas geneticamente distintas das marcas de impacto.

Cor

A cor de um mineral resulta de uma série de condicionantes físicas e químicas que dependem da absorção seletiva da luz por ele transmitida ou refletida. No caso específico do diamante, essa característica é ainda mais evidente: o mineral é incolor no seu estado ideal, porém, são reportadas espécies de variadas colorações, como o branco leitoso, o amarelo canário, laranja, rosa, violeta, verde, azul, marrom e preto. Cristais incolores podem ainda apresentar diferentes graus de tonalidade amarelada, que são de importância fundamental na sua comercialização, correspondendo à presença crescente de certos elementos químicos (nitrogênio principalmente) na rede cristalina. Esse aspecto fez com que se desenvolvesse toda uma terminologia própria, que será tratada em detalhe no item a respeito da qualificação gemológica. Assim, a cor "mineralógica" pode ser enfocada de modo mais simples, reconhecendo-se visualmente apenas cristais incolores ou incolores amarelados. Diamantes coloridos de cores intensas (conhecidos como *fancy diamonds*) devem ser bem especificados, por alcançarem preços até centenas de vezes superiores em relação aos cristais incolores dentro de uma mesma faixa de peso.

Luminescência (fluorescência)

Em geral, os diamantes mostram fluorescência sob a incidência de raios ultravioleta em ondas longas, emitindo colorações variadas como azul, verde, amarelo e rosa. A coloração azul é a mais comum e pode variar do azul-claro até o azul-anil. Essa resposta do diamante à excitação com tal radiação possui aplicação prática na identificação de jóias com a gema. Alguns poucos diamantes apresentam ainda fosforescência, ou seja, permanecem luminescendo mesmo após a fonte ter cessado. Sob a incidência de fontes ultravioleta de ondas curtas, as reações de cores são semelhantes, porém muito menos intensas; assim sendo, apenas cristais com fluorescência forte sob ondas longas apresentam fluorescência, média ou fraca, quando excitados com ondas curtas. Ainda que diversos comerciantes julguem a fluorescência forte como um fator negativo em termos comerciais (as pedras tenderiam a "amarelar" depois de lapidadas), Moses *et al.* (1997), analisando diamantes de diversas tonalidades e fluorescência pré- e pós-lapidação, não definiram qualquer relação entre o fenômeno e possíveis mudanças de coloração nas pedras depois de trabalhadas.

Chaves (1997) estudou a luminescência dos diamantes de diversas áreas da Serra do Espinhaço, examinando 800 amostras com o uso do *mineralight*. Os dados obtidos revelaram valores na faixa de 80-90% de cristais fluorescentes, predominando os de intensidade média. Notou-se uma certa semelhança nos valores percentuais das cores de fluorescência nas várias zonas abrangidas pelo estudo, com predominância do verde (Datas, rio Jequitinhonha) e do azul (Grão Mogol, Jequitaí). Interessante observar que os diamantes coloridos examinados nas áreas do rio Jequitinhonha e de Jequitaí, além dos dois únicos cristais cúbicos descritos na região inteira, apresentaram uma rara fluorescência rósea, porém desconhece-se o significado mineralógico de tais dados. Em apenas duas amostras, foram observadas inclusões fluorescentes, de cor fortemente amarela.

Inclusões

Diversos pesquisadores destacam a importância das inclusões minerais presentes nos diamantes. O assunto, ainda que abordado na literatura científica desde o século XVII, ganhou novos rumos a partir da década de 1970, quando o estudo das inclusões no diamante tornou-se um dos principais meios para o conhecimento da própria gênese do mineral, bem como permitir o "acesso" a fases minerais formadas sob as condições termodinâmicas do manto superior. Além disso, em termos práticos, a identificação das inclusões possibilita separar diamantes naturais de diamantes sintéticos e de outros materiais usados como substitutos.

Segundo a proposta ora apresentada, as inclusões minerais observadas nos diamantes devem ser reconhecidas apenas em função de suas presenças e do seu grau de importância, além das propriedades físicas principais de sua presença e grau de importância. A classificação das inclusões, por métodos ópticos, baseou-se no porte (para a presença) e nas cores e hábitos característicos (para a determinação) dos minerais mais freqüentes encontrados em outras regiões diamantíferas do mundo. Segundo a terminologia utilizada pelos principais diamantários da região de Diamantina (MG), as inclusões podem ser também classificadas em três tipos: "carvões", "jaças" e "bolhas". Apesar de serem termos puramente comerciais, é necessário que se conheça o seu significado, pois eles na realidade refletem com clareza os tipos e a freqüência das inclusões mais comuns que ocorrem nos diamantes brasileiros.

Os "carvões" ou "urubus" são manchas escuras que, em termos mineralógicos, podem ter duas origens distintas: um defeito estrutural do cristal, como por exemplo uma clivagem interna, ou a presença de uma inclusão mineral verdadeira. Carvões resultantes de clivagens internas constituem regiões planas e escuras, enegrecidas nas partes centrais, que resultam de descontinuidades estruturais (Fig. 3.17). Como a clivagem do diamante é octaédrica, os carvões produzidos por defeitos estruturais possuem direções octaédricas. Em várias situações, observou-se que duas ou mais direções desse tipo se interceptam no interior do cristal, originando formas diversas.

Ao observar em detalhe cristais com carvões, sob lupa binocular, percebe-se que a região escura correspondente a esta feição se modifica de cor à medida que a posição do cristal é alterada, podendo em alguns casos até desaparecer. A cor escura é originada pela reflexão total da luz incidente no cristal. Ao passar do diamante, cujo índice de refração é 2,42 para uma região de defeito onde existe vácuo e possui índice de refração 1, a luz sofre reflexão total, originando manchas escuras de formas variáveis em dependência com a extensão da clivagem. As jaças também são produzidas por clivagens internas, ainda que se mostrem isentas de uma coloração escura. Os estudos mostraram existir uma gradação completa de cor desde os carvões até as jaças.

As manchas escuras também podem ser produzidas por minerais escuros, neste caso constituem inclusões minerais verdadeiras. Os minerais opacos comuns encontrados no diamante são ilmenita, grafita e sulfetos (Tabela 3.6). A ilmenita, em geral, apresenta-se na forma prismática ou globular, enquanto a grafita e os sulfetos constituem películas finas orientadas ao longo dos planos octaédricos. Os carvões produzidos por minerais escuros possuem dimensões relativamente menores que os originados por defeitos cristalinos, constituindo, portanto, um elemento de distinção visual entre eles. Além disso, deve ser observado que os carvões relacionados a inclusões minerais possuem formas geométricas definidas, ao contrário das clivagens internas que são irregulares e/ou descontínuas.

A "bolha" é uma outra designação bastante difundida entre os diamantários em geral, correspondendo a inclusões minerais transparentes.

Tabela 3.6 *Principais inclusões minerais encontradas em diamantes naturais, segundo o critério de classificação pelas cores (os minerais de importânica secundária estão entre parênteses).*

Cor característica	Minerais
Incolor	Olivina (enstatita, coesita)
Verde	Diopsídio (onfacita)
Vermelho	Cromo-piropo (coríndon)
Laranja	Piropo-almandina
Marrom avermelhado	Cromita (rutilo)
Preto	Sulfetos, ilmenita, grafita

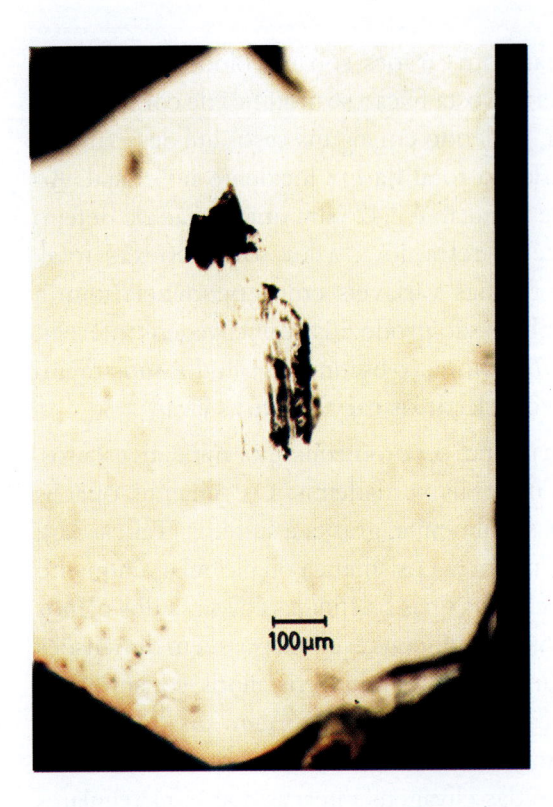

Fig. 3.17 *Diamante apresentando descontinuidades internas enegrecidas pela reflexão total da luz, conhecida como "carvões" ou "urubus" pelos diamantários da região de Diamantina (MG).*
Foto: *A. Banko.*

Dependendo das suas dimensões e posição, as bolhas podem dificultar a lapidação do cristal, causando freqüentemente a fragmentação do mesmo. Essas inclusões possuem colorações características, conforme a espécie mineral presente. Assim sendo, olivina, enstatita e coesita são incolores; as granadas podem ser vermelhas (piropo) ou alaranjadas (piropo-almandina); diopsídio e onfacita são verdes; espinélio e rutilo apresentam coloração castanho-avermelhada, etc. (Tabela 3.6). A determinação segura destas e de outras inclusões só é possível por meio de análises de raios-X e/ou microssonda eletrônica.

Capas

Diamantes com uma leve coloração esverdeada são relativamente comuns, inclusive nos depósitos brasileiros. Em termos mineralógicos, tal coloração é "verdadeira", isto é, o cristal inteiro a possui, ou então ela é ocasionada pela existência de um capeamento verde (*green coat*), o que pode se manifestar de três maneiras distintas (Orlov, 1973; Vance *et al.*, 1973):

(i) capas verdes opacas, grossas e de variada espessura (geralmente em cristais cúbicos que apresentam zonamento);

(ii) capas verdes densas, translúcidas, com cerca de 20 µ de espessura;

(iii) pontos ou manchas verdes transparentes, geralmente isoladas, também com espessuras em torno de 20 µ.

Diamantes de coloração verde autêntica são raríssimos na natureza e o exemplo clássico deste caso é o Dresden, com 41 ct depois de lapidado, originário da histórica região de Golconda, Índia. Os diamantes de capa verde opaca, descritos em detalhe por Orlov (1973), mostram um zoneamento interno onde são reconhecidas três faixas com absorções típicas no infravermelho. Tais cristais nunca foram descritos no Brasil.

Fig. 3.18 *Diamantes com diferentes intensidades de capeamentos de coloração verde (cristais das bordas da fotografia) em comparação com dois cristais apresentando capeamento marrom (no centro). Todos os cristais foram amostrados na região de Diamantina (MG).* Foto: A. Banko.

Os diamantes com capas verdes densas ou transparentes são largamente comercializados na região de Diamantina (Minas Gerais), onde representam cerca de 40% da produção local e constituem a principal fonte de diamantes desse tipo no Brasil. A capa, ou casca verde como muitas vezes é conhecida comercialmente, desaparece no polimento durante a lapidação, confirmando que significa apenas uma película ínfima que pouco prejudica o valor comercial das pedras. O mesmo ocorre quando o diamante possui uma capa de colorações marrom-clara ou amarelo-palha, muito mais raras do que as capas verdes (Fig. 3.18).

De acordo com vários autores, a presença da capa verde em diamantes de kimberlitos africanos é devida à irradiação natural dos cristais por partículas-a, emitidas por minerais ou soluções ricas em tório e/ou urânio (Vance *et al.*, 1973; Harris *et al.*, 1975). Orlov (1973) contestou essa hipótese, preferindo atribuir a coloração verde à presença de certos elementos cromóforos na parte mais externa dos cristais. Haralyi & Rodrigues (1992), consideraram que o alto percentual de capas verdes na Mina do Campo Sampaio (Diamantina) deve-se à radiação ocasionada pela presença de monazita no conglomerado da Formação Sopa Brumadinho, estando de acordo com Raal (1969), que descreveu diamantes com essa característica no conglomerado auro-uranífero de Witwatersrand (África do Sul).

A inserção deste item no esquema classificatório geral (Fig. 3.14), não considerado por nenhuma das outras propostas anteriormente citadas, teve de ressaltar a importância de tal feição entre os diamantes brasileiros. Além da Serra do Espinhaço, onde a presença de capas verdes variou entre 26% (Grão Mogol) e 90% (Campo Sampaio, Diamantina), foram observados por um dos Autores (M. Chaves) cristais encapados em lotes provenientes de Jequitaí (MG), rio do Sono (MG), rio Tibagi (PR), Chapada Diamantina (BA), Serra do Tepequém (RR) e rio Tapajós (PA).

Qualificação gemológica

Ressalta-se, de início, que o conhecimento gemológico do diamante constitui um "mundo" totalmente diverso em relação às chamadas pedras coradas (como esmeraldas, águas-marinhas e turmalinas). Tais diferenças começam na prospecção e nos métodos de extração, passam pela comercialização e beneficiamento e se estendem até a venda final. Na prospecção, extração e beneficiamento do diamante, as minas modernas usam métodos altamente sofisticados, enquanto a maioria das pedras coradas ainda é explorada com técnicas que eram conhecidas na época de Cleópatra como "antigas", ou seja, envolvendo sempre processos muito rudimentares. Além disso, enquanto o diamante é comercializado de maneira bem sucedida pelo Sindicato da De Beers, apoiado financeiramente por grandes bancos internacionais, o mundo das pedras coradas é integrado por toda sorte de aventureiros, contrabandistas e comerciantes individuais. Não foram bem sucedidas as tentativas de alguns governos para controlar a produção de pedras coradas, ao exemplo do general Ne Win (1911-2002) na antiga Birmânia (atual Mianmar).

Para a lapidação do diamante, exigem-se conhecimentos profundos das leis da óptica e da cristalografia, e para conhecer sua qualificação gemológica precisa-se "antever" os problemas que surgirão depois, para o melhor aproveitamento das pedras. Nas pedras coradas, pequenas inclusões podem ser ignoradas durante a lapidação; no diamante isso pode significar na queda em até 40% de seu preço final. A lapidação do diamante pode demorar muitos dias, enquanto a de pedras coradas raramente excede alguns minutos. Desde os tempos da Índia até fins do século passado, o interesse pelo diamante era puramente como um material gemológico. Somente a partir do século XX, quando o diamante passou a ter também uma ampla utilização industrial, o meio comercial desenvolveu uma terminologia e classificação próprias para qualificar o diamante, muitas vezes conflitantes com as descrições acadêmicas. No presente estudo, procurou-se estabelecer uma linha intermediária entre os aspectos acadêmicos e aqueles voltados para o interesse gemológico.

As designações utilizadas nas descrições mineralógicas sobre a cor do diamante podem ser consideradas como pouco precisas, por se aterem demasiadamente à percepção visual do examinador. Nos últimos 30 anos, foram feitas diversas tentativas para melhor classificar os padrões de cores, com normas regidas por associações gemológicas internacionais como CIBJO (Confédération Internationale de la Bijouterie, Joaillerie, Orfèvrerie des Diamants, Perles et Pierres; integrando Áustria, Bélgica, Canadá, Dianamarca, Finlândia, França, Inglaterra, Itália, Japão, Holanda, Noruega, Espanha, Suécia, Suíça e Alemanha); DGemG (Deutsche Gemmologische Gesellschaft; Alemanha); GIA (Gemological Institute of America, EUA); SCAN D.N. (Scandinavian Diamond Nomenclatute and Grading Standards; Suécia,

Noruega e Dinamarca), entre diversas outras. No Brasil, desde 1991, a Associação Brasileira de Normas Técnicas (ABNT) instituiu a sua escala de colorações.

Atualmente, as escalas da CIBJO e do GIA têm se destacado como as mais utilizadas no meio comercial mundial. Assim, no esquema ora proposto, as cores gemológicas basearam-se nessas escalas. No campo, utilizou-se para tal finalidade uma escala padrão (cinco pedras em zircônia) classificada pelo GIA, com as divisões em letras E, G, I, K e M. Várias simplificações foram introduzidas (Tabela 3.7): col-1, branco-extra (equivalente às cores D, E e F); col-2, branco-comercial (cores G, H e I); col-3, branco levemente amarelado (cores J, K e L); col-4, branco amarelado (cores M, N..., Z); col-5, coloridos (*fancies*), col-6, qualquer cor relativa aos diamantes que não se enquadram como gemas. As cores G a K são as mais freqüentes entre os diamantes naturais, enquanto as O a Z são incomuns. De outro modo, as classes col-5 e col-6 não encontram equivalentes na tabela do GIA. A primeira (col-5), porque os

Tabela 3.7 *Comparações entre as terminologias das principais escalas gemológicas de cores do diamante e a escala utilizada em estudos de campo de um dos Autores (Chaves, 1997; Chaves & Svisero, 2000).*

Significado da cor	CIBJO (para lapidados)	GIA (para lapidados)	Proposta (para brutos)
Incolor excepcional superior	Exceptional white (+)	D	
Incolor excepcional	Exceptional white	E	col-1
Incolor extra superior	Rare white (+)	F	
Incolor extra	Rare white	G	
Incolor	White	H	col-2
Incolor de leve tom amarelado	Slightly tinted white	I	
Incolor de tom amarelado	Tinted white	J	col-3
		K	
		L	
Incolor amarelado	Tinted colour	M, N,...Z	col-4
Colorido	Fancy diamond	-	col-5
Outras cores (não gemológicas)		-	col-6

diamantes coloridos são raríssimos, tendo valores independentes do mercado, e a segunda (col-6) porque trata-se de diamantes sem características gemológicas.

De maneira análoga, em termos dos graus de pureza, certas simplificações também foram introduzidas em relação às escalas do CIBJO e GIA (Tabela 3.8): pur-1, sem inclusões e/ou jaças (equivalente aos graus FL, IF e VVS_1); pur-2, com inclusões muito pequenas, vistas só com lupa de 10 aumentos (VVS_2, VS_1 e VS_2); pur-3, com inclusões e/ou jaças visíveis a olho-nu (SI e I_1); pur-4, com inclusões grandes, nítidas e/ou jaças grandes (I_2 e I_3); pur-5, *borts* (de acordo com Gaal, 1977), *ballas* e cristais com muitos defeitos, tais como inclusões grandes, jaças, etc., que não se enquadram na classe de gemas e por isso não possuem equivalentes na escala do GIA.

Tabela 3.8 *Comparações entre as terminologias das principais escalas gemológicas de pureza do diamante e a escala utilizada em estudos de campo de um dos Autores (Chaves, 1997; Chaves & Svisero, 2000).*

Grau de pureza (clariry)	CIBJO (para lapidados)	GIA (para lapidados)	Proposta (para brutos)
Totalmente livre de inclusões	LC	IF	pur-1
Inclusões pequeníssimas, muito difíceis de encontrar com a lupa (10 aumentos)	VVS1 VVS2	VVS1 VVS2	
Inclusões pequenas, difíceis de encontrar com a lupa	Vs1 Vs2	Vs1 Vs2	pur-2
Inclusões pequenas, facilmente encontradas com a lupa	SI	SI	
Inclusões evidentes com a lupa, porém difíceis de serem vistas a olho-nú	Piqué I	I1	pur-3
Inclusões grandes e/ou freqüentes, facilmente visíveis a olho-nú	Piqué II	I2	
Inclusões grandes e/ou freqüentes, muito fáceis de serem vistas a olho-nú, e que reduzem o brilho da pedra	Piqué III	I3	pur-4
Cristais de qualidade não gemológica (tipos industriais)	-	-	pur-5

Significados: LC - Loupe clean; FL - Flawless; IF - Internally flawless; VVS - Very, very small inclusion; VS - Very small inclusion; SI - Small inclusion; I - Inclusion

4
Depósitos de Diamantes no Brasil

O Brasil foi a primeira nação ocidental a produzir diamantes, a partir dos depósitos aluvionares encontrados na região central de Minas Gerais, ao início do século XVIII. Por cerca de 150 anos, o País permaneceu como o maior produtor mundial, tendo sua produção baseada principalmente nos depósitos mineiros, até a descoberta dos ricos depósitos do planalto sul-africano. A garimpagem sempre foi o principal método de extração do diamante, embora lavras mecanizadas tenham sido utilizadas com sucesso nos conglomerados pré-cambrianos de Diamantina e cretácicos de Romaria (ambos em Minas Gerais) e nos sedimentos aluvionares do rio Jequitinhonha (também em Diamantina) e da Fazenda Camargo (Mato Grosso), em períodos diversos durante o século XX. Neste início de século XXI, apesar do imenso potencial do País, somente a Mineração Rio Novo opera com grandes dragas de alcatruzes no rio Jequitinhonha.

Rochas ultrabásicas tipo-kimberlíticas foram descobertas no Brasil apenas ao final da década de 1960, inicialmente nos arredores de Coromandel (MG) e depois em outros locais do Triângulo Mineiro, Goiás, Mato Grosso, Rondônia e Piauí. A razão de tal atraso deve-se em grande parte ao intenso intemperismo tropical e à ausência de especialistas na geologia de kimberlitos por parte das empresas nacionais, talvez devido à influência do geocientista Djalma Guimarães, que postulava uma origem peculiar a partir de rochas ácidas para o diamante de Minas Gerais. Ainda muito pouco se conhece sobre as ocorrências de kimberlitos e lamproítos no País, uma vez que as descobertas quase sempre foram realizadas por companhias estrangeiras. Entretanto, ao que parece, a grande maioria dos corpos descobertos não é mineralizada, ou apresenta teores muito baixos para compensarem uma lavra racional.

Diversas sínteses sobre a distribuição dos depósitos diamantíferos no Brasil já foram realizadas, devendo ser destacadas as de Derby (1882), Gorceix (1902), Guimarães (1955), Bardet (1974), Franco (1975), Cassedanne (1989) e Svisero (1994), dentre outras. Neste capítulo, serão descritas de modo bastante abrangente, as principais zonas diamantíferas brasileiras, em termos inicialmente históricos e por fim suas divisões em regiões geográficas e também em províncias (e ainda suas subdivisões em distritos e/ou campos) de ordem geológica.

4.1 A expansão territorial do espaço diamantífero do Brasil

Na esteira das descobertas iniciais dos diamantes ocorridas nas proximidades de Diamantina (relatada no Capítulo 1.2 deste livro), muitas outras foram progressivamente se sucedendo, denotando um caso único em nível mundial onde quase todo o território de uma nação é salpicado de depósitos diamantíferos de várias montas. Esse notável espalhamento da mineralização, aliado ao fato geológico de que grande parte do território brasileiro é constituído de terrenos cratônicos, faz com que nosso País talvez constitua a última região do planeta ainda a ser prospectada em busca de rochas-fonte primárias como kimberlitos, lamproítos, ou mesmo outras ainda desconhecidas. Deve ser lembrado que a exploração mineral na Antártica, também inexplorada, é proibida por acordos internacionais.

A grande região diamantífera do norte de Minas Gerais, conhecida originalmente como Serro Frio, teve seu anúncio oficial de descoberta na carta do então governador da província (Dom Lourenço de Almeida) ao Rei Dom João V, em 1729. O governador declarou à Coroa que os diamantes tinham sido achados nas lavras de ouro de Bernardo Fonseca Lobo. Este logo se apresentaria em Lisboa com uma partida de pedras, disposto a conseguir o título oficial de descobridor, além de outras benesses, o que de fato conseguiu. Entretanto, sabe-se que os diamantes eram explorados na região desde a década de 1710. Neste sentido, Martinho de Mendonça de Pina e Proença, no seu relato ao Vice-Rei do Brasil Conde de Sabugosa, que atribuiu a primazia da descoberta, a um certo Francisco Machado da Silva, das primeiras pedras em 1714 na cabeceira do rio Pinheiro (Guimarães, 1955), localizada ao norte do vilarejo de Sopa. Logo, toda a região seria demarcada, e Portugal controlaria com severidade a mineração e acesso à mesma, embora muitos viajantes europeus a tenham visitado principalmente no limiar entre os séculos XVIII e XIX.

As segunda e terceira regiões diamantíferas conhecidas em território brasileiro foram descobertas a partir da expansão ocasionada pela exploração dos diamantes em Diamantina. Assim, com a intensificação da lavra nessa região, o fisco português começou a perseguir os primitivos garimpeiros, na realidade escravos fugidos ou homens procurados pela justiça, que atravessaram o rio São Francisco e encontraram diamantes no rio Abaeté. Tal região foi inicialmente denominada Nova Lorena Diamantina, em homenagem ao então governador da província, Bernardo José de Lorena, em meados do século XVIII e, logo, diamantes seriam também encontrados da mesma forma na região de Itacambira-Grão Mogol, ao norte de Diamantina. José Bonifácio de Andrada e Silva, o Patriarca da Independência brasileira, em trabalho científico de 1792 relatava a presença de diamantes em alguns rios do norte de Minas Gerais, entre eles o rio Itacambiruçu.

Em Grão Mogol, pela primeira vez em todo mundo, foram achados diamantes em uma rocha: nos itacolomitos de Grão Mogol (na verdade eram rochas conglomeráticas intercaladas aos verdadeiros itacolomitos da serra). Até então, na Índia ou no Brasil, os diamantes eram sempre explorados em depósitos de aluviões. Segundo Helmreichen (1846: p. 66), que visitou a região em 1841:

> *Em 1827, Constatino Figueiredo estava ocupado em explorar os gorgulhos verdadeiros ou aparentes entre os corpos* [de itacolomito – nota dos Autores], *quando um de seus escravos, o crioulo João Paulo, achou naquele lugar, pela primeira vez, um diamante encrustado num fragmento de rocha de itacolomito que Figueiredo mandara detonar para chegar mais facilmente ao gorgulho mencionado.*

Na zona central do Estado de Mato Grosso, o diamante foi descoberto por exploradores de ouro no final do século XVIII, revelando sua presença na toponímia da cidade de Diamantino. Entretanto, a exploração não se desenvolveu por causa da proibição do governo português, que guardava o monopólio, e pelo difícil acesso a tal região. A expansão continuou, como nos conta Barbosa (1991), em região totalmente diversa, no Estado do Paraná. Assim, em uma noite clara de 1836, o fazendeiro Manoel das Dores Machado rumava para casa quando encontrou uma pedra muito brilhante à entrada de uma cova de tatu. Logo confirmado como diamante, tal achado fez acorrer para essa zona muitos garimpeiros, formando o arraial que deu origem à cidade de Tibagi, à margem do rio desse nome e principal depósito secundário de diamantes da região Sul do País.

Os naturalistas e viajantes bávaro-alemães Spix e Martius empreenderam longa viagem ao interior brasileiro durante os anos de 1817 a 1820. Na região da Chapada Diamantina, na Bahia, esses pesquisadores constataram a grande semelhança geológica entre tal zona com a principal região diamantífera de Minas Gerais, entre Diamantina e Grão Mogol, visitada por eles antes. Tal observação foi comunicada, na Bahia, ao Sargento-mor Francisco José da Rocha Machado, que possuía uma grande fazenda às margens do rio Mucugê. Assim, em 1841, depois de uma exploração rápida descobriram-se diamantes na Chapada Diamantina. Ainda nessa região, logo foi encontrada e cientificada como diamante uma variedade microcristalina totalmente nova e incomum, batizada de carbonado. Desde então, tal zona tornou-se a principal produtora de carbonados de todo mundo e, em Lençóis (1905), foi encontrado o designado "Carbonado do Sérgio", pesando 3.167 ct, o maior diamante jamais conhecido.

No entanto, a grande maioria dos depósitos diamantíferos brasileiros foram descobertos ao longo do século XX. Em 1909, encontraram-se diamantes na área do rio Garças, em Mato Grosso na zona fronteiriça com o Estado de Goiás, fato atribuído a dois baianos que para lá haviam ido explorar borracha. A notícia se espalhou e fez afluir muitos garimpeiros, principalmente da Bahia, tomando grande expansão a partir da década de 1920. Em 1924, segundo Leonardos (1991), mais de 150 escafandros estavam em atividade nessa zona e o principal núcleo urbano ganhou o nome de Engenheiro Morbeck, que ali comandava os serviços de garimpo (depois, tal cidade passou a se chamar Guiratinga). No rio Araguaia, a garimpagem iniciou-se por volta de 1910, tendo se desenvolvido principalmente no trecho entre Baliza (GO) e Alto Araguaia (MT).

No ermo extremo norte brasileiro, então fazendo parte do Território Federal de Rio Branco (atual Estado de Roraima), diamantes foram descobertos no rio Tacutu em 1917. Na mesma região, em 1924, o Eng. Avelino Ignácio de Oliveira menciona a presença do mineral no rio Caranguejo; em 1930 o Eng. Raul Antony obtém permissão para pesquisa no rio Suapi; e em 1952 a gema é explorada ao longo da Serra do Tepequém. Na década de 1990, pressões internacionais, temendo pelos conflitos freqüentes envolvendo garimpeiros e índios Ionomani, fizeram com que o governo brasileiro criasse um Parque

Nacional na área e combatesse com rigor seus garimpos, que se encontram praticamente paralisados.

Na primeira metade do século passado verificou-se a descoberta de diamantes no rio Tocantins (Estado do Pará), em 1937, nas corredeiras existentes entre as localidades de Itupiranga e Jacundá. A garimpagem, feita apenas nos períodos de estiagem, permitiu que Marabá se tornasse um grande centro de comércio de diamantes, cuja produção alcançou cifras em torno de 25.000 a 30.000 ct/ano ao final da década de 1950, representando mais de 10% da produção brasileira da época. Entretanto, a garimpagem está em declínio nessa região, e a maior parte dos depósitos deverá ficar para sempre submersa sob as águas do lago formado pela barragem da Usina Hidrelétrica de Tucuruí.

Em 1967, o geólogo M. Bardet, do BRGM francês (Bureau Régional de Géologie et Mineralogie), visitou diversas áreas diamantíferas do Brasil. Impressionado positivamente com o que observou, logo enviou uma equipe de pesquisa de campo a fim de realizar prospecção aluvionar visando minerais satélites do diamante para rastrear possíveis *pipes* kimberlíticos. Enfatizando a região do Alto Paranaíba, em 1969 tal equipe descobriu o primeiro kimberlito brasileiro, na localidade de Vargem (e assim chamado), às margens do rio Santo Inácio, a leste de Coromandel. Em pouco tempo, dezenas de outros kimberlitos foram progressivamente encontrados, tanto a sudoeste de Minas Gerais como em Goiás, Mato Grosso, Rondônia e Piauí, e atualmente, mais de 500 corpos já foram identificados, embora a maioria absoluta possa ser considerada estéril.

4.2 Regiões diamantíferas brasileiras

Neste item, apresenta-se uma revisão acerca dos aspectos gerais dos principais depósitos diamantíferos brasileiros (Fig. 4.1), separados inicialmente por regiões geográficas (Norte, Centro-Oeste, Nordeste, Sudeste e Sul). Os depósitos referentes à região Sudeste estão concentrados no Estado de Minas Gerais e adjacências bem próximas, os quais serão descritos com detalhes no próximo capítulo. Rochas primárias realmente produtoras de diamantes ainda não foram descobertas, entretanto depósitos sedimentares são conhecidos, apresentando larga distribuição geográfica entre os paralelos do rio Cotingo, ao norte de Roraima ($\approx 5°N$ de latitude) até o rio Tibagi, no Paraná ($\approx 25°S$), e os meridianos dos depósitos encontrados no rio Salobro, Bahia ($\approx 39°W$ de longitude) até o rio Pacáas Novos, Rondônia ($\approx 65°W$). A despeito de tão larga distribuição sedimentar, o volume lavrado é ainda pequeno em relação aos

Diamante: a pedra, a gema, a lenda

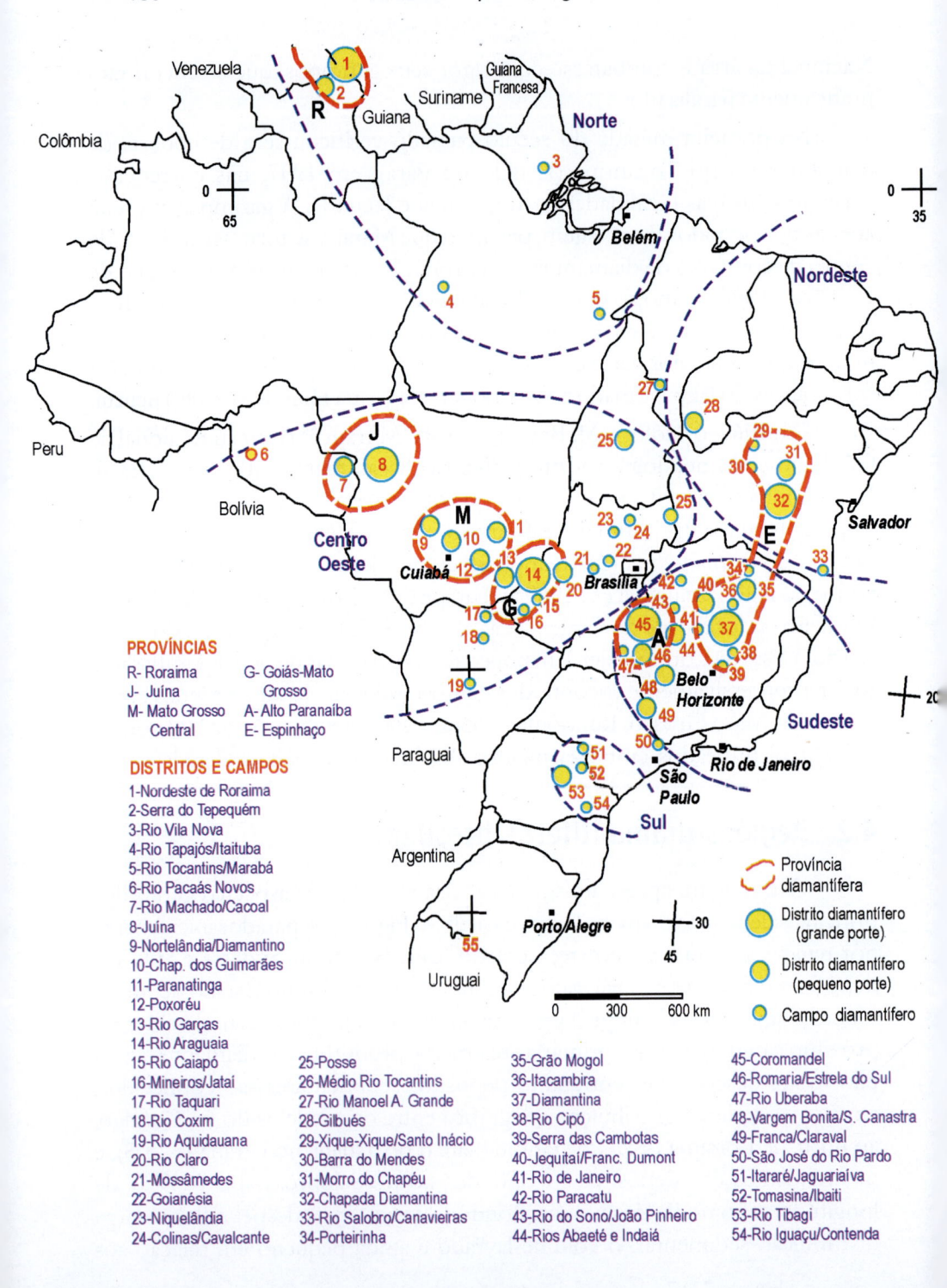

PROVÍNCIAS

R- Roraima
J- Juína
M- Mato Grosso Central
G- Goiás-Mato Grosso
A- Alto Paranaíba
E- Espinhaço

DISTRITOS E CAMPOS

1-Nordeste de Roraima
2-Serra do Tepequém
3-Rio Vila Nova
4-Rio Tapajós/Itaituba
5-Rio Tocantins/Marabá
6-Rio Pacaás Novos
7-Rio Machado/Cacoal
8-Juína
9-Nortelândia/Diamantino
10-Chap. dos Guimarães
11-Paranatinga
12-Poxoréu
13-Rio Garças
14-Rio Araguaia
15-Rio Caiapó
16-Mineiros/Jataí
17-Rio Taquari
18-Rio Coxim
19-Rio Aquidauana
20-Rio Claro
21-Mossâmedes
22-Goianésia
23-Niquelândia
24-Colinas/Cavalcante
25-Posse
26-Médio Rio Tocantins
27-Rio Manoel A. Grande
28-Gilbués
29-Xique-Xique/Santo Inácio
30-Barra do Mendes
31-Morro do Chapéu
32-Chapada Diamantina
33-Rio Salobro/Canavieiras
34-Porteirinha
35-Grão Mogol
36-Itacambira
37-Diamantina
38-Rio Cipó
39-Serra das Cambotas
40-Jequitaí/Franc. Dumont
41-Rio de Janeiro
42-Rio Paracatu
43-Rio do Sono/João Pinheiro
44-Rios Abaeté e Indaiá
45-Coromandel
46-Romaria/Estrela do Sul
47-Rio Uberaba
48-Vargem Bonita/S. Canastra
49-Franca/Claraval
50-São José do Rio Pardo
51-Itararé/Jaguariaíva
52-Tomasina/Ibaiti
53-Rio Tibagi
54-Rio Iguaçu/Contenda

Província diamantífera
Distrito diamantífero (grande porte)
Distrito diamantífero (pequeno porte)
Campo diamantífero

principais países produtores, oscilando em torno de 1.000.000 de quilates por ano, o que representa cerca de 1% do total mundial.

Região Norte

Na região Norte estão incluídos os (importantes) depósitos da Serra do Tepequém e dos rios Quinô, Cotingo, Surumu e Maú, no extremo norte do Estado de Roraima, além daqueles pouco conhecidos encontrados no rio Vila Nova, Amapá. No Amazonas, surpreendentemente, ainda não foram descobertos depósitos diamantíferos, enquanto no Pará, ocorrências de porte ainda muito mal delineadas são verificadas a oeste (rio Tapajós) e a leste do Estado (rio Tocantins).

Ao norte do Estado de Roraima, os diamantes são explorados desde o início do século passado em duas regiões separadas, embora próximas, no município de Boa Vista (1/2-Fig. 4.1). No extremo nordeste do mesmo, cujos depósitos espalham-se ainda para áreas limítrofes da Venezuela e da Guiana, diamantes são encontrados na parte alta da bacia do rio Branco, constituída pelos rios Tacutu, Maú/Uailã, Surumu, Cotingo e Suapi/Quinô. Na Serra do Tepequém, a oeste das primeiras localidades, diversos garimpos têm importância desde a década de 1950. Nessa ampla região, o diamante é proveniente dos conglomerados do Grupo Roraima (Formação Arai), de grande semelhança física com os conglomerados da região da Serra do Espinhaço (MG/BA) e também datados do Mesoproterozóico. Ainda há pouco tempo a produção era expressiva, mas a situação dos depósitos em locais muito ermos, na maior parte das vezes em reservas indígenas, fazem crer que a maior parte era desviada por contrabando. Assim, Rodrigues (1991) destacou uma produção real de 60.000 ct/ano, contra os dados oficiais de apenas 6.000 ct/ano, e os teores médios oscilam perto de 0,05 ct/m^3 sobre 75.000 m^3 de material testado (Barbosa, 1991).

Fig. 4.1 *Localização dos depósitos de diamantes no Brasil por regiões geográficas (Norte, Nordeste, Centro-Oeste, Sudeste e Sul, em tracejado grosso) e também por províncias geológicas (tracejado fino), com suas subdivisões em distritos de grande importância econômica (círculos grandes), distritos de pouca importância econômica (círculos médios) e campos (círculos mínimos) diamantíferos.*

Ao que parece, os depósitos do rio Vila Nova (Amapá) são bastante restritos e de pouca importância econômica (3-Fig. 4.1). Foram citados pela primeira vez por Klepper & Dequesh (1945) e, de acordo com Gonzaga & Tompkins (1991), originaram-se da erosão de conglomerados do Grupo Vila Nova. Se tal fato for comprovado, ele se reveste de bastante interesse geológico, pois seriam os únicos diamantes do Brasil (e um dos raros casos mundiais) com depósitos datados no início do Paleoproterozóico, a provável idade daquela seqüência litoestratigráfica.

Ainda na região Norte brasileira, ocorrem no Pará depósitos pouco conhecidos, mas de alto potencial, por estarem em grande parte encobertos pela floresta amazônica. A oeste do Estado, existem dezenas de pequenas ocorrências no rio Tapajós nas imediações de Itaituba (4-Fig. 4.1). A leste, nas proximidades de Marabá, o rio Tocantins (5-Fig. 4.1) fornece diamantes desde 1937, em Itupiranga. Souza (1943) descreveu a área, assinalando inúmeros garimpos explorados em um trecho de 30 km a jusante daquela localidade, hoje recoberta pela represa da Usina Hidrelétrica de Tucuruí. Dados econômicos são escassos, mas segundo Barbosa (1991), a produção variou em torno de 20.000 ct/ano no período 1940-45. No famoso Canal do Jaú, do rio Tocantins, apenas na estiagem de 1958 cerca de 15.000 ct de diamantes foram extraídos. Segundo informações coletadas na região, a maior pedra encontrada teria pesado 51 ct.

Centro-Oeste

Nos depósitos diamantíferos do Centro-Oeste, estão incluídos aqueles pertencentes aos Estados de Rondônia, Mato Grosso, Mato Grosso do Sul, Tocantins e Goiás.

Em Rondônia, diamantes ocorrem na região do alto rio Machado ou Jiparaná (7-Fig. 4.1), no sudeste do Estado, incluindo vários de seus afluentes como os rios Pimenta Bueno, Rolim de Moura e Riozinho, além de tributários pertencentes à bacia do alto rio Roosevelt, na mesma região. Bahia & Rizzoto (1992) descreveram kimberlitos mineralizados no Igarapé Franco Ferreira (intrusivos em sedimentos siluro-devonianos da Formação Pimenta Bueno), afluente do rio Machado, atribuindo para esses corpos idade cretácica. Na porção noroeste do mesmo Estado (6-Fig. 4.1), diamantes na maior parte industriais ocorrem na área do rio Pacaás Novos (Seringal Manoel Lucindo), no bordo sul da serra de mesmo nome. Desconhecem-se dados sobre a produção das áreas, ainda que a imprensa tenha recentemente anunciado (Fev/ 2001) novas importantes descobertas no rio Machado, na região de Cacoal (7-Fig. 4.1). Esta última, juntamente com Juína, a noroeste de Mato Grosso, integram a Província Diamantífera de Juína.

Depois de Minas Gerais, em termos históricos e de distribuição do areal, o Estado de Mato Grosso constitui o mais importante produtor do País. Nesse Estado, sete principais regiões diamantíferas são individualizadas (as quais podem ser ainda reunidas em três províncias, conforme a Fig. 4.1). São elas: Juína, Alto Paraguai-Diamantino, Chapada dos Guimarães, Paranatinga, Poxoréu, Alto rio Garças e Alto rio Araguaia, as duas últimas na zona fronteiriça com o Estado de Goiás. Diamantes foram descobertos nessa vasta região do centro-oeste brasileiro durante o final do século XVIII, no alto rio Paraguai, originando a cidade de Diamantino, sendo inicialmente explorados por missões diretamente administradas pela Coroa Portuguesa (século XVIII), e depois por longo tempo semi-abandonadas até a década de 1980, quando a procura por rochas-fonte primárias tornou-se mais intensa.

Na região de Juína (8-Fig. 4.1), a noroeste de Mato Grosso, os principais depósitos foram somente descobertos durante a década de 1980, levando ao local um *rush* com cerca de 50.000 garimpeiros no final da mesma. As primeiras informações sobre essa área são devidas ao Projeto RADAM (Şilva *et al.*, 1980), mencionando pesquisas efetuadas pela SOPEMI no Igarapé 21 de Abril. Haralyi (1991) forneceu as informações mais detalhadas sobre a região, onde os principais depósitos explorados são aluvionares, embora existam notícias (não oficiais) de que corpos primários também estariam sendo lavrados. O distrito inclui aluviões mineralizados a oeste, no rio São Luiz ou Cinta-Larga e no Igarapé 21 de Abril, ambos afluentes diretos do rio Aripuanã, e a leste, no rio Juína-Mirim (ou Juinão) e seus numerosos afluentes, pertencendo à bacia do rio Juruena. Na época de pico da produção, nos anos 1987-88-89, algo em torno de 5.000.000 de quilates foram produzidos e, desde então, tal província constitui a principal fonte dos diamantes do País. Ainda que os diamantes de Juína sejam principalmente de qualidade industrial (>80% possui valor médio menor que US$ 10/ct), deve ser destacada a descoberta de grandes pedras, diversas delas com peso superior a 200 ct (Haralyi, 1991).

Na região de Nortelândia-Diamantino (9-Fig. 4.1), encontraram-se os primeiros diamantes do Estado de Mato Grosso, no final do século XVIII, em córregos formadores das cabeceiras do rio Paraguai. Ela inclui importantes depósitos distribuídos pelos atuais municípios de Nortelândia, Arenápolis,

Marilândia, Alto Paraguai e Diamantino. Weska *et al.* (1984) atribuíram controles tectônicos sobre os aluviões diamantíferos da região e Carvalho *et al.* (1991) detalharam os depósitos da Fazenda Camargo, em Nortelândia, então em lavra mecanizada pela Cia. Camargo Correia, com teores de 0,05 ct/m^3. Ao que parece, a fonte dos diamantes está relacionada aos conglomerados do Cretáceo Superior, ali designados de Formação Parecis. Em termos econômicos, R. Weska (comunic. Verbal, 1997) ressaltou a boa qualidade gemológica geral dos diamantes dessa região, resultando em um valor médio de US$120/ct. Reis (1964), descreveu a morfologia do diamante "Mato Grosso", pesando 227 ct, encontrado no ano anterior em Nortelândia e talvez o maior de toda a área.

Ao norte da sede do município de Chapada dos Guimarães (10-Fig 4.1), diamantes foram descobertos somente em 1933, sendo estudados em detalhe nos arredores da localidade de Água Fria por Weska (1987). Os diamantes nesta área são provenientes da erosão de conglomerados fluviais do Cretáceo Superior, correlacionados ao Grupo Bauru, da Bacia do Paraná. Segundo R. Weska (comunic. Verbal, 1997), os diamantes da Chapada dos Guimarães são de ótima qualidade comercial, variando em preços médios entre US$80-120/ct (os do tipo 3 pedras/ct) até US$300/ct (2 pedras/ct).

A região de Paranatinga (11-Fig. 4.1) é revestida de grande importância, tendo em vista o possível encontro de fontes primárias mineralizadas, uma vez que a SOPEMI, somente na década de 1970, havia localizado cerca de 80 corpos kimberlíticos, a maioria intrusivos em rochas pré-cambrianas da Formação Diamantino (Grupo Alto Paraguai), e reunidos na Província Kimberlítica de Paranatinga por Fragomeni (1976). Segundo este autor, os depósitos aluvionares mineralizados estão espalhados por uma vasta área, abrangendo as cabeceiras dos rios Jatobá, Batovi e Coliseu. A provável fonte dos diamantes, a partir de *pipes* férteis ainda não localizados, evidencia-se pela mais baixa qualidade geral dos diamantes, quando comparados aos das regiões de Nortelândia-Diamantino, Chapada dos Guimarães e Poxoréu, tendo valores médios variando entre US$80-100/ct.

Os diamantes começaram a ser explorados nas proximidades da cidade de Poxoréu (12-Fig. 4.1), por volta de 1932, no ribeirão Coité. Desde a descoberta, até o final da década de 1970, os serviços de garimpagem ocorreram esporadicamente, quando a Mineração São Félix (Grupo Saint Joe) obteve resultados interessantes em suas áreas de pesquisa. O anúncio dessas descobertas fez com que invasões garimpeiras organizadas criassem um quadro de conflitos que acabaram criando a Reserva Garimpeira de Poxoréu, em novembro de 1979. Os principais aluviões mineralizados, cujas fontes são desconhecidas, estão espalhados pelos rios Coité, São João, Poxoréu, Alcantilado, Pombas e Jácomo, todos pertencentes à bacia do rio São Lourenço. Em 1981, operavam na área 2.000 garimpeiros em 230 dragas, ressaltando a importância da atividade na economia do município. Os diamantes recolhidos são principalmente gemológicos, possuindo valores entre US$120-150, e considerados os melhores do Estado (R. Weska, comunic. Verbal, 1997).

Abrangendo a região do alto rio Garças e seus numerosos afluentes (13-Fig. 4.1), diamantes são encontrados nos municípios de Tesouro, Guiratinga, Alto Garças e Araguainha. Tal região compreende uma grande e pouco conhecida província diamantífera que, de modo geral, pode ser estendida para abranger também os depósitos do alto rio Araguaia. Assim, na divisa entre os Estados de Mato Grosso e Goiás, destaca-se a importante zona do curso superior do rio Araguaia (14-Fig. 4.1), que apresenta aluviões diamantíferos espalhados sobre um longo trecho entre as cidades de Barra do Garças (MT)/Aragarças (GO) ao norte, e Alto Araguaia (MT) ao sul. Tais diamantes foram estudados em termos mineralógicos por Svisero (1971), e numerosos trabalhos de prospecção sobre seus depósitos têm sido realizados desde a década de 1920 (Freise, 1930).

Durante o século XIX, descobriram-se também diamantes na porção centro-sul do antigo Mato Grosso (hoje Mato Grosso do Sul), nas regiões dos rios Taquari (afluente direto do rio Paraguai), ao norte, e Coxim (afluente do rio Taquari), ao sul. A zona do rio Taquari e seus afluentes rios Figueira e Piquiri, abrange os municípios de Coxim e Pedro Gomes (17-Fig. 4.1), enquanto a zona do rio Coxim abrange o município homônimo, além de Rio Verde de Mato Grosso e Camapuã (18-Fig. 4.1). A oeste do estado, o rio Aquidauana (19-Fig. 4.1) é diamantífero entre os municípios de Campo Grande (a leste) e Aquidauana (a oeste). Ao que parece, tais depósitos são de importância bastante inferior àqueles do Estado do Mato Grosso.

O Estado de Goiás é extremamente rico em depósitos diamantíferos, explorados de modo intermitente desde meados do século XIX, embora nenhum deles de grande porte ou que tenha alcançando produção substancial ao longo de todo esse período. Ao sul do Estado, destacam-se três áreas diamantíferas: a que abrange os municípios de Mineiros e Jataí compreende os depósitos aluvionares das cabeceiras dos rios Verde (a jusante de Mineiros),

Claro (a montante de Jataí) e Veríssimo, todos afluentes do rio Paranaíba (16-Fig. 4.1). No rio Veríssimo, é reportada uma pedra pesando 600 ct (Reis, 1959). A norte-nordeste desta área, o rio Caiapó, um afluente do rio Araguaia, é diamantífero desde as suas cabeceiras (municípios de Arenópolis, Amorinópolis e Caiapônia), incluindo ainda seu afluente rio Piranhas, nas proximidades da cidade homônima (15-Fig. 4.1). A leste, encontra-se a extensa bacia do rio Claro, outro afluente do rio Araguaia, que é diamantífero na maior parte do seu curso, abrangendo áreas dos municípios de Jussara, Fazenda Nova, Jaupaci, Israelândia e Ivolândia (20-Fig. 4.1). Nessa ampla região, provavelmente os diamantes estão relacionados com intrusões kimberlíticas, ainda não descobertas e/ou a conglomerados cretácicos em parte derivados daquelas rochas.

Na região central de Goiás, a noroeste de Mossâmedes (21-Fig. 4.1), depósitos de diamantes ocorrem na meia-encosta do flanco sul da Serra Dourada, provenientes da erosão das lentes de conglomerados proterozóicos em rochas quartzíticas, associadas ora ao Grupo Canastra, ora ao Grupo Araxá. O maior diamante encontrado pesou 15 ct, embora pedras com mais que 1 ct sejam raríssimas e as proporções de diamantes gemas *versus* diamantes industriais sejam semelhantes. Nas porções central e norte de Goiás, diamantes ocorrem também nos municípios de Goianésia, Niquelândia e Cavalcante. Em Goianésia (22-Fig. 4.1), a oeste do Distrito Federal, diamantes são encontrados em terrenos pré-cambrianos da bacia do rio das Almas, no Córrego Margarida e na Serra Água Branca. Ao norte do povoado de Tupiraçaba (antiga Traíras), próximo à cidade de Niquelândia (23-Fig. 4.1), garimpam-se diamantes no rio Traíras perto da ponte da rodovia Niquelândia-Corumbá, cuja fonte é desconhecida. Nas proximidades de Colinas, município de Cavalcante (24-Fig 4.1), o rio Tocantinzinho é garimpado em diversos locais. Ao que parece, o mineral é proveniente da desagregação dos conglomerados da Formação Arraias, do Grupo Araí (Mesoproterozóico).

No município de Posse (25-Fig. 4.1), fronteiriço com o Estado da Bahia, diamantes são garimpados em diversas localidades da borda oeste do grande chapadão que constitui a chamada Serra Geral de Goiás (na realidade um extenso chapadão), como no rio Piracanjuba e nos córregos Garrotinho e das Éguas. Os cascalhos mineralizados provavelmente derivam dos conglomerados da Formação Urucuia, do Cretáceo Superior, os quais afloram localmente nas partes mais altas do planalto.

No Estado do Tocantins, o médio rio Tocantins é diamantífero sobre um longo trecho desde Brejinho do Nazaré até a zona de confluência com o rio do Sono (26-Fig. 4.1), que também apresenta ocorrências locais. A nordeste desse Estado, as principais áreas de garimpagem compreendem os ribeirões Pau Seco e Arraias, no município de Filadélfia, e o ribeirão das Lajes, município de Wanderlândia, com uma produção anual em torno de 1.000 ct para a região. Ocorrências diamantíferas são ainda conhecidas no rio Manoel Alves Grande, um afluente do rio Tocantins que demarca a fronteira com o Estado do Maranhão (27-Fig. 4.1).

Região Nordeste

No âmbito da região Nordeste brasileira, diamantes são encontrados nos Estados da Bahia e Piauí, além de algumas esparsas ocorrências na zona limítrofe entre Maranhão e Tocantins, descritas no contexto da região centro-oeste.

O Distrito de Gilbués (28-Fig. 4.1), no Estado do Piauí, foi descoberto em 1946, com garimpos distribuídos desde as localidades de São Dimas (município de Monte Alegre do Piauí), ao norte, até Boqueirão (município de Gilbués), ao sul. Os diamantes ocorrem associados a conglomerados do Cretáceo Inferior (Formação Areado), além de depósitos derivados, terciários e quaternários. Os garimpos são trabalhados a seco, sendo o material acumulado e transportado para lavagem nas fontes mais próximas. Pesquisas na área durante os anos de 1987-88, mostraram cerca de 1.000 garimpeiros produzindo algo em torno de 1.000-2.000 ct/ano (Chaves, 1988). Os diamantes são em geral de pequeno tamanho (normalmente menores que 0,5 ct), aparecendo também carbonados com certa freqüência (5-10%). Segundo Gonzaga (1993), a fonte original da mineralização estaria relacionada com depósitos glaciais paleozóicos, os quais teriam transportado os diamantes desde as seqüências pré-cambianas que ocorrem na Chapada Diamantina (a leste-sudeste), explicando assim a presença comum de carbonados em Gilbués.

As principais áreas diamantíferas da Bahia distribuem-se por uma extensa região na porção central do Estado, pertencendo à Província Diamantífera da Serra do Espinhaço. No extremo sudeste do mesmo, diamantes ocorrem na área do rio Salobro, constituindo os depósitos mais próximos ao litoral conhecidos no Brasil.

Os mais importantes depósitos da região central da Bahia associam-se à extensa feição geomorfológica conhecida como Chapada Diamantina (32-Fig. 4.1), abrangendo a zona do alto rio Paraguaçu e seus numerosos afluentes (municípios de Lençóis, Andaraí, Mucugê, Palmeiras, Piatã, Boninal e Utinga). As primeiras notícias sobre a existência de diamantes nesta região estão nos relatos de viagem de Spix & Martius (1817-1820), durante a travessia pelos sertões baianos desde os campos diamantíferos de Minas Gerais, que observaram a identidade das formações geológicas entre as regiões. Como resultado dessas informações, foram achadas algumas pedras no rio Mucugê (Serra do Sincorá), no início da década de 1840, atingindo seu esplendor entre 1850 e 1860, quando um grande *rush* levou para a área do alto rio Paraguaçu mais de 30.000 garimpeiros.

Os diamantes são lavrados em cascalhos aluvionares, resultantes da erosão dos conglomerados mesoproterozóicos da Formação Tombador (Grupo Chapada Diamantina). Somente nas cercanias de Lençóis alguns desses corpos chegaram a ser minerados, com resultados pouco animadores. Na década de 1970, vários depósitos aluvionares nos rios Paraguaçu, Santo Antônio e São José foram alvo de pesquisas detalhadas pelo consórcio Tejucana/CBPM, revelando teores médios muito reduzidos (0,001-0,007 ct/m^3) para compensarem uma lavra mecanizada. A principal característica desses depósitos é a presença constante de carbonados, que constituem mais da metade dos diamantes produzidos, com uma média geral de 20-25%. Na atualidade, com a criação do Parque Nacional da Chapada Diamantina e do fortalecimento do turismo ecológico na maior parte da zona abrangida pelos principais depósitos, a tendência da produção é de franco declínio, prevendo-se sua completa extinção a médio prazo.

Ainda relacionados originalmente com as seqüências mesoproterozóicas do Grupo Chapada Diamantina, ocorrem também depósitos aluvionares de menor expressão nas bordas norte (município de Morro do Chapéu, 31-Fig. 4.1) e noroeste da Chapada Diamantina (municípios de Xique-Xique, Santo Inácio e Barra do Mendes, 29/30-Fig. 4.1). Nas cercanias de Santo Inácio, onde os quartzitos e conglomerados da Serra do Açuruá mergulham na extensa planície aluvionar do rio São Francisco, a CPRM, na década de 1980, pesquisou uma faixa de 15 por 1-2 km de depósitos coluvio-aluvionares, cubando um enorme volume de cascalhos diamantíferos de baixos teores.

No sudeste da Bahia, o campo diamantífero do rio Salobro ocupa uma área restrita (33-Fig. 4.1), nas terras altas divisoras de águas entre os rios Pardo, ao sul, e Salobro, ao norte, no município de Canavieiras. Essa área de densas florestas foi descoberta em 1881, atraindo um grande contingente de garimpeiros de Diamantina (MG) e de Lençóis (BA), mas epidemias de varíola e malária praticamente extingüiram as atividades mineradoras no início do século XX. Diversos pesquisadores estudaram tais depósitos (*e.g.*, Oliveira, 1902; Oliveira, 1925), relacionando a mineralização aos conglomerados da Formação Salobro, do Grupo Rio Pardo (Neoproterozóico). Depósitos aluvionares bastante ricos, da ordem de até 0,3 ct/m^3 (Barbosa, 1991), e a proximidade com o litoral (o rio Salobro tem pouco mais de 50 km de extensão até juntar-se ao rio Una na planície costeira), fazem dessa área, incluindo a orla marítima respectiva, merecedora de investigações mais detalhadas.

Região Sul

Nas regiões Sul (Paraná) e Sudeste (extremo sul de São Paulo) brasileiras, algumas ocorrências diamantíferas são conhecidas, tendo sido alvo de diversos trabalhos técnicos e acadêmicos. Diamantes foram descobertos inicialmente no Paraná, em 1836, por um fazendeiro das margens do rio Tibaji, levando ao local muitos aventureiros que deram origem à atual cidade de Tibaji. O trecho mineralizado desse rio estende-se desde a cidade homônima até a localidade de Salto Mauá, cerca de 50 km abaixo da cidade de Telêmaco Borba. Ainda que as ocorrências estejam espalhadas de modo mais ou menos uniforme por uma grande área incluindo também outras bacias hidrográficas, Chieregatti (1989) distinguiu três zonas diamantíferas principais, designadas de Telêmaco Borba-Tibaji, Tomasina-Ibaiti e Jaguariaíva-Itararé (de sudoeste para nordeste).

O distrito de Telêmaco Borba-Tibaji, envolvendo esses municípios (53-Fig. 4.1), é o mais antigo e importante, sendo o rio Tibaji mineralizado ao longo de 100 km de seu curso, além de alguns de seus afluentes como os rios Santa Rosa e Barra Grande. A nordeste dessa área, encontra-se o campo de Tomasina-Ibaiti (52-Fig. 4.1), onde os principais cursos mineralizados são os rios do Peixe e das Cinzas, bem como alguns de seus afluentes. O rio das Cinzas possui aluviões garimpados localmente, desde as proximidades de Tomasina até suas cabeceiras ao sul. A oeste dessa bacia, no município de Ibaiti, algumas ocorrências estão associadas às cabeceiras do rio do Peixe. Na zona fronteiriça aos Estados de São Paulo e Paraná (51-Fig. 4.1), encontra-se o campo de Itararé(SP)-Jaguariaíva (PR), apresentando depósitos ao longo dos rios Verde (SP), Itararé (divisa SP/PR) e Jaguariaíva (PR).

Em termos econômicos, as atividades de garimpo mais importantes aconteceram no rio Tibaji durante as décadas de 1930-40, período em que o maior diamante foi encontrado, pesando 110 ct. Na década de 1980, as empresas CPRM e MINEROPAR desenvolveram diversos trabalhos de prospecção, incluindo perfurações com sonda Banka e abertura de grandes catas para lavra experimental. No rio Tibaji, as pesquisas revelaram teores médios da ordem de 0,05 ct/m^3 e, no rio do Peixe – 0,02 ct/m^3, resultados que não foram considerados promissores. Na atualidade, os serviços de lavra em toda a região encontram-se praticamente paralisados.

Registra-se ainda uma pequena ocorrência, a sudoeste de Curitiba (54-Fig. 4.1), nas cabeceiras do rio Iguaçu (município de Contenda), cujo potencial e/ou origem é totalmente desconhecida.

5
Minas Gerais dos Diamantes

Para melhor explicar o modo de ocorrência do diamante no Brasil, os depósitos de Minas Gerais serão detalhados no presente capítulo. Esse mineral ocorre em diversas áreas geográficas do Estado, em concentrações notáveis nas bacias hidrográficas dos rios Jequitinhonha e Paranaíba, e em menor escala nas bacias dos rios São Francisco, Grande e Doce. As cidades de Diamantina e Coromandel centralizaram, em termos comerciais, as principais zonas produtoras, porém existem muitas outras diretamente dependentes da mineração de diamantes. Resultou daí uma certa dificuldade em ilustrar adequadamente a distribuição dos depósitos diamantíferos. Alguns autores, como Reis (1959), relacionaram tais depósitos aos seus centros geográficos de comercialização. Outros utilizaram formas semelhantes a "amebas" na tentativa de melhor ilustrar a extensão real das ocorrências (p. ex., Schobbenhaus *et al.*, 1978). No mapa dos depósitos diamantíferos brasileiros, ora apresentado (Fig. 4.1), procurou-se conciliar as duas práticas, destacando em círculos o pólo geográfico com suas áreas periféricas produtoras de diamantes, mas incluindo também as importâncias relativas de seus dados de produção e potencial econômico. Assim, de acordo com as modernas concepções metalogenéticas, os depósitos de Minas Gerais foram individualizados em áreas progressivamente menores, abrangendo as províncias (com milhares de quilômetros quadrados de extensão), os distritos (com centenas de quilômetros quadrados) e os campos (com dezenas de quilômetros quadrados) diamantíferos.

5.1 Distribuição espacial e geologia das regiões diamantíferas

Três principais regiões diamantíferas podem ser reconhecidas em Minas Gerais, convenientemente designadas de Província da Serra do Espinhaço, Província do Alto Paranaíba e Província do Oeste São Francisco, em função de seus desenvolvimentos geográficos maiores. Ainda que o recém-concluído Projeto Diamante em Minas Gerais (Geoexplore/COMIG 2000), tenha assinalado também outras "províncias" designadas de Serra da Canastra e Franca, prefere-se aqui, pelas extensões e produções mais limitadas dessas duas, além de estudos geológicos insuficientes, considerá-las como distritos diamantíferos. Na Fig. 5.1, observam-se em destaque essas cinco regiões produtoras de diamantes, com base nos grandes traços geológicos regionais.

A Província da Serra do Espinhaço

A Serra do Espinhaço, talvez melhor designada como Serra dos Diamantes, constitui uma unidade geomorfológica que se inicia a leste do Quadrilátero Ferrífero e se estende por pelo menos 1.200 km na direção norte-sul, até o extremo noroeste do Estado da Bahia (Fig. 5.2), produzindo paisagens exuberantes onde os rios freqüentemente são diamantíferos. Nesse contexto, destaca-se o Distrito Diamantífero de Diamantina, na Serra do Espinhaço Meridional, onde afloram principalmente seqüências quartzíticas pertencentes ao Supergrupo Espinhaço (Fig. 5.3). Nas principais áreas de ocorrências diamantíferas (porções central e leste da serra), o Supergrupo Espinhaço é representado por sua unidade inferior – Grupo Diamantina – integrado pelas formações Bandeirinha, São João da Chapada, Sopa-Brumadinho e Galho do Miguel, da base para o topo. A unidade superior, Grupo Conselheiro Mata, aflora apenas na parte ocidental da serra, onde os depósitos diamantíferos são insignificantes. O Supergrupo Espinhaço teve sua deposição na faixa de idades entre 1.700 e 1.300 Ma, relacionada ao Paleo- e Mesoproterozóico.

O "Conglomerado Sopa" nas proximidades de Diamantina

No âmbito do Supergrupo Espinhaço, a Formação Sopa-Brumadinho representa maior interesse pelos níveis conglomeráticos com diamantes. Essa formação se caracteriza por rápidas variações paleoambientais na deposição de seus litotipos; na base, afloram filitos e quartzitos finos, às vezes com

5   Minas Gerais dos diamantes   143

Mesozóico / Cenozóico

- Sedimentos Cretáceos / Terciários
- Rochas Sedimentares e Basaltos da Bacia do Paraná
- Suíte Alcalina Poços de Caldas

Proterozóico

Faixa Brasília

- Granitóides Proterozóicos
- Grupo Bambuí (parcialmente sobre o Cráton do São Francisco)
- Grupo Araxá
- Grupo Canastra
- Formação Paracatu
- Formação Vazante
- Grupo Paranoá

Faixa Araçuaí

- Granitóides Proterozóicos
- Grupo Macaúbas
- Supergrupo Espinhaço

Faixa Alto Rio Grande

- Grupo Andrelândia

Arqueano / Proterozóico Inferior

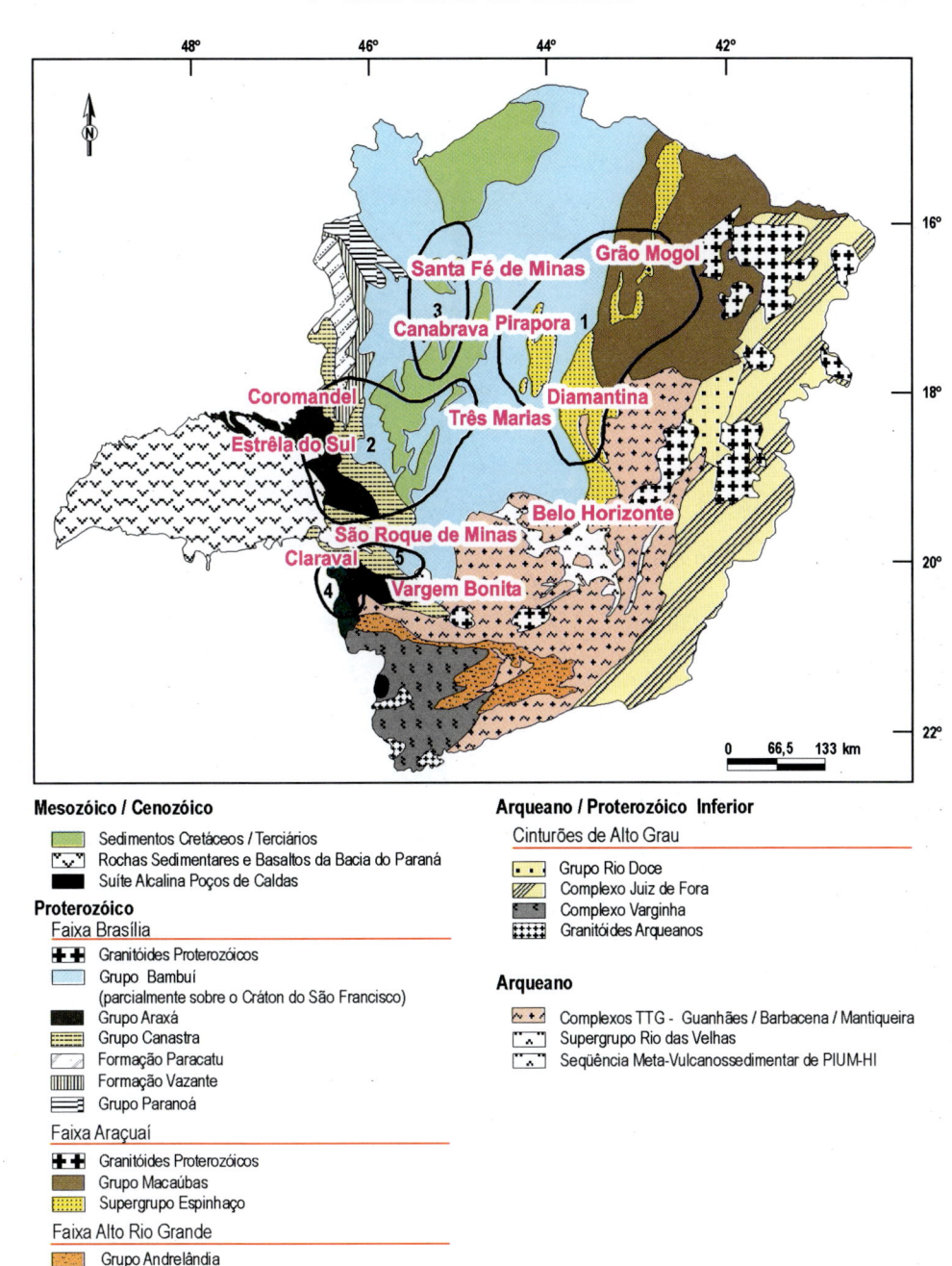

Cinturões de Alto Grau

- Grupo Rio Doce
- Complexo Juiz de Fora
- Complexo Varginha
- Granitóides Arqueanos

Arqueano

- Complexos TTG - Guanhães / Barbacena / Mantiqueira
- Supergrupo Rio das Velhas
- Seqüência Meta-Vulcanossedimentar de PIUM-HI

Fig. 5.1 *Mapa geológico simplificado de Minas Gerais, com a localização das principais províncias e distritos diamantíferos nesse contexto: 1 Serra do Espinhaço; 2 Alto Paranaíba; 3 Oeste São Francisco; 4 Franca; 5 Serra da Canastra/Vargem Bonita. (modificado de Penha et al., 2000).*

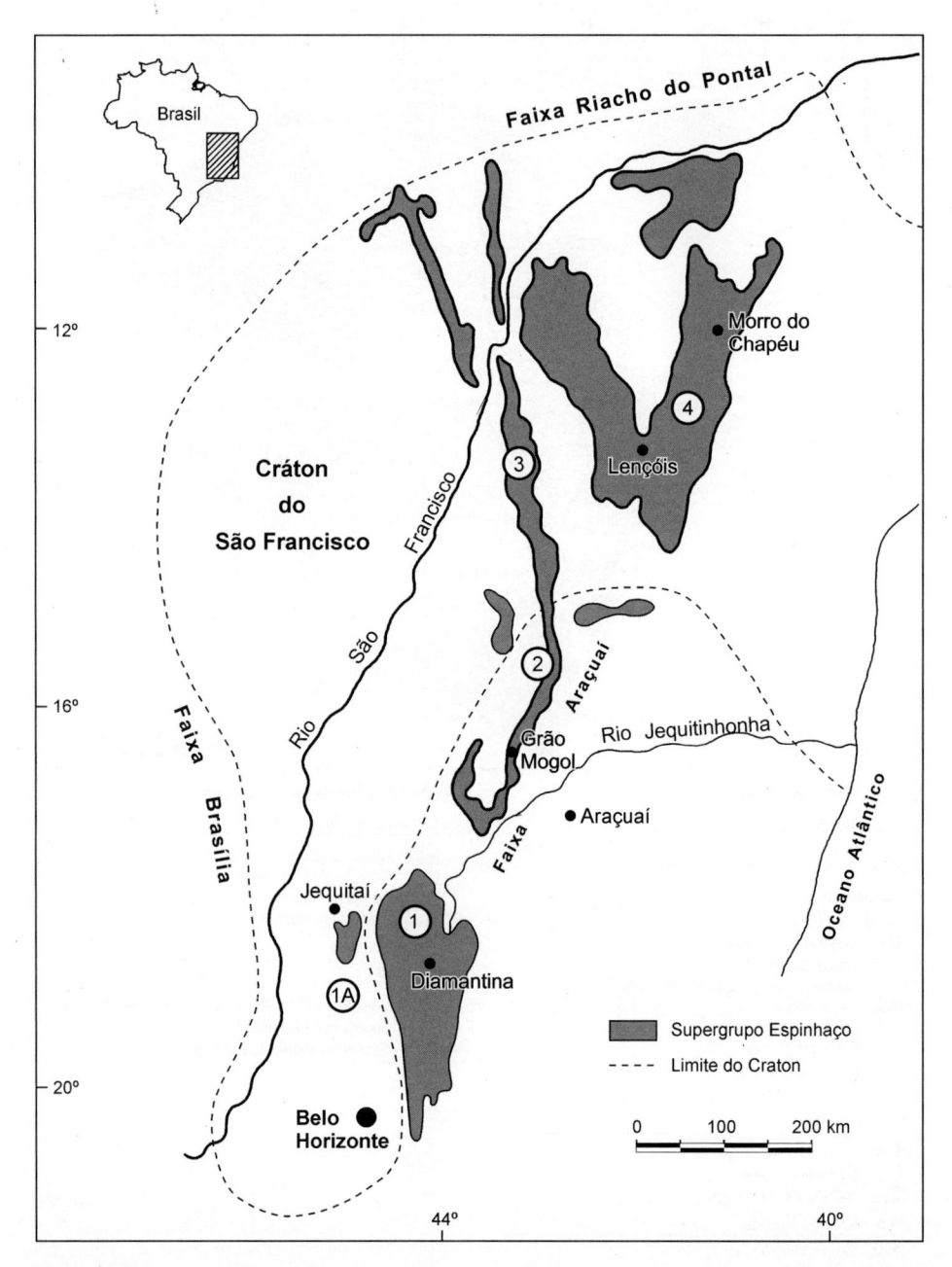

Fig. 5.2 *Distribuição geográfica da Serra do Espinhaço, em Minas Gerais (em pontilhado) e da unidade estratigráfica que a sustenta, o Supergrupo Espinhaço, na região centro-oriental brasileira. Principais domínios geográficos (1) Espinhaço Meridional, (1A) Serra do Cabral, (2) Espinhaço Central, (3) Espinhaço Setentrional, e (4) Chapada Diamantina.*

intercalações de conglomerados como em Datas e Presidente Kubitschek. A maior parte da Formação Sopa Brumadinho é constituída por quartzitos médios a grossos, ferruginosos ou não, e lentes de conglomerados polimíticos (diamantíferos), clasto-suportados, com fragmentos variados (quartzo, quartzito, filito, formação ferrífera, conglomerado, etc.) que podem alcançar até 0,8 m de diâmetro. O topo da seqüência é formado por metassedimentos pelíticos, com paraconglomerados e brechas intercalados (Membro Campo Sampaio). Essas rochas, formadas quase exclusivamente por clastos de quartzito vermelho, também são diamantíferas, mas possuem, em geral, teores mais baixos em relação aos conglomerados.

O designado Conglomerado Sopa (Moraes & Guimarães, 1930) aflora regionalmente sobre grande extensão de areal, envolvendo uma faixa linear com cerca de 100 km de comprimento e orientação geral norte-sul. Essa faixa coincide de modo aproximado com a porção axial da Serra do Espinhaço, explicando assim a notável distribuição aluvionar cenozóica dos depósitos diamantíferos, envolvendo diversos municípios como Diamantina, Datas, Gouveia, Presidente Kubitschek, Serro e Conceição do Mato Dentro, entre outros (37-Fig. 4.1). Como resultado de sua exploração incessante durante os últimos dois séculos, grandes "monolitos" dessa rocha continuam preservados em porções onde a matriz é mais dura, de forma típica ao norte de Guinda (Figs. 5.4, 5.5, 5.6).

A origem do termo Sopa é bastante controvertida, com diversas concepções; a mais comum delas é que esta terminologia tem como base o fato de que a rocha, após seu desmonte hidráulico, quando acumulada nas "catas" abertas pelos garimpeiros, costuma efervescer, ou "ferver", na linguagem local, como uma sopa (Fig. 5.7 - p. 150). Uma outra hipótese é que, em algumas áreas, a matriz do conglomerado é muito micácea e, por sua cor verde, inicialmente confundida como talcosa por geólogos sul-africanos que atuaram em Diamantina na década de 1920. Como tal matriz era escorregadia, esses geólogos chamaram a rocha de *soapstone* ou simplificadamente *soap* (sabão), que foi adaptado pelo linguajar garimpeiro para sopa. Uma terceira versão, mais simplista, acredita que o termo tem sua origem no aspecto caótico e variado apresentado pelos seixos do conglomerado, que quando cortado pode assemelhar-se a uma sopa de muitos ingredientes.

Nas proximidades de Diamantina, o Conglomerado Sopa aflora em quatro campos principais, onde seus depósitos apresentam afinidades espaciais e geológicas distintas (Tabela 5.1): São João da Chapada-Campo Sampaio, Sopa-

Fig. 5.3 *Paisagem típica da Serra do Espinhaço, composta predominantemente por rochas quartzíticas, onde o relevo propicia a formação de numerosos armadilhamentos, ideais para a concentração de diamantes nos sistemas aluvionares. Foto: J. Karfunkel.*

Fig. 5.4 *Grandes "monolitos" do Conglomerado Sopa destacados na paisagem, como resultado do intenso processo de garimpagem verficado há quase 150 anos (Lavrinha, ao norte de Guinda – Diamantina, MG). Foto: M. Chaves.*

Fig. 5.5 Detalhe do conglomerado diamantífero Sopa no Campo de Sopa-Guinda (Lavrinha), mostrando seu caráter polimítico, clasto-suportado, e com seixos, a maioria bem arredondados. Foto: M. Chaves.

Fig. 5.6 Detalhe da fácie mais brechosa do Conglomerado Sopa, também diamantífera (Membro Campo Sampaio), na Lavra Brumadinho, entre as localidades de Guinda e Sopa. Foto: M. Chaves.

Guinda, Extração e Datas (Fig. 5.8). Em São João da Chapada foram descobertos os primeiros depósitos em conglomerados da região de Diamantina (±1850), na lavra do Barro, a oeste do vilarejo de mesmo nome, que possui ainda a importante mina (ora desativada) do Campo Sampaio. A área de Sopa-Guinda situa-se 10 km a oeste de Diamantina. Dentre suas muitas lavras, todas de pequeno porte, algumas devem ser destacadas, como a Caldeirões, a Brumadinho e a Lavrinha. O Campo de Extração, a leste de Diamantina, caracteriza-se por possuir os maiores volumes de rocha conglomerática, com os mais altos teores, e por ter produzido as maiores pedras de todo distrito. Em 1954, foi encontrado um diamante com 64,4 ct, considerado o maior da região, no Ribeirão do Inferno. Ao sul de Diamantina, estão localizadas várias lavras em conglomerados nas proximidades da cidade de Datas, podendo ser citadas, dentre outras, Lajes, Vintém, Surrão (ou dos Ingleses) e Datas de Cima. Na atualidade, cerca de 200 garimpeiros ainda trabalham diretamente sobre o conglomerado nas várias localidades citadas.

Diversas hipóteses procuram explicar as condições de formação do Conglomerado Sopa. A maioria dos autores julga que sua deposição ocorreu em ambiente continental, principalmente em leques aluviais e canais fluviais, em borda serrana. As características geológicas dessa rocha, assim como os teores médios em diamante, são variáveis de um campo diamantífero para

Tabela 5.1 *Principais caracterísiticas geológicas do Conglomerado Sopa nos quatro campos diamantíferos da região de Diamantina.*

Aspectos da Rocha	Campo	Sopa-Guinda	São João da Chapada	Datas	Extração
Forma dos corpos		lenticular	acanalada	lenticular	lenticular e acanalada
Espessura máxima		10 m	10 m	20 m	100 m (?)
Clastos (>60%)	Classificação	polimítico	polimítico	polimítico	polimítico
	Selecionamento	mal selecionado	mal selecionado	mal selecionado	mal selecionado
	Diâmetro máximo	0,6 m	0,4 m	0,6 m	1,0 m
	Suporte	clasto-sustentado	clasto-sustentado	clasto-sustentado	clasto-sustentado
	Arredondamento	subarredondados	subangulosos	subarredondados	subangulosos
Matriz predominante		arenosa	argilosa	arenosa-argilosa	argilosa

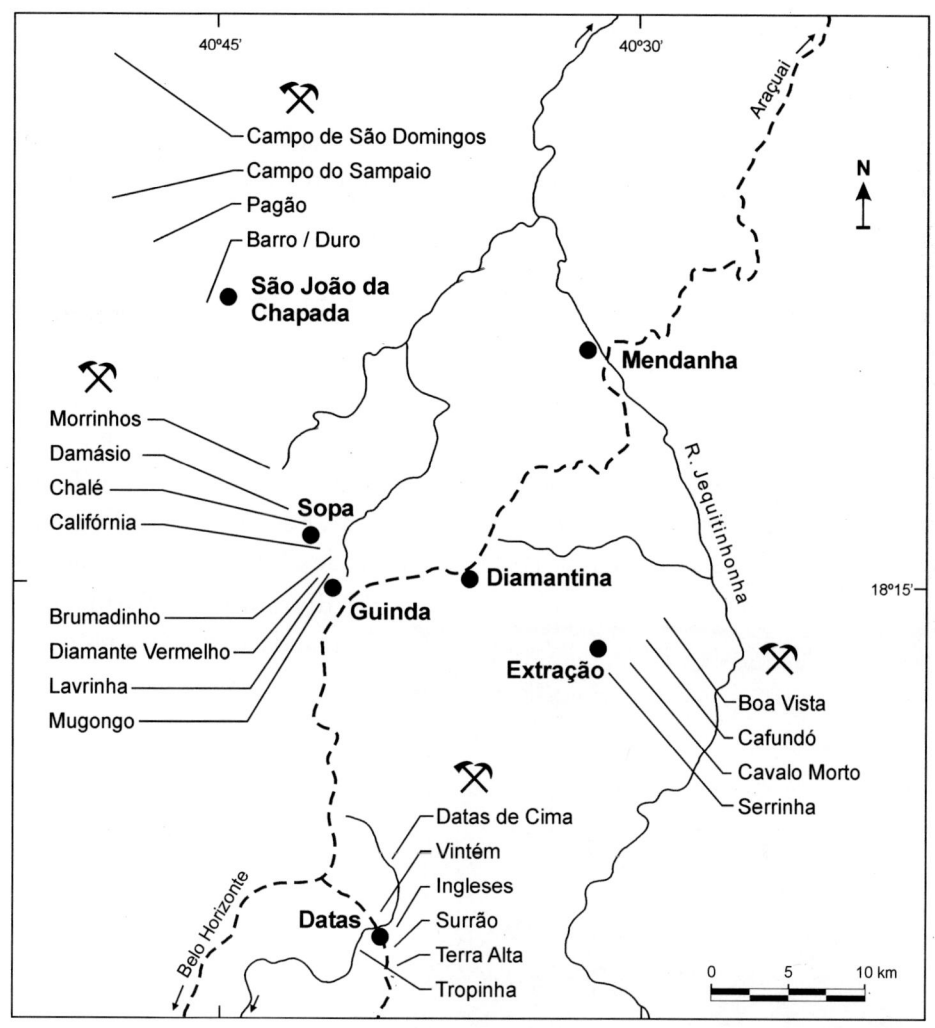

Fig. 5.8 *Principais campos diamantíferos (e algumas lavras relacionadas) no Distrito de Diamantina: Campo Sampaio-São João da Chapada, Sopa-Guinda, Extração e Datas.*

outro em função da parte hoje aflorante (após dobramentos e fases de erosão) dos corpos conglomeráticos em relação à sua área-fonte. Considerando assim uma sedimentação ocorrida em leques aluviais, em Extração aflora a parte proximal dos leques; em Datas, a porção mediana e, em Sopa-Guinda, apenas a parte mais distal. Em relação à área de São João da Chapada-Campo Sampaio, deve ser destacado seu potencial e o fato de que a mesma ainda necessita de estudos mais detalhados.

Ainda na Serra do Espinhaço, nas áreas do rio Cipó e na serra homônima (38-Fig. 4.1) e da Serra das Cambotas (39-Fig. 4.1), envolvendo respectivamente os municípios de Santana do Pirapama e Barão de Cocaes, existem pequenos depósitos coluvionares e aluvionares diamantíferos cuja origem ainda não foi bem estabelecida, uma vez que o Conglomerado Sopa típico não foi reconhecido nessas áreas.

Conglomerados proterozóicos da região de Itacambira-Grão Mogol

Nas cercanias de Grão Mogol, a quase 300 km ao norte de Diamantina (35-Fig. 4.1), os principais depósitos associam-se ao rio Itacambiruçu. Nessa região, Helmreichen (1846) e Moraes (1934) descreveram a "Pedra Rica" (a primeira rocha diamantífera reconhecida em todo mundo), sendo que o último autor a correlacionou com o "Conglomerado Sopa". Estudos recentes levaram a uma nova proposta estratigráfica para a região, onde o Supergrupo Espinhaço foi dividido nas formações Resplandecente e Grão Mogol, também proterozóicas, mas consideradas, em termos estratigráficos, superiores à Formação Sopa Brumadinho da região de Diamantina. As rochas conglomeráticas, de provável origem fluvial e portadoras de diamantes, pertencem à Formação Grão Mogol (Figs. 5.9 e 5.10).

Fig. 5.7 *Lavra sobre material argiloso do Conglomerado Sopa, mostrando o típico "fervido" que talvez tenha dado nome ao próprio nome da rocha (Lavra dos Caldeirões, a noroeste de Sopa). Foto: A. Liccardo.*

Fig. 5.9 *Vista do rio Itacambiruçu ao sul de Grão Mogol, com seus depósitos aluvionares encaixados nos quartzitos da Formação Resplandecente. Foto: M. Chaves.*

Fig. 5.10 *Conglomerado diamantífero da Formação Grão Mogol, aflorando nas imediações da cidade homônima, mostrando clastos sub-arredondados a sub-angulosos, exclusivamente de quartzitos. Foto: M. Chaves.*

Atualmente, a garimpagem está bastante decadente, limitando-se às proximidades das sedes dos municípios de Grão Mogol (principalmente), além de Cristália e Botumirim, onde no total menos de 300 garimpeiros ainda se encontram em atividade. A norte de Grão Mogol, nas vizinhanças de Porteirinha (34-Fig. 4.1), diamantes são recuperados em aluviões derivados de conglomerados semelhantes, assim como em Itacambira, a sudoeste de Grão Mogol (36-Figs. 4.1), entretanto suas produções são desprezíveis.

Aluviões recentes do rio Jequitinhonha (Diamantina-Araçuaí)

Os aluviões que ocorrem na bacia do Alto e Médio Jequitinhonha produzem a maior parte dos diamantes de Minas Gerais, principalmente nos municípios de Diamantina e Bocaiúva (agora desmembrado para Olhos d'Água), envolvendo nesses serviços provavelmente mais de 5.000 homens. Na parte alta do rio (a montante do vilarejo de Mendanha), os vales são apertados, produzindo muitos cânions e sendo controlados pela estrutura da Serra do Espinhaço, onde estão as fontes diamantíferas. Uma parte dos diamantes foi também transportada para as bacias do rio Doce (rios do Peixe, Guanhães e Santo Antônio) e do São Francisco (ribeirão Datas, rio Paraúna, rio Pardo, etc.). O rio Araçuaí, que também possui algumas de suas nascentes no Espinhaço, é diamantífero no seu alto curso. Nessas áreas, a largura dos *flats* é quase sempre inferior a 30 m e os cascalhos diamantíferos raramente ultrapassam 0,5 m de espessura. Centenas de garimpeiros, utilizando bombas de sucção e *sluices*, operam na zona serrana, sendo responsáveis pela produção de diversas pedras superiores a 10 ct.

A partir de Mendanha, o rio Jequitinhonha apresenta vales abertos, onde aparecem seus terraços antigos e extensas planícies aluvionares. Entre as confluências do rio Pinheiro, a montante, e do Ribeirão Tabatinga, cerca de 100 km abaixo, alternam-se aluviões com 150-300 m e *flats* atingindo até 1.500 m de largura. A espessura e a razão capeamento/cascalho variam de modo considerável de montante para jusante. Como o topo do cascalho quase sempre está a alguns metros abaixo do nível médio do rio, utilizam-se dragas de alcatruzes, cujos volumes mensais de tratamento alcançam 200.000 m^3 de cascalho, e alcance de quase 20 m abaixo do nível d'água. Duas mineradoras estão dragando tais consideráveis reservas de cascalho diamantífero: as companhias Tejucana (no presente com as atividades paralisadas) e Rio Novo, cujo processo minerário foi detalhado no Cap. 3.4 (Fig. 3.12).

Os dados gerais apresentados caracterizam a distribuição elúvio-colúvio-aluvionar cenozóica dos diamantes a partir das fontes secundárias contidas na Formação Sopa Brumadinho, no âmbito da Serra do Espinhaço Meridional, ou a partir de depósitos cretácicos na borda leste da serra. No Espinhaço Central, a contribuição de outras seqüências diamantíferas, também contidas no Supergrupo Espinhaço (Formação Grão Mogol), vão novamente alimentar o rio Jequitinhonha e seus tributários, fazendo com que depósitos mais ricos em diamantes voltem a ser encontrados, com seus teores progressivamente diluídos até a região dos municípios de Virgem da Lapa e Araçuaí.

Depósitos pós-cretácicos da Serra do Cabral (Jequitaí-Francisco Dumont)

As primeiras notícias sobre depósitos diamantíferos na Serra do Cabral, na realidade um "apêndice" do Espinhaço Meridional em sua porção oeste (Fig. 5.2), estão em Derby (1878), que descreveu em Jequitaí um conglomerado contendo seixos de composição diversa, como granito, gnaisse, quartzito, xisto, itabirito e calcário atingindo o tamanho até de uma "cabeça de homem", o qual "em seu estado decomposto contem diamantes" (no presente, tais rochas são relacionadas ao Grupo Macaúbas, do Neoproterozóico).

Estudos recentemente efetuados na região dos municípios de Jequitaí e Francisco Dumont (40-Fig. 4.1), bordas norte e noroeste da Serra do Cabral, demonstraram que os diamantes foram espalhados a partir de um conglomerado do Cretáceo Inferior, correlacionável ao Membro Abaeté, da Formação Areado. Este conglomerado, com até 50 m de espessura, aflora reliquiarmente nas partes mais altas da serra (e de outras adjacentes), em cotas próximas a 1.000 m. Os estudos revelaram, por análise de fácies e estatística dos vetores de imbricação de seixos, que tais conglomerados constituem depósitos fluviais originados na Serra do Espinhaço (Figs. 5.11 e 5.12).

Os principais depósitos em lavra na região, porém, são fanglomerados de idade Pliocênica-Pleistocênica, semi-consolidados e se posicionam nas bordas das áreas mais elevadas, e aluviões recentes originados a partir dos conglomerados cretácicos e/ou dos sedimentos fanglomeráticos. Processos neotectônicos tiveram, provavelmente, papel essencial na formação de tais depósitos. Não se encontraram ainda evidências diretas de que as rochas do

Grupo Macaúbas ou seus depósitos residuais fossem diamantíferos nessa região, embora certos indícios entre a população de diamantes da região denotem mais que um tipo de fonte para o mineral.

Fig. 5.11 Vista da zona aplainada no topo da Serra do Cabral, sustentada por lateritas desenvolvidas sobre conglomerados do Cretáceo Inferior (Formação Abaeté), que aflora nas bordas da mesma. Foto: J. Karfunkel.

Fig. 5.12 Detalhe dos mesmos conglomerados cretácicos da Formação Abaeté, nas proximidades de Canabrava (João Pinheiro), mostrando o forte imbricamento dos seixos de quartzito. Foto: M. Chaves.

É interessante a ocorrência de diamantes no rio de Janeiro, ao norte de Três Marias, pois, ao contrário da maioria dos outros afluentes diamantíferos do São Francisco, este rio origina-se a leste (41-Fig. 4.1). Chaves *et al.* (1993) presenciaram quase 50 garimpeiros na área, hoje abandonada, onde as pedras eram em geral menores que 0,5 ct. Provavelmente, a fonte desses diamantes está relacionada aos mesmos conglomerados cretácicos (Membro Abaeté) que afloram mais ao norte, na região da Serra do Cabral e também nas cabeceiras do rio de Janeiro, os quais teriam sua área-fonte na Serra do Espinhaço.

A Província do Alto Paranaíba

Apesar de investigada sob muitos aspectos, a geologia da região do Alto Paranaíba, que abrange o sudoeste de Minas Gerais e áreas adjacentes em Goiás (Fig. 5.13), ainda não é satisfatoriamente conhecida. A natureza tectônica regional peculiar, situada no extremo norte da Bacia do Paraná, embora também faça parte da porção terminal sul da faixa de dobramentos Brasília, propicia uma série de interpretações diferentes para as seqüências que aí afloram. As rochas mais antigas são granitos e gnaisses expostos, principalmente no vale do rio Paranaíba. Sobre esse embasamento, ocorrem várias seqüências metassedimentares, complexamente estruturadas por múltiplas falhas de empurrão que mascararam profundamente o empilhamento estratigráfico original. Constituem os grupos Araxá, Canastra, Ibiá e Bambuí, todos depositados durante o Proterozóico, compostos de quartzo-mica xistos, quartzitos laminados, clorita-carbonato, xistos e rochas pelito-carbonáticas, respectivamente. Todo o conjunto foi estruturado segundo NNW-SSE durante o ciclo orogênico Brasiliano.

Rochas vulcânicas relacionáveis aos derrames basálticos da Bacia do Paraná (Formação Serra Geral, do Jurássico), com intercalações de arenitos (Formação Botucatu), ocorrem ainda na área, porém de maneira restrita. Na mina de diamantes de Romaria, esse pacote não ultrapassa 10 m de espessura. Ao norte do "Arco da Canastra", ocorre a Formação Areado, do Cretáceo Inferior, cuja porção basal (Membro Abaeté) é constituída por um conglomerado com ventifactos, pouco espesso e depositado em clima peri-desértico, que provavelmente em tempo corresponda ao final da sedimentação do deserto Botucatu, na bacia do Paraná. Na bacia do São Francisco, os conglomerados do Membro Abaeté são diamantíferos. Os outros membros

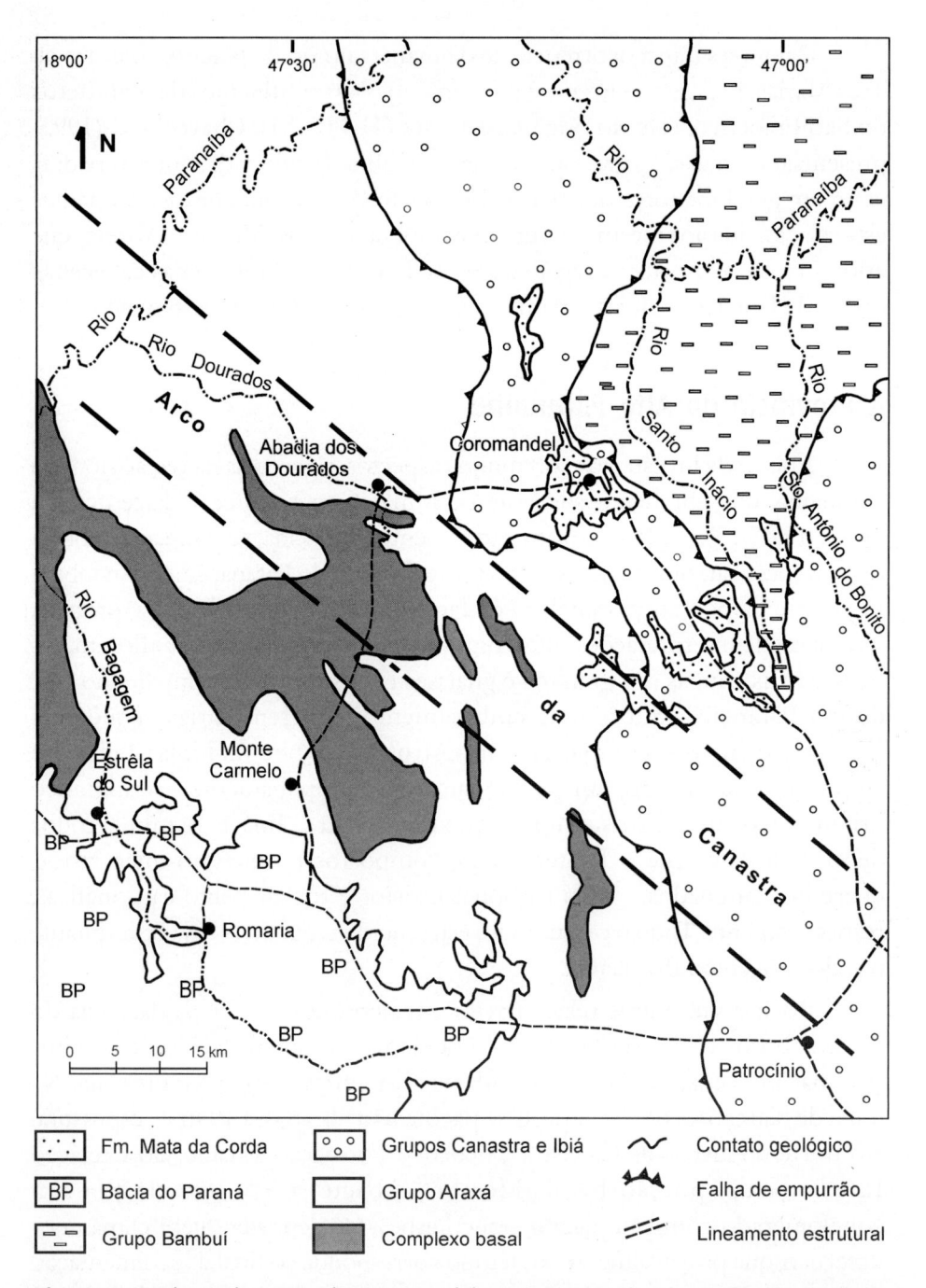

Fig. 5.13 *Geologia da região de Coromandel, na Província do Alto Paranaíba (Barbosa et al. ,1970).*

da Formação Areado (Quiricó e Três Barras) representam depósitos lacustres e fluviais.

De grande importância para a geologia econômica do diamante na região são os depósitos do Cretáceo Superior que compõem a base do Grupo Bauru (Formação Uberaba), constituído de sedimentos tufáceos associados a conglomerados. Em direção ao norte, entrando pelos Estados de Goiás e Bahia, diminui a contribuição vulcânica nesses sedimentos, aumentando progressivamente os depósitos fluviais e eólicos típicos de clima semi-árido, os quais vão constituir a denominada Formação Urucuia. Na mina de Romaria, o conglomerado basal da Formação Uberaba é minerado para diamantes desde 1888 (Figs. 5.14 e 5.15), sendo um depósito típico de leque aluvial, denotando uma fonte próxima para suas rochas fontes. A outra unidade do Grupo Bauru – Formação Marília – compõe-se de arenitos calcíferos e calcários, caracterizados por grandes quantidades de fósseis típicos do Cretáceo.

Os depósitos aluvionares de idade quaternária se destacam em importância, por serem em grande parte, diamantíferos e responsáveis por praticamente toda a produção atual da Província do Alto Paranaíba.

Principais depósitos secundários recentes

Apresentando um potencial ainda mal conhecido, é inegável a importância dos diamantes do Alto Paranaíba no cenário geológico nacional. Praticamente todas as pedras freqüentemente chamadas de "gigantes" (pesando mais de 100 ct) encontradas no Brasil são provenientes desta região. Mesmo atualmente, é raro o ano em que pelo menos algumas pedras na faixa de 50-100 ct não sejam descobertas. Como as atividades agro-pastoris são cada vez mais incrementadas na região, em detrimento da atividade mineradora, acredita-se que uma importante parte das reservas diamantíferas ainda permaneça intocada.

Os principais depósitos diamantíferos lavrados na região do Alto Paranaíba são aluvionares e coluvionares recentes ou sub-recentes. A intrusão Três Ranchos-4, no Estado de Goiás, próxima à fronteira com Minas Gerais, possui diamantes embora o baixo teor, da ordem de 0,025 ct/m^3 até 50 m de profundidade, torne sua lavra anti-econômica. Meyer *et al.* (1991) descreveram a possível presença de diamantes na Intrusão Vargem-1, no rio Santo Inácio, a sudeste de Coromandel (Fig. 5.16). Barbosa (1991), por sua vez mencionou a ocorrência de diamantes no solo de alteração de certos corpos intrusivos (Cana

Verde e Boa Esperança), nas proximidades da cidade de Córrego Danta (Tabela 5.2), mas ainda faltam dados conclusivos sobre essas e outras possíveis fontes primárias da região.

Fig. 5.14 *A Mina de Romaria (ex-Água Suja), explorada pela EXDIBRA de São Paulo. Ao fundo a cidade de Romaria (no centro, em destaque, a catedral municipal). Foto: D. Svisero.*

Fig. 5.15 *O conglomerado diamantífero do Cretáceo Superior, de matriz argilosa tufácea, aflorando na mina desativada de Romaria. Foto: D. Svisero.*

5 Minas Gerais dos diamantes

Conforme visto na Mina de Romaria, a matriz secundária do diamante é o conglomerado da base da Formação Uberaba. Na região de Coromandel e para norte, na bacia do São Francisco, verifica-se a presença desta rocha, e Barbosa *et al.* (1970) observaram que todos os rios diamantíferos estão

Fig. 5.16 *Pesquisa efetuada no kimberlito cretácico Vargem-1 (estéril?), localizado na margem do rio Santo Inácio, a sudeste de Coromandel, onde o espesso* yellow ground *demonstra seu elevado grau de intemperismo. Foto: M. Chaves.*

Fig. 5.17 *Garimpo no rio Santo Antônio do Bonito, a leste de Coromandel, na mesma área de onde saíram os dois maiores diamantes brasileiros (o Presidente Vargas e o Santo Antônio). Foto: M. Chaves.*

relacionados à existência de tal conglomerado em suas cabeceiras. Atualmente, existem cerca de 2.000 garimpeiros na região do Alto Paranaíba e a produção da gema deve ser superior a 10.000 ct/ano, envolvendo principalmente os municípios nos entornos de Coromandel (Coromandel, Abadia dos Dourados, Douradoquara, Patrocínio e Patos de Minas – 45-Fig. 4.1, p. 130) e de Romaria (Romaria, Estrela do Sul, Cascalho Rico, Grupiara e Monte Carmelo – 46-Fig. 4.1, p. 130). Os principais garimpos estão na bacia do alto rio Paranaíba. No rio Santo Antônio do Bonito, apesar de seu porte pouco expressivo (Fig. 5.17), apareceram praticamente todas as pedras brasileiras com porte de várias centenas de quilates.

Intrusões alcalinas-ultrabásicas

Embora o diamante seja conhecido desde meados do século XIX no Alto Paranaíba, os trabalhos de prospecção sistemática de kimberlitos só começaram com a SOPEMI, empresa de mineração francesa, depois incorporada pela sul-africana Anglo-American (Grupo De Beers). Usando rastreamento de minerais pesados tais como piropo, Mg-ilmenita e Cr-diopsídio, esta e outras empresas menores localizaram diversas intrusões de natureza básica/ultrabásica, subcirculares, alteradas em superfície e com diâmetros variando entre 50 a 300 m. Muitas dessas intrusões foram inicialmente consideradas como de natureza kimberlítica, fato que se refletiu posteriormente na interpretação de outros corpos em diversos locais do País.

Nos últimos anos, alguns desses corpos passaram a ser objeto de estudos detalhados, propiciando novas interpretações a respeito. Por exemplo, as intrusões Limeira-1 e Indaiá-1, situadas a sudoeste de Coromandel revelaram características geológicas, mineralógicas e químicas semelhantes às de kimberlitos do Grupo I. Contudo, estudos isotópicos de detalhe revelaram que esses corpos possuem razões $^{87}Sr/^{86}Sr$ e $^{143}Nd/^{144}Nd$ intermediárias entre as dos kimberlitos dos grupos I e II. Por outro lado, suas intrusões satélites Limeira-2 e Indaiá-2 possuem similaridades mineralógicas e químicas com os uganditos de Katwe (Uganda). Em termos de isotopia do Sr e Nd, são semelhantes aos corpos principais.

A intrusão (diamantífera) Três Ranchos-4, situada nas proximidades de Ouvidor (Três Ranchos, em Goiás), foi descrita como semelhante às intrusões principais Limeira e Indaiá. Svisero *et al.* (1984) estudaram os minerais residuais (granada, ilmenita, espinélio e diopsídio) de vários outros corpos da região de Coromandel, como Vargem, Poço Verde, Santa Clara, Japecanga, entre outros. A intrusão Pântano, situada entre Coromandel e Patos de Minas, possui algumas características mineralógicas e químicas de kimberlitos. Entretanto, analisada em conjunto ela foi classificada como um monticellita peridotito, mas do ponto de vista isotópico guarda também semelhanças com as intrusões Limeira e Indaiá (Tabela 5.2).

Tabela 5.2 *Análises químicas representativas (em óxidos), em rocha total, de diversas intrusões da Província do Alto Paranaíba. Intrusões: 1, Limeira-1; 2, Limeira-2; 3, Indaiá-1; 4, Indaiá-2; 5, Pântano; 6, Japecanga; 7, Três Ranchos; 8, Presidente Olegário; 9, Boa Esperança; 10, Cana Verde.*
Fontes: 1-2-3-4, Svisero et al., 1980; 1-5-6-7-8, Bizzi et al., 1994; 8, Leonardos et al., 1991; 1-2-5, Meyer et al., 1994; 9-10, Ramsey & Tompkins, 1994.

Óxidos	1	2	3	4	5	6	7	8	9	10
SiO_2	29,57	40,16	27,02	41,50	32,27	33,73	34,97	38,23	46,61	42,70
MgO	29,84	15,21	27,79	13,50	24,09	31,54	31,62	16,71	16,71	19,50
Al_2O_3	2,90	7,60	4,07	6,90	2,49	0,74	2,57	5,23	6,23	5,52
Fe_2O_3	nd	nd	nd	nd	nd	nd	*9,82	6,87	nd	nd
FeO	*10,16	*10,03	*9,74	*9,55	*14,06	*13,34	nd	6,16	*9,00	*10,71
CaO	11,33	13,35	13,66	12,80	10,95	2,62	4,63	10,65	3,96	3,59
K_2O	0,95	2,41	0,96	2,04	2,42	0,20	0,93	1,98	2,14	0,64
TiO_2	2,51	2,71	2,54	2,99	4,78	2,55	1,25	6,31	2,29	2,34
Na_2O	0,21	1,47	0,17	1,40	0,10	0,02	0,10	0,64	0,62	0,07
P_2O_5	2,35	1,36	2,61	1,42	0,93	0,18	1,21	0,47	0,26	0,26
MnO	0,22	nd	nd	nd	0,24	0,18	0,24	0,19	0,14	0,21
Cr_2O_3	0,42	0,21	0,38	0,15	0,09	nd	nd	nd	0,13	0,12
CO_2	1,73	0,72	3,48	nd	0,36	nd	nd	0,45	nd	nd
H_2O+	8,16	3,42	6,41	nd	5,09	12,84	11,64	3,82	7,80	9,92
H_2O-	0,65	0,50	0,35	nd	1,54	1,89	1,07	1,84	nd	nd
Total	101,00	99,15	99,18	92,25	99,41	99,83	100,05	99,55	95,89	95,58

(*) Todo o ferro contido nesta forma; (**) Toda a água contida nesta forma; nd, não determinado.

Nas proximidades de Presidente Olegário, ocorrem rochas tufáceas associadas a lavas potássicas ultrabásicas, que possuem mineralogia e texturas semelhantes às de lamproítos. Contudo, a composição química em termos de elementos maiores aponta para uma afinidade kamafugítica. Leonardos *et al.* (1991) sugeriram a possibilidade de tais rochas serem diamantíferas.

Pelo exposto, observa-se que as intrusões aflorantes no Alto Paranaíba possuem uma petrologia complexa, merecendo ainda estudos detalhados. A posição do diamante nesse contexto, também não está clara, sobretudo porque as duas fontes primárias classicamente conhecidas – kimberlitos e lamproítos – ainda não foram bem caracterizadas na região. Dessa forma, a questão da origem do diamante continua em aberto. Alguns autores, como Barbosa (1991), Chaves (1991) e Svisero (1995) entre outros, postulam a provável derivação a partir de fontes tipo kimberlíticas; Leonardos *et al.* (1991) sugerem como matrizes as lavas ultrabásicas do Planalto da Mata da Corda; outros autores, ainda, como Tompkins & Gonzaga (1989) e Gonzaga *et al.* (1994), invocam o concurso de gelerias pré-cambrianas e paleozóicas que teriam transportado os diamantes a partir de fontes antigas, intrusivas, em algum local do Cráton São Francisco.

Depósitos aluvionares do oeste da bacia do rio São Francisco

São diamantíferos muitos dos rios que nascem no Planalto da Mata da Corda e vertem para o norte, na margem esquerda do rio São Francisco (Fig. 5.18). Dados históricos assinalam o conhecimento de diamantes nesta ampla região, desde 1769, onde predominam sedimentos arenosos da Formação Três Marias (Grupo Bambuí) nas partes mais baixas e, nos chapadões altos, seqüências cretácicas das formações Areado e Urucuia. Os depósitos seguem de sul para norte desde Tiros até Santafé de Minas. Possuem aluviões diamantíferos, os rios Abaeté e seus tributários Areado e São Bento, o rio Borrachudo e o rio Indaiá, todos afluentes de primeira ordem do São Francisco, abrangendo os municípios de Tiros, Cedro do Abaeté, Paineiras e São Gonçalo do Abaeté (44-Fig. 4.1). Em João Pinheiro, são diamantíferos vários tributários do rio Paracatu, como os rios da Prata e do Sono (além dos rios Santo Antônio e das Almas, afluentes do último – 42-Fig. 4.1). Mais ao norte, a oeste de Pirapora, estão as áreas de Paredão de Minas (município de Buritizeiro), Canabrava (João Pinheiro) e de Santafé de Minas (43-Fig. 4.1).

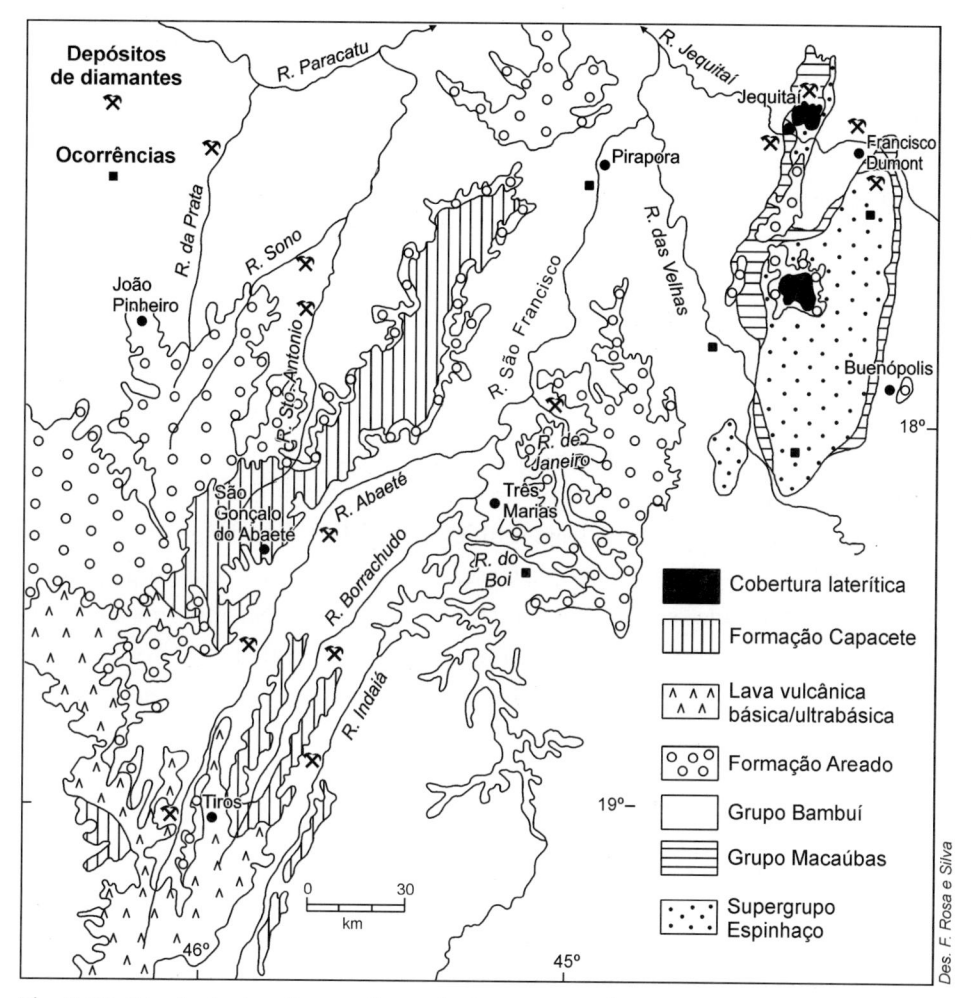

Fig. 5.18 *Principais rios diamantíferos da área a oeste do rio São Francisco, em Minas Gerais.*

No rio Indaiá, Barbosa *et al.* (1970) mencionaram a existência de 600 garimpeiros, número que atualmente pode ser reduzido a um terço; pedras com 97,9 ct e 77 ct já apareceram nesse local. No rio Abaeté, cerca de 100 garimpeiros ainda subsistem próximo a Tiros, onde surgiram grandes diamantes: Tiros III, com 354 ct (descoberto em 1938); Vitória II, 328 ct (1943); Abaeté, 238 ct (1926); Regente, 215 ct (1975); Nova Estrela do Sul, 140 ct (1937); Tiros I, 198 ct (1936); Tiros II, 182 ct (1937); entre muitos outros.

Ainda no rio Abaeté foi encontrado, em 1935, um possível carbonado pesando 827 ct (Barbosa, 1991). Na região de Paredão de Minas-Canabrava-Santafé de Minas, atualmente o número de garimpeiros não chega a 50 em cada área, e o padrão de peso médio do diamante é estimado em 3-5 pedras/ct (ou seja, em geral são bem menores que os da zona do rio Abaeté).

O Distrito de Vargem Bonita

Desde 1936, são conhecidos depósitos diamantíferos nas cabeceiras do rio São Francisco, que nasce na Serra da Canastra e logo despenca quase 700 m na Cachoeira Casca d'Anta (Fig. 5.19). Nos anos subseqüentes, trabalharam cerca de 5.000 garimpeiros no local, permitindo o surgimento do povoado de Vargem Bonita, hoje município (48-Fig. 4.1). Existem garimpos nessa área, até 60 km rio abaixo da Casca d'Anta, embora ocorram diamantes também acima dela, situados em terrenos do Parque Nacional da Serra da Canastra. No presente, cerca de 300 garimpeiros trabalham no local e a produção provavelmentre é superior a 3.000 ct/ano. Os serviços desenvolvem-se na maior parte em terraços situados 10-30 m acima das águas dos rios, tornando-se gradativamente mais baixos à medida em que se aproximam da Casca d'Anta (Fig. 5.20). O rio Santo Antônio, ao sul da Serra da Canastra (município de Delfinópolis), possui alguns garimpos de pouca importância, do mesmo modo que no rio Samburá, mais ao norte, e a proveniência de seus diamantes deve ser a mesma que os de Vargem Bonita.

Quanto à rocha-fonte da mineralização na Serra da Canastra, existem diversas alternativas: (1) a rocha-fonte seria de natureza kimberlítica (ou parental), intrusiva nos metassedimentos do Grupo Canastra. Ressalta-se que alguns dados analíticos efetuados sobre a Intrusão Matinha, em São Roque de Minas, revelam algumas características mineralógicas semelhantes às de lamproítos australianos; ou (2) as pedras poderiam ser provenientes de níveis detríticos do Cretáceo, que ocorreriam sobre o platô da Canastra e atualmente estariam erodidos. Digna de nota é a menção divulgada durante o último Simpósio Brasileiro de Geologia do Diamante, em Brasília (2001), de que a De Beers possui um *pipe* intrusivo na serra (designado Canastra-1), com teores em diamante considerados interessantes.

Outras ocorrências

Na porção sul do Triângulo Mineiro, são conhecidas ocorrências de diamantes no rio Uberaba, no município homônimo (47-Fig. 4.1), e em seu afluente ribeirão Borá, onde já foi encontrada uma pedra pesando 97 ct. Atualmente, poucos garimpeiros ainda trabalham nessa área. No rio Dourado (municípios de Conquista e Sacramento), também ocorrem diamantes, com provável origem no conglomerado basal da Formação Uberaba.

As ocorrências diamantíferas da área de Claraval-Capetinga (na fronteira com São Paulo) são conhecidas desde 1835, e também pertencem à bacia do rio Grande. Segundo dados recentes, a produção da região (que inclui os garimpos dos municípios de Franca e Patrocínio Paulista, em São Paulo) varia em torno de 2.000 ct/ano, com pelo menos 100 garimpeiros ainda em plena atividade (49-Fig. 4.1).

5.2 Estudos mineralógicos sobre populações de diamantes

O estudo sistemático das características mineralógicas (e gemológicas) do diamante nas diversas regiões de Minas Gerais foi feito através do exame *in locu* de populações representativas, com a utilização de formulário específico (Fig. 3.14), por M. Chaves (1997). Durante os últimos anos, novos estudos foram realizados, envolvendo não só as mesmas áreas ou suas proximidades (caso da Serra do Espinhaço), como também novas regiões (casos do rio do Sono e de Coromandel). Para os diamantes da Serra do Espinhaço, procurou-se testar a validade das amostragens antes efetuadas. Como a maior parte da produção regional de diamantes é proveniente de serviços de garimpagem, os trabalhos exigiram longos períodos de estadia nas áreas, além de contar com a boa vontade dos donos dos serviços ou comerciantes locais. Relacionando as duas fases de estudo, áreas e amostragens envolvidas (Figs. 5.21 a 5.26), tem-se:

• Áreas A-B: Garimpos de Datas (fase 1 – 597 pedras/191,17 ct e, fase 2 – 127 pedras/42,20 ct);

• Áreas C-D: rio Jequitinhonha (fase 1, Projeto Domingas da Mineração Rio Novo – 6931 pedras/1398,46ct e, fase 2, Garimpo de Senador Mourão – 162 pedras/55,32 ct);

• Áreas E-F: Garimpos de Grão Mogol (fase 1 – 768 pedras/42,24 ct e, fase 2, Garimpo no rio Itacambiruçu – 134 pedras/22,12 ct);

Fig. 5.19 *A Cachoeira Casca d'Anta, de onde o rio São Francisco, diamantífero neste trecho, despenca desde a Serra da Canastra. Foto: L. Chambel.*

Fig. 5.20 *Principal zona de garimpagem de diamantes abaixo da Cachoeira Casca d'Anta, em depósitos coluvio-aluvionares abrangendo áreas do município de Vargem Bonita. Foto: M. Chaves.*

- Áreas G-H: Garimpos de Jequitaí (fase 1 – 408 pedras/131,36ct e, fase 2 – 98 pedras/34,43 ct;
- Área I: Garimpos do médio rio do Sono (fase única – 102 pedras/ 49,50 ct);
- Área J: Garimpos de Coromandel (fase única – 126 pedras/78,65 ct).

Dados sobre pesos

O fator peso, medido em quilates (ct) e dividido em 100 pontos, é o primeiro aspecto que deve ser verificado no diamante, lembrando que sua medição inexata pode trazer sérios prejuízos para a comercialização do mineral. Atualmente, existem no mercado diversos modelos de balanças digitais, portáteis, que foram utilizados nas duas fases de estudo, com exceção de alguns lotes do rio Jequitinhonha (Mineração Rio Novo), que estavam separados em classes distintas de peso em função do tamanho das pedras.

Entre os diversos parâmetros mineralógicos, talvez os padrões de peso tenham sido os que mais variaram em relação às duas etapas de amostragem efetuadas na Serra do Espinhaço (Fig. 5.21), de modo particular, em Datas e no rio Jequitinhonha. De qualquer forma, observa-se um forte predomínio de cristais com peso inferior a 0,4 ct (médias entre 47% em Jequitaí, e 87% no rio Jequitinhonha) e uma virtual "ausência" estatística de cristais com peso superior a 1,5 ct (média geral <0,7%).

Nas regiões do rio do Sono e Coromandel, as amostragens mostram semelhanças, além de notáveis diferenças em relação aos depósitos do Espinhaço, além de aparecerem, com certa freqüência, cristais de peso superior a 10 ct, levando à criação de novas faixas de peso e as análises estatísticas, na faixa superior a 5 ct, apresentam anomalias tão altas como 11,7% (Coromandel) e 6,4% (rio do Sono), as quais, provavelmente, devem aumentar o grau de erro das amostragens efetuadas e, assim, amostragens suplementares fazem-se necessárias.

Dados sobre morfologias cristalinas

O diamante cristaliza-se no sistema cúbico, e se apresenta na natureza em formas simples (octaedro, rombododecaedro, trioctaedro e cubo), ou em formas combinadas, geminadas e agregadas daquelas anteriores, além de formas irregulares. Os agregados policristalinos do diamante incluem três variedades, bastante típicas nos depósitos brasileiros, que são o *bort*, o *ballas* e o carbonado (vide definições no Cap. 2).

Os dados estatísticos quanto à forma dos diamantes da Serra do Espinhaço mantiveram uma notável padronagem, em todas as áreas e nas duas fases de estudo (Fig. 5.22). Assim, o largo predomínio de cristais na coluna 1, na qual se incluem as formas simples, é demonstrado pelos valores médios entre 70% (Grão Mogol) e 89% (Jequitaí). Os valores da coluna 3 (agregados cristalinos e policristalinos) são em geral extremamente baixos. Nas regiões do rio do Sono e Coromandel, os valores mostrados são bastante diferentes, pois, além da coluna 1 apresentar percentuais inferiores (59% no rio do Sono, e 36,3% em Coromandel), o que mais deve ser ressaltado são os altos valores da coluna 2 (geminados, combinados, etc.), os quais alcançam 59% dos tipos verificados na amostragem de Coromandel.

Dados sobre cristais inteiros *versus* cristais quebrados

A criação de um parâmetro mineralógico com esta proposta, conforme mostrado na Fig. 3.14, foi uma modificação em relação ao estudo de Chaves (1997), quando os cristais quebrados foram incluídos como "fragmentos de clivagem" no item sobre a morfologia cristalina. Como as quebras nos cristais de diamantes são adquiridas secundariamente, sua verificação pode levar a importantes deduções sobre o transporte dos mesmos no ambiente fluvial e, neste trabalho, tal parâmetro foi analisado de modo independente, relacionado nas colunas 4 e 5 referentes à morfologia cristalina (Fig. 5.22).

O exame dessas colunas conduz à constatação de que os cristais quebrados são muito pouco freqüentes entre as populações da Serra do Espinhaço (0,9-36,4%), em comparação com aquelas das áreas do rio do Sono e Coromandel (19,5-37,5%). Os dados aparentemente anômalos do rio Jequitinhonha e de Grão Mogol (ambos na 2ª fase) podem ser explicados pelo local das amostragens. No primeiro caso, o estudo foi realizado a quase 100 km rio abaixo em relação à fase 1, onde novos estudos ainda em execução mostram que existe um aumento de cristais quebrados em direção a jusante do rio Jequitinhonha. Em Grão Mogol, tal aumento deve-se provavelmente ao fato de que o lote estudado era proveniente do rio Itacambiruçu, onde o mesmo fator observado no rio Jequitinhonha deve ser esperado.

Dados sobre cores

Apesar de existirem certas diferenças na conceituação da cor segundo as visões da mineralogia (cor física) com aquelas da gemologia (cor comercial), procura-se aqui aliar as duas práticas, visando efeitos comparativos mais eficientes entre as populações de diamantes da Serra do Espinhaço com os do rio do Sono e Coromandel. Nos histogramas apresentados, são relacionadas seis colunas de padrões de cores, as quais podem ser tanto aplicáveis aos conceitos físicos quanto comerciais. Assim, nas faixas de coloração col-1 a col-4 estão reunidos os graus comerciais do GIA (conforme mostrado na Tabela 3.7), enquanto as faixas "col-5" e "col-6" equivalem a cristais coloridos de cores vistosas e cristais de cores não gemológicas, como branca, cinza, marrom e preta.

Na Serra do Espinhaço, ocorre largo predomínio da faixa de coloração col-3, que reúne as cores J-K-L da escala GIA, ou seja, cristais com tonalidades amareladas de modo acentuado (Fig. 5.23). Em Grão Mogol (1ª fase), cristais com tonalidades ainda mais fortes predominaram ("col-4"). Cristais de cores vistosas (*fancy diamonds*), estão praticamente ausentes no Espinhaço (<0,3%), enquanto os de cores não gemológicas são bastante raros (<2,5%). Ao contrário, no rio do Sono e em Coromandel verifica-se um predomínio de cores não gemológicas (>35%) e uma proporção razoável de diamantes coloridos (>2%).

Dados sobre pureza

Para a quantificação da pureza (*clarity*) dos diamantes, prefere-se a escala utilizada no meio comercial, pois ela é mais abrangente, incluindo tanto a presença relativa de inclusões minerais, quanto a existência de fraturas e/ou jaças internas, ambas capazes de prejudicar o valor comercial das pedras. De modo semelhante ao que foi feito com a escala de cores, a base foram os padrões do GIA para relacionar as amostras de valor comercial (purezas pur-1 a pur-4), acrescida da faixa pur-5 para incluir os diamantes não gemológicos (conforme a Tabela 3.8).

Em relação às faixas de pureza entre os diamantes da Serra do Espinhaço, nas duas fases destaca-se o predomínio dos diamantes incluídos no grau pur-1 (médias entre 50% em Grão Mogol, e 76% em Jequitaí), ou seja, cristais em geral extremamente límpidos e livres de inclusões minerais (Fig. 5.24). Nos

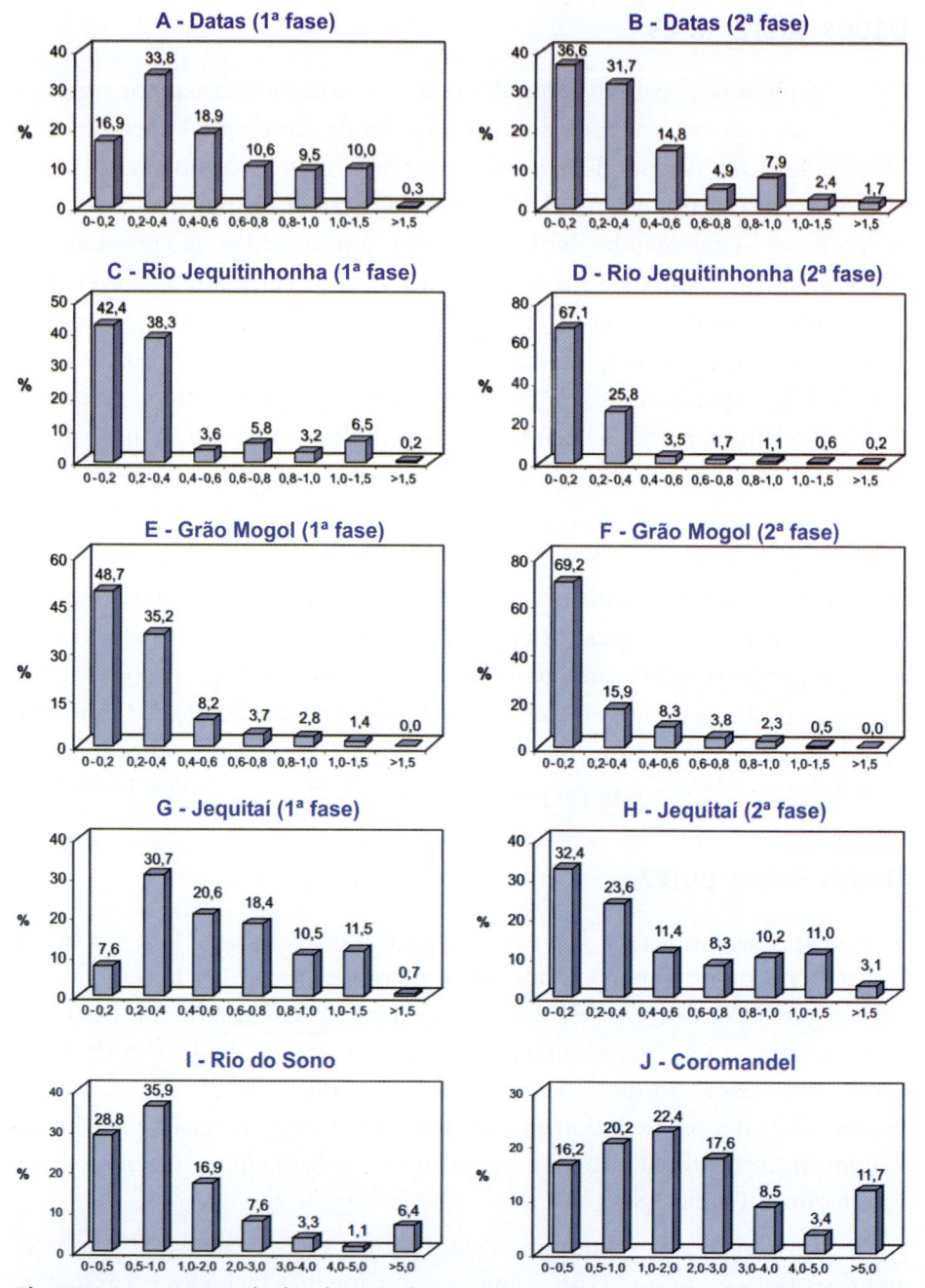

Fig. 5.21 *Histogramas da distribuição de pesos (em quilates), nos lotes de diamantes das áreas de Datas (A-B), rio Jequitinhonha (C-D), Grão Mogol (E-F), Jequitaí (G-H), rio do Sono (I) e Coromandel (J).*

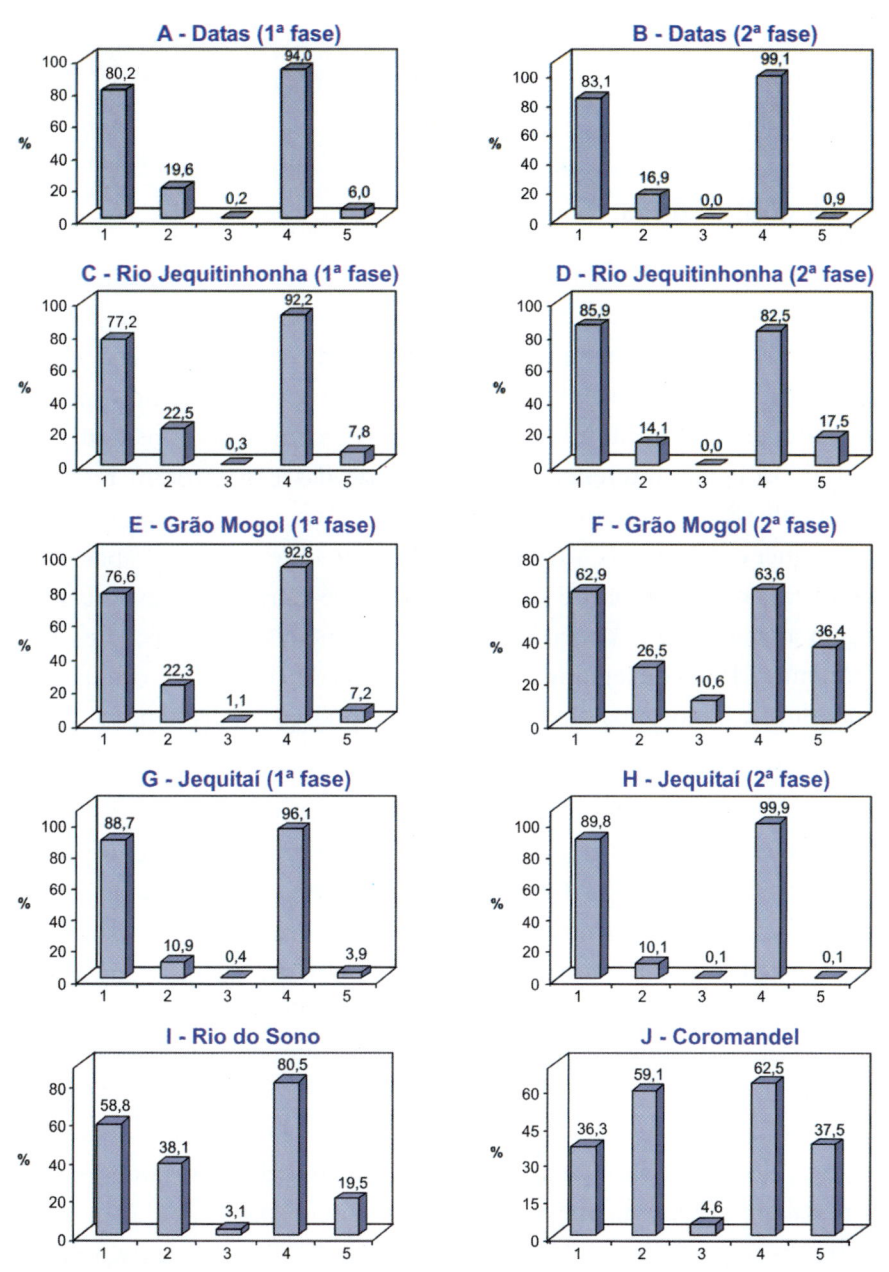

Fig. 5.22 Histogramas da distribuição das formas, nos lotes de diamantes examinados nas áreas de Datas (A-B), rio Jequitinhonha (C-D), Grão Mogol (E-F), Jequitaí (G-H), rio do Sono (I) e Coromandel (J). Colunas, 1 Rombododecaedros, octaedros e transicionais; 2 Geminados, combinados, cubos e irregulares; 3 Agregados cristalinos e policristalinos; 4 Formas inteiras; 5 Formas com quebras.

depósitos do rio do Sono e Coromandel, a classe de pureza mais baixa (pur-5) é a que prevalece com larga diferença sobre as outras (39% e 52%, respectivamente).

Dados sobre capas

As feições conhecidas como "capas" ou "cascas" nos diamantes (verdes ou marrom-amareladas), constituem películas muito delgadas, da ordem de 10 μ, que desaparecem durante o corte ou polimento das pedras na lapidação. Essas películas podem envolver parcialmente a pedra, como "manchas" transparentes, ou cobrirem-na totalmente, sob forma de crostas translúcidas. Na Fig. 3.14, tais diferenças na intensidade das capas foram ressaltadas, juntamente com as presenças de capas amarelas ou marrons e os cristais livres de qualquer capeamento. Vance *et al.* (1973) mostraram que as capas (verdes) são típicas em diamantes de conglomerados pré-cambrianos, associando sua origem à irradiação-α ocorrida a partir de minerais radioativos deste meio sedimentar. Por conseguinte, as populações de diamantes originadas de kimberlitos e lamproítos são em geral muito pobres em diamantes.

A existência de diamantes com capas é um dos aspectos que mais caracterizam os lotes estudados na Serra do Espinhaço (Tabela 5.3) e foi bem comprovado durante as etapas de estudos, variando em média entre cerca de 26% (Grão Mogol) e 90% (Campo Sampaio). Em Jequitaí, ainda que também ocorram capas verdes (média de 4,6%), os diamantes se notabilizam pela presença típica de capas amarelas ou marrons (média de 9,3%), as quais são sempre raras nas demais áreas do Espinhaço (<1%). De maneira diferente, ambos os tipos de capas são raríssimos nos diamantes de Coromandel (<0,6%) e, na região do rio do Sono, apesar de aparecerem com razoável freqüência relativa ($\approx$25%), deve ser destacado o aspecto geral desgastado ou tênue das mesmas. No Kimberlito Camútuè, em Angola, os dados constantes na Tabela 5.3 ressaltam a diminuta presença de diamantes encapados ($\approx$1%), de maneira análoga às populações de diamantes da região do Alto Paranaíba, em Minas Gerais.

Dados sobre qualificação gemológica

Em termos comerciais, apesar de corriqueiramente tal fato ser negligenciado, deve-se ressaltar que o valor de um diamante na forma bruta é uma conseqüência direta dos diversos aspectos por ele apresentado quanto a sua mineralogia. Desta maneira, os fatores peso, forma, hábito, cor, inclusões e possíveis capas devem ser associados para a definição de tal valor, uma vez que essas feições irão ditar o quanto de tal pedra será aproveitado durante os processos de lapidação.

Assim, como resultado de seus parâmetros mineralógicos, as populações de diamantes da Serra do Espinhaço apresentam amplo predomínio de cristais com qualidade gemológica (médias verificadas entre 80% em Grão Mogol, e 97,5% em Jequitaí). No rio do Sono e em Coromandel, ainda que predomine o tipo gemológico (com 72,4% e 55,2%, respectivamente), pelo menos na última área deve ser destacada a presença bastante freqüente de cristais de qualidade industrial (Fig. 5.25).

Tabela 5.3 *Médias das presenças de capas verdes e marrons/amarelas verificadas entre os diamantes de Minas Gerais, em comparação com o pipe kimberlítico Camútuè, em Angola.*

Região/Localidade (número de amostras examinadas)		Capas verdes			Capa marrom	Sem capas
		Transparente	Translúcida	Total		
Serra do Espinhaço	Campo Sampaio (525)	14,82	74,30	89,12	-	10,92
	Datas (597)	33,55	7,01	40,56	1,00	58,43
	R. Jequitinhonha (1254)	28,71	7,49	36,20	0,48	63,32
	Grão Mogol (384)	20,31	5,73	26,04	0,78	73,18
	Jequitaí (408)	4,41	0,24	4,65	9,31	86,03
Alto Paranaíba	Coromandel (352)	0,57	0,00	0,57	-	99,43
Oeste São Francisco	Rio do Sono (151)	24,05	0,61	24,66	1,22	74,12
Lunda (Angola)	*Pipe* Camútuè (1978)	0,90	0,26	1,16	-	98,84

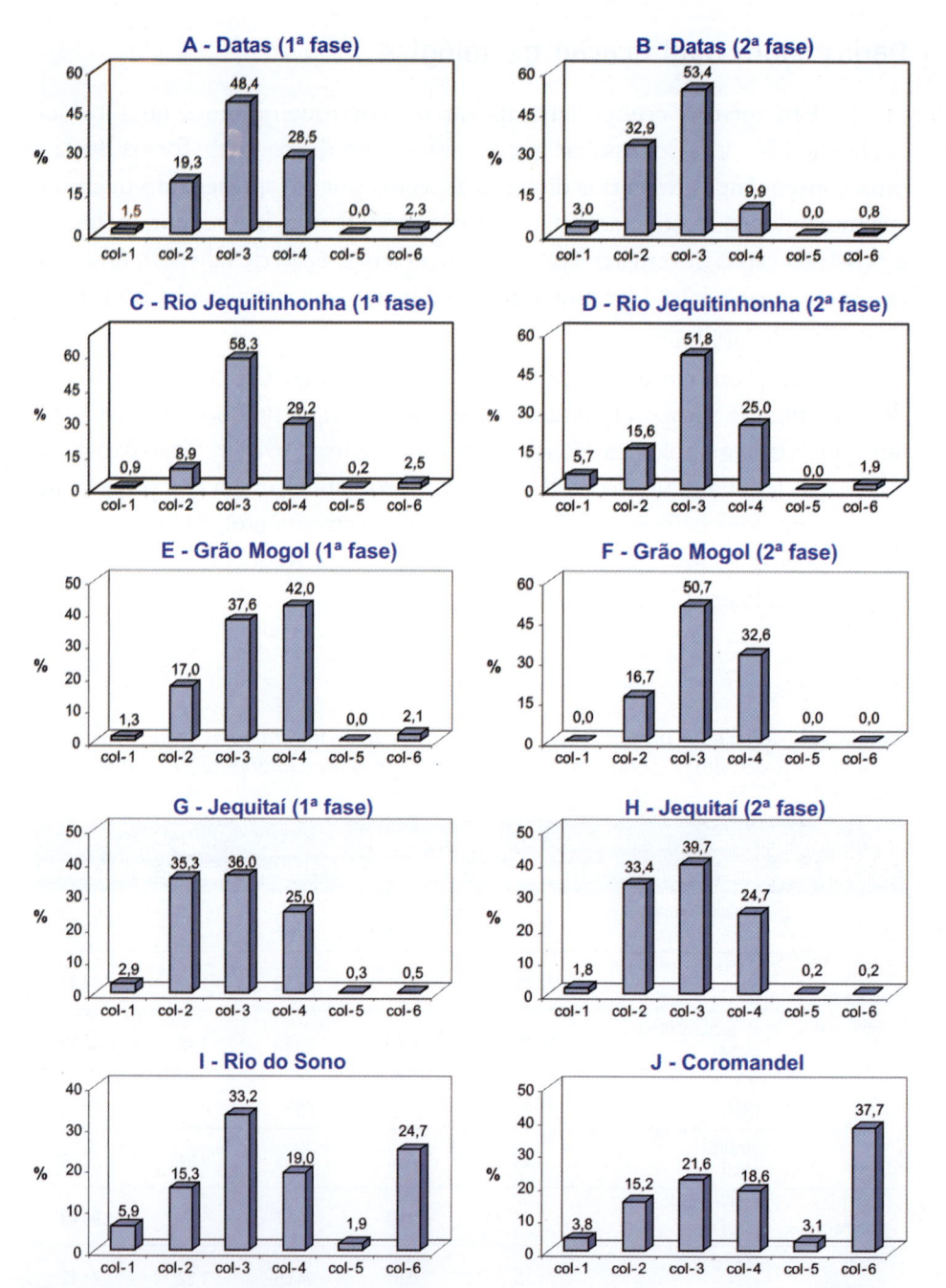

Fig. 5.23 *Histogramas dos padrões de cores, nos lotes de diamantes examinados nas áreas de Datas (A-B), rio Jequitinhonha (C-D), Grão Mogol (E-F), Jequitaí (G-H), rio do Sono (J) e Coromandel (I). Col-1 a col-4, de acordo com a Tabela 3.7. Col-5, diamantes coloridos; col-6, diamantes com cores não gemológicas.*

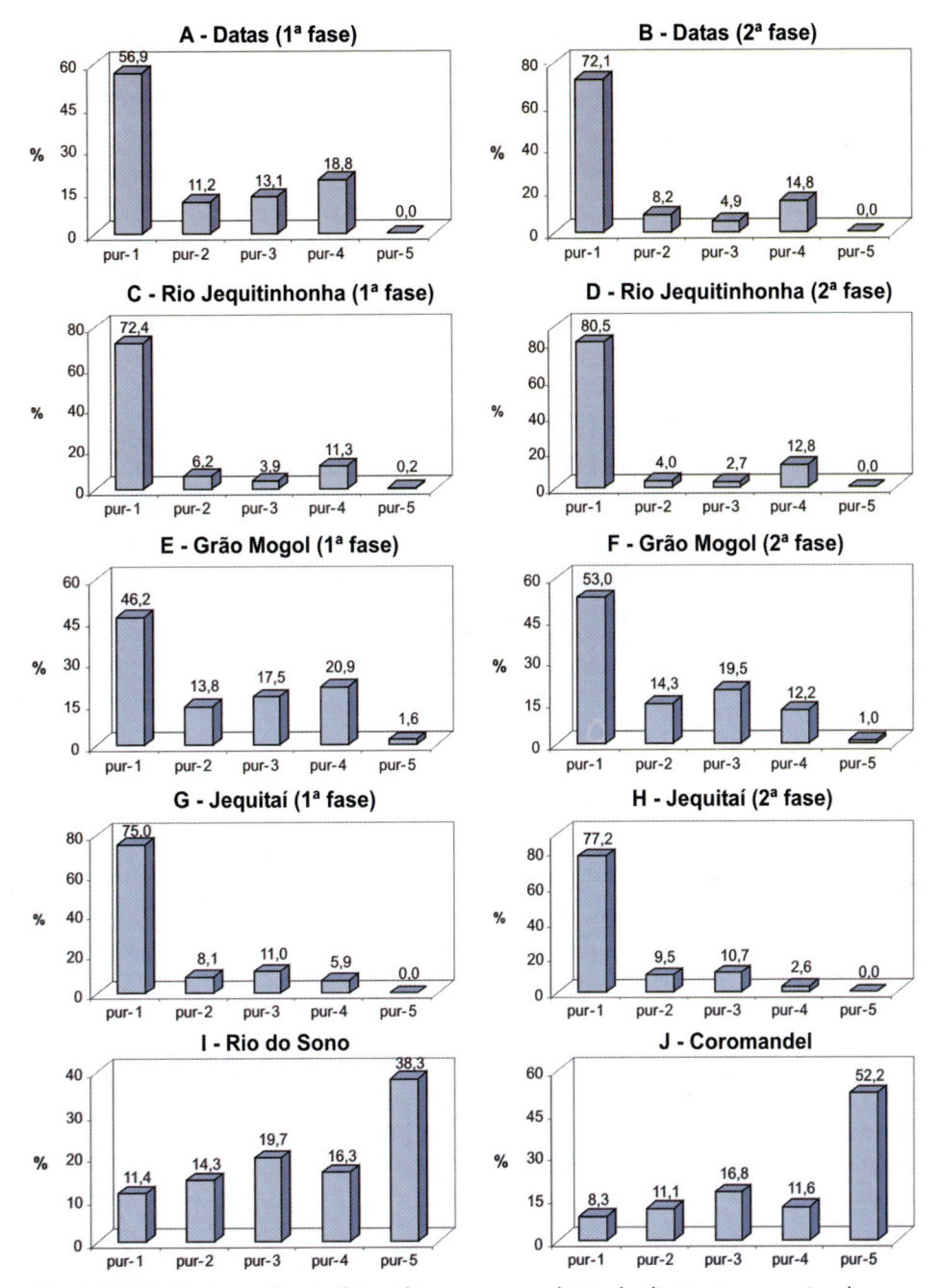

Fig. 5.24 Histogramas dos padrões de pureza, nos lotes de diamantes examinados nas áreas de Datas (A-B), rio Jequitinhonha (C-D), Grão Mogol (E-F), Jequitaí (G-H), rio do Sono (I) e Coromandel (J). Pur-1 a Pur-4, de acordo com Tabela 3.8. Pur-5, diamantes não gemológicos.

5.3 Multiestágios de geração dos depósitos diamantíferos

Conforme visto de modo esquemático na Fig. 3.5, o Brasil possui três principais zonas cratônicas. São os designados crátons Amazônico, de São Luiz e do São Francisco, onde, pela Regra de Clifford, devem se concentrar as rochas-fonte do precioso mineral. Ainda que certos autores não admitam essa regra em termos absolutos, não há porque considerá-la inválida para pelo menos 95% dos depósitos conhecidos em nível mundial (Janse, 1994). Esse fato, juntamente com as conhecidas propriedades físicas e químicas peculiares do diamante, em particular sua altíssima dureza, o faz de extrema resistência aos processos geológicos atuantes sobre a crosta terrestre. Viu-se que o Estado de Minas Gerais integra a região brasileira com o maior número de depósitos diamantíferos conhecidos (Fig. 4.1). O estudo da mineralogia do diamante em diversos destes locais (Cap. 3.2) permitiu a identificação de diversos ciclos de erosão e sedimentação, e o diamante, por seus aspectos únicos, foi o único mineral que permaneceu no registro geológico desde um passado muito remoto, atualmente datado no período Mesoproterozóico ($\cong$1.700 milhões de anos atrás).

Seleção natural no Reino Mineral

Desde que Charles Darwin publicou em 1859 sua obra célebre *On the origin of species by means of natural selection*, a seleção natural tornou-se progressivamente um paradigma, na maior parte aceito pelos pesquisadores dos reinos animal e vegetal. No reino dos minerais, porém, não se costuma aplicar a terminologia utilizada para os seres vivos, muito embora a "resistência" relativa de determinada espécie mineral ser um fato cotidiano relatado na prática pela maioria dos geólogos e mineralogistas em trabalhos de prospecção. Logo, a maior ou menor resistência de certo mineral ao longo de um curso fluvial será uma dependência direta de fatores diversos, inerentes às próprias estruturas física e química que o mineral possui. Ao longo de um meio de transporte qualquer, a tendência natural é que o mineral seja pulverizado, e assim, ele permanecerá "vivo" por mais tempo em função de algumas de suas propriedades, como composição e estrutura químicas, dureza, modos de clivagem e fraturamento e, principalmente, a pureza do material, que representa o grau de freqüência e/ou porte de inclusões, juntamente com a quantidade de partes microfraturadas no interior do mineral hospedeiro. Quanto mais impuro for o mineral, maior será a tendência dele se pulverizar progressivamente em um meio enérgico de transporte como o fluvial e, mais ainda, no marinho. Não casualmente as areias de praia são mais de 99,9% constituídas de quartzo, que possui uma estrutura rígida formada por tetraedros de SiO_2.

O caso do diamante é todo particular: sua resistência ao desgaste físico e mesmo a fortes variações de temperatura e pressão, além de sua estabilidade química, são os melhores argumentos para considerar que esse mineral, depois de solto de sua rocha matriz original, apresente uma tendência a permanecer no registro geológico. Uma população de diamantes (ou também de qualquer outro mineral) com características físicas "perfeitas", deve indicar, em termos estatísticos, uma longa e complexa história na qual o material de maior resistência continuou preservado no meio. A presença dessas características pode ser de grande importância econômica quando o mineral possui aplicações industriais, pois ele se encontrará naturalmente selecionado no depósito, facilitando assim a sua lavra.

Transporte e selecionamento do diamante no meio sedimentar

Estudos realizados nas principais províncias diamantíferas do sul e oeste africano demonstram a sistemática variação no tamanho e na classificação dos diamantes a partir de suas fontes primárias, como resultado dos transportes fluvial e/ou marinho (Sutherland, 1982). Constatou-se que diamantes originados de áreas-fonte restritas foram espalhados por milhares de quilômetros quadrados, com uma sistemática redução na média do tamanho (e peso) dos cristais, com o aumento da distância de transporte. Tal redução no tamanho, porém, é acompanhada pela melhoria gemológica dos diamantes, visto que os tipos de qualidade inferior são destruídos. Assim, o valor absoluto de lotes de diamantes provenientes de depósitos secundários representa um estado de equilíbrio entre o transporte (diminuição no tamanho/peso) e a qualificação gemológica (aumento da qualidade/preço).

Desta maneira, algumas formas mono e policristalinas como cubos, *borts* e carbonados, além de outos tipos de agregados cristalinos são pulverizadas durante o registro geológico, depois de reduzidas a partículas muito finas. Segundo Linari-Linholm (1973), experimentos realizados pela mineradora sul-africana De Beers com um moinho de bolas mostraram que apenas 6 h de

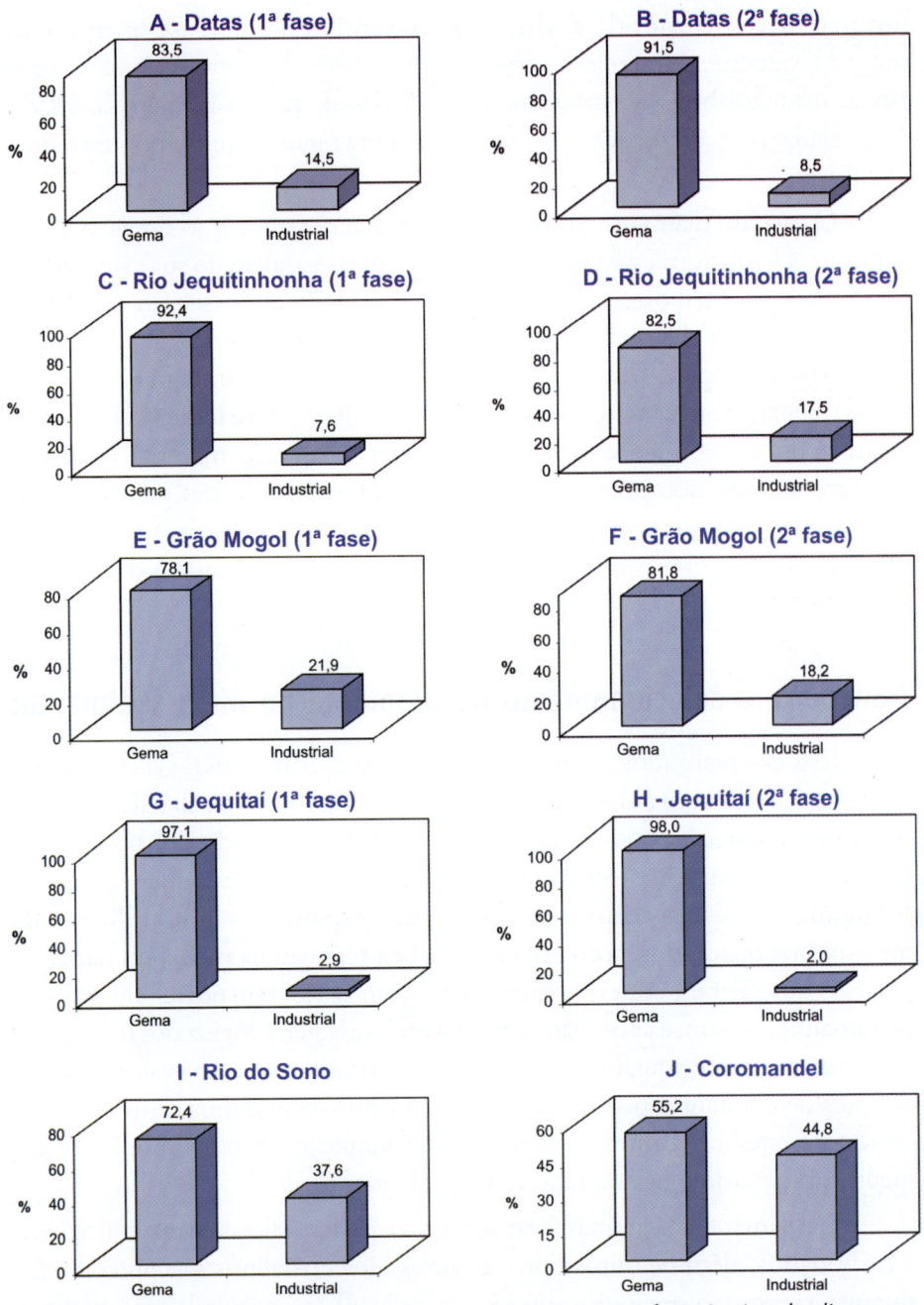

Fig. 5.25 Histogramas de qualificação gemológica com as freqüências de diamantes gemológicos versus industriais, em lotes examinados nas áreas de Datas (A-B), rio Jequitinhonha (C-D), Grão Mogol (E-F), Jequitaí (G-H), rio do Sono (I) e Coromandel (J).

moagem foram necessárias para reduzir o *bort* e pedras defeituosas de Mbuji-Mayi (Congo) para partículas de peso inferior a 0,001 ct. Com o mesmo procedimento, os diamantes da costa da Namíbia, de formas cristalinas próximas da perfeição, ou seja, com excelente qualificação gemológica, perderam apenas 0,01% de seu peso, depois de quase 1.000 horas de moagem.

Os kimberlitos possuem um altíssimo percentual de pedras quebradas durante o processo de intrusão do magma (até 70%). A proporção dessas pedras quebradas também decresce fortemente com o transporte. Assim, mais de 95% dos diamantes da região costeira sul-africana são compostos de formas cristalinas inteiras e praticamente 100% das pedras podem ser consideradas lapidáveis. O transporte, porém, preferencia os cristais de diamante com a forma dodecaédrica. Como exemplo, os depósitos da Namíbia possuem uma relação desproporcionalmente alta desse hábito, que pode ser explicada pelo seu número superior de faces e pelo arredondamento natural destas, resultando em um coeficiente hidrodinâmico maior em relação a outras formas comuns, como cubos e octaedros.

Podemos relacionar as principais modificações sofridas nas populações de diamantes com a evolução do registro geológico: (i) o tamanho médio (e peso) dos cristais diminui; (ii) nos hábitos monocristalinos, existe uma tendência à preservação dos dodecaedros; (iii) os fragmentos diminuem expressivamente de proporção; (iv) os *borts* e os cristais com defeitos (incluindo ainda os de hábito cúbico) e/ou muitas inclusões são progressivamente pulverizados; e (v) a proporção de cristais gemológicos aumenta. Conforme os dados comparativos ilustrados na Fig. 5.25, a percentagem de diamantes gemológicos no Espinhaço é muito superior à dos diamantes encontrados em depósitos primários (Tabela 3.5), e similar à dos depósitos secundários de "longa distância", como aqueles da Guiné e da Costa da Namíbia. Assim, comparando-se os dados descritos para as províncias diamantíferas africanas com os dados obtidos nos estudos sobre as províncias de Minas Gerais, diversas considerações podem ser destacadas:

• a ocorrência de cristais de muito alta quilatagem nas províncias kimberlíticas africanas é um fator de relacionamento destas com a Província do Alto Paranaíba. De outra forma, os diamantes da Província do Espinhaço, por seu padrão de peso médio, demonstram ter sido longamente transportados até se situarem nos seus atuais sítios de deposição;

• diamantes com hábitos cristalinos simples são mais raros em kimberlitos e lamproítos. No Alto Paranaíba tais diamantes são pouco comuns, porém, na região do Espinhaço, cerca de 80% possuem hábitos simples, dentre estes, predominando os de forma dodecaédrica;

• cristais com defeitos internos, apresentando inclusões grandes, e os fragmentados são muito comuns em kimberlitos e lamproítos. Cristais desse tipo ocorrem também com freqüência na Província do Alto Paranaíba, mas são raros na região do Espinhaço;

• agregados policristalinos do tipo *bort*, assim como os cristais de hábito cúbico, são comuns nos kimberlitos da África e também na região do Alto Paranaíba, porém estão praticamente ausentes nos depósitos do Espinhaço.

Seleção natural dos diamantes da Serra do Espinhaço

Os dados até então discutidos indicam nitidamente a forte semelhança entre os diamantes diretamente extraídos de kimberlitos e lamproítos com os diamantes (aluvionares) da região do Alto Paranaíba. Esses dados demonstraram que as rochas-fonte do diamante nessa região estão mais ou menos próximas e que, a qualquer momento, os trabalhos de prospecção desenvolvidos podem conduzir ao achado de aparelhos vulcânicos mineralizados. Em relação aos diamantes da Serra do Espinhaço, porém, suas peculiaridades permitem concluir que a fonte está situada em local distante, e que as populações de diamantes encontradas na serra correspondem ao resultado de sucessivos processos de erosão, transporte e nova deposição desde aquela região longínqua. Como a área alimentadora da sedimentação da bacia do Espinhaço (incluindo assim o Conglomerado Sopa) situava-se a oeste, onde se localiza o Cráton do São Francisco, nesta região deveriam estar presentes as desconhecidas rochas primárias. A descoberta de tais fontes, no entanto, torna-se improvável, pois em período geológico posterior (900-550 Ma) toda essa região foi recoberta por sedimentos marinhos do designado Grupo Bambuí. O transporte do mineral desde o cráton até os sítios onde ele se encontra no presente selecionou certas formas, multiplicando assim a população de cristais com qualidade gemológica.

A Fig. 5.26 mostra o esquema evolutivo proposto para os depósitos de diamante da Serra do Espinhaço, desde o Cráton do São Francisco até os atuais sítios onde eles são encontrados. A intrusão dos kimberlitos ou lamproítos (A-Fig. 5.26) precisa ter ocorrido em tempo anterior à formação da bacia do Espinhaço, em profundidades coerentes com a curva de estabilidade das espécies de carbono grafita-diamante. A erosão das chaminés e a conseqüente deposição de depósitos aluvionares periféricos é atestada pela existência de seixos de um conglomerado pretérito dentro do que hoje se conhece como Conglomerado Sopa. Com a implantação da paleobacia do Espinhaço, controlada por falhas geológicas, ocorreu a primeira fase de deposição dos diamantes, que foram posteriormente redistribuídos na própria bacia até a formação de sedimentos fluviais que deram origem ao Conglomerado Sopa (B-Fig. 5.26).

Movimentos orogenéticos causaram dobramentos e a elevação da Serra do Espinhaço, ainda durante o Pré-Cambriano. Após longo período, o relevo permaneceu mais ou menos inalterado, em conseqüência da separação continental da América do Sul com a África, durante a Era Mesozóica e toda a região interiorana brasileira foi fortemente soerguida, incluindo-se em tais processos o Espinhaço. Essa nova fase evolutiva da serra, e dos diamantes aí presentes, estão ilustrados na Fig. 5.26. Os processos de dobramentos permitiram a colocação dos conglomerados diamantíferos soterrados para níveis próximos à exposição superficial pela erosão. Com o soerguimento mesozóico, durante o Cretáceo Inferior, os diamantes foram mais uma vez transportados, agora em direção às novas bacias fluviais margeando a serra (C-Fig. 5.26), representando o início da formação das bacias do rios São Francisco (a oeste) e Jequitinhonha (a leste). Esta nova fase de transporte explica os depósitos de diamante que ocorrem nas imediações de Jequitaí, por exemplo, onde cerca de 98% dos espécimes encontrados possuem qualidade gemológica. Tais depósitos foram ainda novamente reciclados, formando lateritas durante o Mioceno (D-Fig. 5.26), fanglomerados de borda serrana no Plio-Pleistoceno (E-Fig. 5.26), colúvios (F-Fig. 5.26) e aluviões (G-Fig. 5.26) sub-recentes a recentes.

Não existe ainda, e provavelmente nunca será encontrada uma prova definitiva da origem do diamante da Serra do Espinhaço a partir de fontes distantes, na região do Cráton do São Francisco. Essa prova passaria pela descoberta, na área cratônica, de rochas ultrabásicas como kimberlitos e lamproítos, segundo o modelo clássico de colocação de tais rochas para os depósitos africanos e que encontra outros exemplos similares em diversas regiões do mundo. Como, porém, a porção cratônica do sudeste brasileiro, na sua maior parte, está recoberta pelos sedimentos do Grupo Bambuí, que podem atingir até 1.000 m de espessura, considera-se assim muito remota a possibilidade de se encontrarem chaminés preservadas daquelas rochas. No

Alto Paranaíba, a situação é inversa, demonstrando que chaminés diamantíferas ainda podem ser descobertas escondidas sob o intenso manto de solo presente.

O problema da gênese dos diamantes de Minas Gerais, envolto por um manto de dúvidas durante mais de dois séculos, certamente continuará ainda

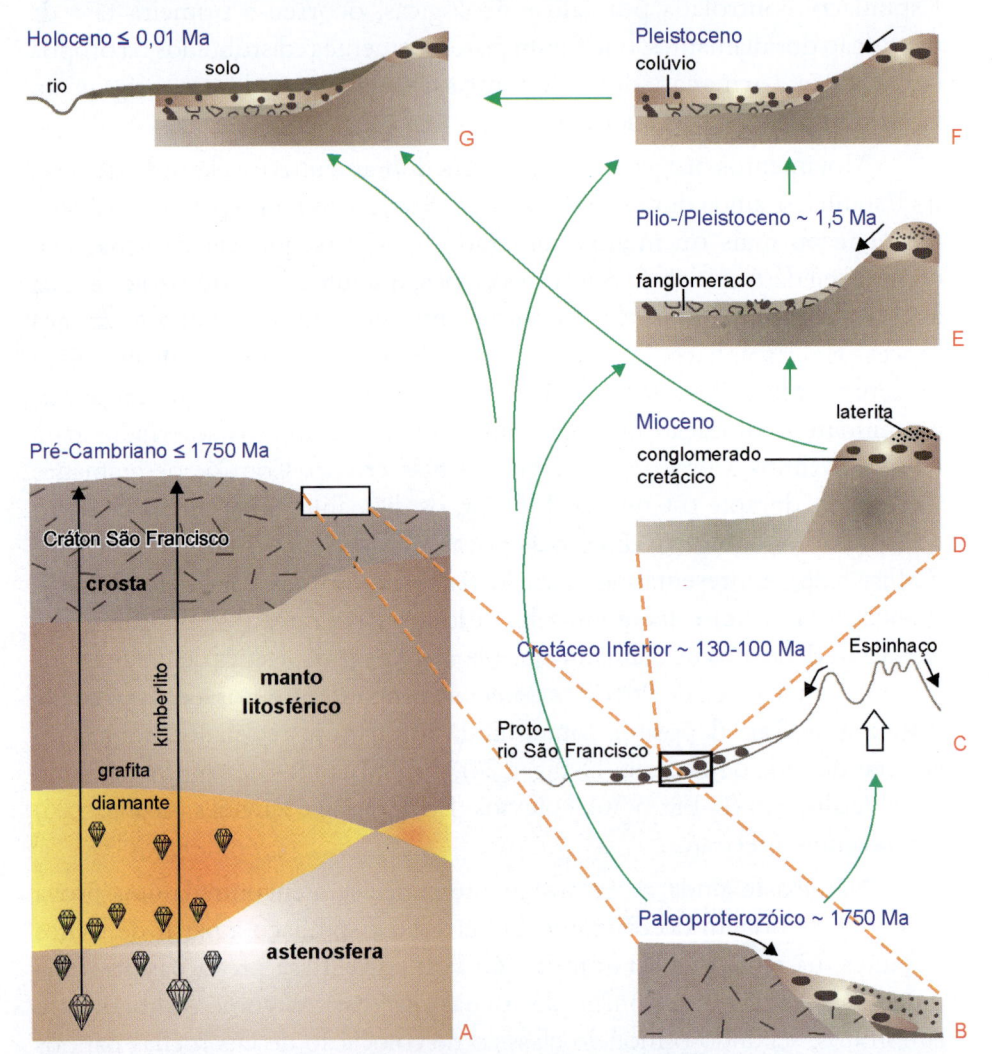

Fig. 5.26 *Esquema para a evolução geológica dos diamantes na Serra do Espinhaço desde sua fonte, no manto terrestre, e intrusão dos pipes no Cráton São Francisco (A). A partir da intrusão dos pipes, os diamantes foram seguidamente mobilizados para os sedimentos proterozóicos do Espinhaço (B), e destes para sedimentos mesozóicos (C), lateritas terciárias (D), fanglomerados plio-pleistocênicos (E), colúvios sub-recentes (F) e aluviões recentes (G); modificada de Chaves et al., 2001.*

por bastante tempo alvo de discussões. Este trabalho enfocou temas diversos, com o objetivo de se levantar esse manto. As respostas obtidas, no entanto, não serão suficientes para satisfazer o ponto central da discórdia: o real posicionamento das rochas-fonte primárias. No presente texto, a analogia com os processos biológicos ao se considerar o diamante como uma espécie mineral mais "forte" e, portanto, naturalmente capaz de melhor resistir aos processos destrutivos impostos com a evolução geológica, é uma tentativa no mínimo instigante para os que consideram os processos geológicos destituídos de "vida".

5.4 Aspectos econômicos gerais

O Estado de Minas Gerais destaca-se desde longa data no cenário produtor de diamantes do Brasil, o que o leva a ser um dos principais alvos prospectivos para rochas-fonte primárias. A partir da década de 1960, intensas campanhas de prospecção envolvendo levantamentos geofísicos, associados a pesquisas aluvionares para a detecção de minerais indicadores, foram realizadas em todo o território mineiro por dezenas de companhias nacionais e estrangeiras. Tais serviços levaram ao encontro de quase uma centena de corpos considerados kimberlíticos ou de rochas parentais, ainda que os resultados finais dessas pesquisas, na maior parte, permaneçam em segredo.

Principais depósitos em lavra

Durante a execução dos trabalhos de campo, levantamentos minuciosos a respeito dos dados econômicos também foram realizados, incluindo estatísiticas sobre a produção e os valores médios (em US$) atingidos pelas populações de diamantes examinadas. Esses dados serão relacionados a cada uma das principais regiões diamantíferas do Estado, abordadas na seguinte ordem: Serra do Espinhaço, Alto Paranaíba, Oeste São Francisco e Vargem Bonita (Serra da Canastra).

Serra do Espinhaço e adjacências

No contexto da Província da Serra do Espinhaço, as lavras ocorrem tanto nos depósitos "de serra" (conglomerados pré-cambrianos e depósitos eluvionares/ coluvionares derivados), como nos depósitos "de rio" (aluviões, lezírias e terraços antigos). No Distrito de Diamantina, durante os últimos vinte anos, serviços de mineração foram desenvolvidos em conglomerados das lavras Caldeirões e Lavrinha (Campo de Sopa-Guinda), Boa Vista, Cavalo Morto e Serrinha (Campo de Extração), Ingleses e Datas de Cima (Campo de Datas) e, Jo-bô e Campo Sampaio (Campo de São João da Chapada), embora nem sempre os operadores dos serviços atuassem como empresas de mineração legalizadas. Na realidade, é difícil na região uma perfeita distinção entre a mineração organizada e a garimpagem semi-mecanizada, pois as práticas de ambas são muito semelhantes.

Desta maneira, nenhum serviço "de serra" se enquadra na conceituação exata de empresa de mineração. A mina do Campo Sampaio, de grande potencial, operou regularmente até o final da década passada, porém encontra-se em estudos de viabilidade econômica. As minas de Boa Vista e Serrinha, que foram objeto de serviços mecanizados durante várias épocas distintas no século passado, foram prospectadas diversas vezes nos últimos anos, mas os altos investimentos necessários as têm tornado pouco atraentes. Assim, em todos esses locais, predominam os serviços de garimpagem, embora pouco econômicos, interessantes do ponto de vista social, por manterem ativa a mão-de-obra do "interior" dos municípios (Figs. 5.27 e 5.28).

Ainda de importância econômica expressiva, devem ser citados os depósitos aluvionares do rio Jequitinhonha, a jusante de Mendanha. No presente, duas mineradoras mantêm grandes dragas de alcatruzes no local: as companhias Tejucana e Rio Novo. A primeira, entretanto, desde que foi vendida pelo grupo belga Union Minière a um consórcio de mineradores de Diamantina (1997), atua de maneira intermitente, tendo adquirido um enorme passivo na área ambiental. A Mineração Rio Novo (Grupo Andrade Gutierrez), atua com duas dragas (Fig. 3.12), possuindo reservas importantes, porém com previsão de esgotamento nos próximos cinco anos.

Os depósitos das regiões de Grão Mogol, ao norte do Estado, e de Jequitaí-Francisco Dumont, bordejando ao norte a Serra do Cabral, pertencentes à Província do Espinhaço, têm sido lavrados exclusivamente por garimpagem. Em Grão Mogol, incluindo em menor parte os municípios de Cristália e Botumirim, as atividades garimpeiras dividem-se entre os depósitos coluvionares intra-serranos (os conglomerados pré-cambrianos não são mais trabalhados), nas cercanias dessas cidades, e os aluviões dos rios maiores, os

Na Serra do Espinhaço, os diamantes possuem uma padronagem geral "miúda" (Tabela 5.4), isto é, predominam largamente (>80%) as pedras do tipo 3/1 (três pedras para completarem 1 ct), sendo raros os diamantes com mais que 2 ct (<1%), e raríssimas as pedras de peso superior a 5 ct (<<0,1%).

Alto Paranaíba

A região do Alto Paranaíba, apesar do seu aspecto particularmente importante por produzir diamantes "gigantes" (pesando mais que 100 ct) com singular regularidade, ainda pode ser considerada pouco explorada em termos de lavra. Na realidade, constata-se uma situação paradoxal: todos os diamantes de grande quilatagem foram lavrados de depósitos aluvionares, em garimpos dirigidos e/ou bancados por pequenos e médios garimpeiros das muitas localidades envolvidas. Os grandes complexos mineradores internacionais, como os grupos De Beers e Rio Tinto, investiram nos últimos 30 anos vultuosas quantias na tentativa de descobrir a(s) fonte(s) primária(s) desses diamantes, aparentemente sem sucesso algum, não se importando com os pequenos serviços de garimpagem desenvolvidos em suas áreas de pesquisa.

Verifica-se uma situação que pouco tem se alterado nos últimos 100 anos: garimpos nos rios menores, mais fáceis de serem trabalhados, e nenhum investimento empresarial de vulto para lavras de porte mais significativo (como as existentes no rio Jequitinhonha), o que poderia ser realizado no rio Paranaíba (que é também produtor de pedras "gigantes" – Tabela 5.4), por exemplo, diamantífero sobre longo trecho na divisa de Minas Gerais com o Estado de Goiás. Os principais rios trabalhados na região de Coromandel (considerada a mais rica), de oeste para leste são o Douradinho, o Santo Inácio, o Santo Antônio do Bonito e o Santo Antônio das Minas Vermelhas. No rio Santo Antônio do Bonito, foram extraídos os maiores diamantes brasileiros (Tabelas 5.4 e 5.5).

Na região entre Romaria (ex-Água Suja) e Estrêla do Sul, os conglomerados cretácicos são lavrados desde fins do século XIX. O principal exemplo é a Mina de Romaria, que esteve em operação regular até a década de 1980 pela EXDIBRA, de São Paulo (Fig. 5.14), embora desde então suas atividades estejam completamente paralisadas. O rio Bagagem, correndo ao pé desta mina e com diversos serviços de garimpagem ao longo de todo o seu

Fig. 5.27 Lavra rudimentar nos conglomerados pré-cambrianos da região de Diamantina (Lavra Brumadinho, Campo de Sopa-Guinda). Foto: M. Chaves.

Fig. 5.28 Pequena lavra típica de aluvião intra-serrano, utilizando bomba para aspirar o cascalho e recuperação em sluices (bicas), no Córrego Curralinho (Campo de Extração). Foto: M. Chaves.

quais, por sua natureza encaixada em paredões quartzíticos, obrigam o uso de escafandros nos serviços (Fig. 5.29). Na porção norte da Serra do Cabral, destacam-se os serviços existentes nos fanglomerados de sua borda (Fig. 5.30), além dos colúvios largamente explorados em toda região do Espinhaço (Fig. 5.31), todos mantendo importantes parcelas das populações locais ativas.

Fig. 5.29 *(a) Pequeno serviço de lavra em aluvião intra-serrano, utilizando balsa e equipamento de escafandro para aspiração do cascalho mineralizado (rio Itacambiruçu, Grão Mogol). (b) Desenho esquemático da operação utilizando escafandro. Foto: M. Chaves.*

curso, destaca-se não somente por ter produzido grandes diamantes (Tabela 5.4), como pelos excelentes graus "médios" de cores obtidos dos lotes aí produzidos.

Oeste São Francisco

Esta província diamantífera abrange uma vasta região a oeste do rio São Francisco, onde, à semelhança do que ocorre na Província do Alto Paranaíba, nunca foram realizados serviços de mineração organizados. De modo análogo ao Alto Paranaíba, grandes grupos mineradores internacionais realizaram intensas campanhas de prospecção de fontes primárias, sem que qualquer resultado promissor tenha sido divulgado. Os principais rios diamantíferos

Tabela 5.4 *Os maiores diamantes reportados nas províncias da Serra do Espinhaço, Alto Paranaíba e Oeste São Francisco (fontes bibliográficas segundo as letras em sobrescrito).*

Província / Local		Maiores diamantes (e seu ano de descoberta) → (Ordem decrescente de grandeza, em quilates) →					
Serra do Espinhaço	Diamantina	64,4 [a] (1954)	58,0 [b] (1974)	54,0 [b] (1963-4)	49,8 [b] (1935)	38,0 [b] (1935)	37,5 [b] (1974)
	Grão Mogol	30,5 [c] (1840)	16,0 [e] (1940)	13,0 [e] (1968)	6,0 [e] (1979)	5,5 [e] (1988)	4,5 [e] (1993)
	Jequitaí	22,5 [e] (1972)	16,5 [e] (1955)	12,5 [e] (1999)	9,5 [e] (1983)	9,2 [e] (1994)	9,0 [e] (1972)
Alto Paranaíba	Coromandel	726,7 [d] (1938)	602,0 [e] (1994)	481,0 [e] (1998)	460,0 [d] (1939)	428,0 [d] (1940)	408,0 [d] (1940)
	Estrêla do Sul/Romaria	254,5 [d] (1853)	179,5 [d] (1909)	174,5 [d] (1954)	170,0 [d] (1994)	122,5 [d] (1857)	118,0 [d] (1929)
	Abadia dos Dourados	195,0 [d] (1925)	180,0 [d] (1934)	176,0 [d] (1947)	104,0 [d] (1938)	91,0 [d] (1940)	90,0 [d] (1940)
Oeste São Francisco	Rio Abaeté	354,0 [d] (1938)	198,0 [d] (1936)	182,0 [d] (1936-7)	173,0 [d] (1938)	165,5 [d] (1739)	144,0 [d] (1798)

Fontes: (a) Chaves & Uhlein (1991);   (c) Helmreichen (1846);   (e) Dados dos Autores.
         (b) Haralyi et al. (1991);   (d) Barbosa (1991);

5 Minas Gerais dos diamantes

Tabela 5.5 Os trinta maiores diamantes (não incluindo os agregados microcristalinos conhecidos como carbonados) encontrados no Brasil, destacando-se fortemente a presença das pedras encontradas na Província do Alto Paranaíba, em Minas Gerais.

Nome	Ano do achado	Peso (ct)	Local	Município/ Estado
Presidente Vargas	1938	726,7	Rio Santo Antônio do Bonito	Coromandel/MG
Santo Antônio	1994	602,0	Rio Santo Antônio do Bonito	Coromandel/MG
Goiás	1906	600,0	Rio Veríssimo	Mineiros/GO
(Sem nome formal)	1998	481,0	Rio Paranaíba	Coromandel/MG
Darcy Vargas	1939	460,0	Rio Santo Antônio do Bonito	Coromandel/MG
Charneca I	1940	428,0	Rio Santo Inácio	Coromandel/MG
Presidente Dutra	1949	408,0	Rio Douradinho	Coromandel/MG
Coromandel IV	1940	400,5	Rio Santo Antônio do Bonito	Coromandel/MG
Diário de Minas	1941	375,0	Rio Santo Antônio do Bonito	Coromandel/MG
Tiros I	1938	354,0	Rio Abaeté	Tiros/MG
Bonito I	1948	346,0	Rio Santo Antônio do Bonito	Coromandel/MG
Vitória II	1943	328,0	Rio Santo Antônio do Bonito	Coromandel/MG
Patos	1937	324,0	Rio São Bento	Quintinos/MG
(Sem nome formal)	1982	277,0	Fazenda Natália Vilela	Coromandel/MG
Vitória I	1942	261,0	Rio Santo Antônio do Bonito	Coromandel/MG
Estrêla do Sul	1853	254,5	Rio Bagagem	Estrêla do Sul/MG
Carmo do Paranaíba	1937	245,0	(Local desconhecido)	Carmo do Paranaíba/MG
Abaeté	1926	238,0	Rio Abaeté	Tiros/MG
Coromandel III	1936	228,0	Rio Santo Inácio	Coromandel/MG
João Neto	1947	201,0	Rio Paranaíba	Catalão/GO
Tiros II	1936	198,0	Rio Abaeté	Tiros/MG
(Sem nome formal)	1925	195,0	(Local desconhecido)	Abadia dos Dourados/MG
Tiros III	1936-37	182,0	Rio Abaeté	Tiros/MG
Coromandel I	1934	180,0	Rio Preto	Abadia dos Dourados/MG
Coromandel IV	1940	180,0	(Local desconhecido)	Coromandel/MG
Estrêla de Minas	1909	179,5	Mina de Água Suja	Romaria/MG
(Sem nome formal)	1941	176,0	Rio Paranaíba	Catalão/GO
Brasília	1947	176,0	Rio Preto	Abadia dos Dourados/MG
Tiros IV	1938	173,0	Rio Abaeté	Tiros/MG
Minas Gerais	1937	172,5	Rio Santo Antônio do Bonito	Coromandel/MG

Fig. 5.30 *Lavra rudimentar em depósito fanglomerático (observar os* boulders *quartzíticos), na borda norte da Serra do Cabral (localidade de Sete Léguas, nas proximidades de Francisco Dumont). Foto: M. Chaves.*

têm as suas nascentes no planalto da Mata da Corda, sendo mineralizados e garimpados praticamente ao longo de todos os seus percursos.

Nessa grande região, destacam-se, a sul, os serviços realizados nos rios Abaeté e seus afluentes Areado e São Bento, além dos rios Borrachudo e Indaiá. Na porção norte, foram verificados diversos garimpos nos rios do Sono (onde foram examinados lotes de diamantes) e da Prata, ambos afluentes do rio Paracatu, onde também foram constatados alguns pequenos serviços. A maior largura dos *flats* tem inibido a prática da garimpagem, embora tal fato possa estimular futuras operações de mineração em escala empresarial, com o uso de dragas de alcatruzes.

Vargem Bonita

Esta região constitui um distrito diamantífero de dimensões reduzidas, abrangendo diversas lavras nas cabeceiras do rio São Francisco (município de Vargem Bonita), e também nos rios Santo Antônio (Delfinópolis) e Samburá (São Roque de Minas, ex-Guia Lopes). Nestas duas últimas, os serviços encontram-se praticamente paralisados. Ainda no contexto da área, deve ser destacado o fato de que um corpo kimberlítico está sendo "testado" em São Roque de Minas, pelo grupo De Beers. Ao que parece, os resultados são bastante animadores, segundo informações verbais de geólogos da empresa.

Os serviços existentes na zona das cabeceiras do rio São Francisco, abaixo da Cachoeira Casca d'Anta (acima dela também ocorrem diamantes, mas a área está inserida no Parque Nacional da Serra da Canastra), apesar de serem considerados garimpos, deve-se destacar que, na realidade, eles constituem serviços bastante organizados, pois envolvem maquinários mais pesados (Figs. 5.19 e 5.20). Assim, como os depósitos em lavra constituem terraços altos deixados pelo rio São Francisco, tratores de esteira fazem o

Fig. 5.31 *Lavra em depósito coluvionar ("gorgulho"), que se caracteriza pela grande extensão, porém reduzida espessura (proximidades de Guinda, Diamantina). Foto: M. Chaves.*

decapeamento do solo estéril até atingir a camada de cascalho mineralizado, o qual é recuperado em caminhões que alimentam os jigues processadores do material.

Produção e valores agregados

Tendo em vista que os dados oficiais não refletem exatamente, ou até distorcem, os valores de produção e preços praticados pelo mercado, durante a execução dos trabalhos de campo nas diversas zonas diamantíferas de Minas Gerais foram realizadas entrevistas específicas, dirigidas aos componentes dos vários segmentos envolvidos nos processos de mineração e/ou garimpagem. Os dados obtidos (Tabela 5.6) são comparados com as informações oficiais mais recentes (Tabela 5.7), permitindo um quadro comparativo bastante razoável da situação geral desse setor no Estado.

Serra do Espinhaço e adjacências

Esta região, onde se destacam as zonas produtoras de Diamantina e do Médio Jequitinhonha, é responsável pela maior parte da produção estadual. Os levantamentos realizados em tais áreas indicam uma produção, em 1999, por volta de 80.000 ct/ano (Tabela 5.5), o que contrasta fortemente com a produção oficial de 34.075 ct obtida para todo Estado, onde os dados referem-se justamente às mesmas áreas (os dados relativos a 1990 também são contrastantes). Tais discrepâncias são facilmente explicáveis, pois os dados oficiais, na prática, só relacionam os valores de produção das firmas mineradoras (regularizadas) Tejucana e Rio Novo. Portanto, as informações oficiais serão consideradas de pouca utilidade.

Em ordem decrescente de importância, são relacionadas as áreas de Grão Mogol (incluindo o Baixo Jequitinhonha), Serra do Cabral e outras localidades diversas (como Serro, Santo Antônio do Itambé, Serra do Cipó, etc.), que correspondem a menos de 5% da produção da Província do Espinhaço (Tabela 5.6). Em termos de preços médios por quilate, destaca-se a produção específica da área de Jequitaí (150-200 US$/ct), onde o diamante é considerado de melhor qualidade, por ser "mais limpo", ou seja, livre de inclusões minerais e/ou jaças.

Toda a produção da zona do Alto Paranaíba é proveniente de garimpagem, portanto fugindo às estimativas oficiais, o que é desastroso para o Estado, tendo em vista os diamantes de alta quilatagem que periodicamente são produzidos. Cerca de 80% dessa produção provém das cercanias de Coromandel (rios Santo Inácio, Douradinho e Santo Antônio do Bonito), e, em menor parte, de Romaria-Estrêla do Sul (rio Bagagem), embora o incremento das atividades agropastoris (principalmente o cultivo de café), a cada ano torne menos importante o segmento minerador na região. Em valores de US$/ct, deve ser ressaltado o fato de que a produção de grandes diamantes e de pedras coloridas (muitos deles com mais de 50 ct, o que não ocorre no Espinhaço) faz saltarem de modo expressivo, para cima, seus preços médios

Tabela 5.6 *Produção estimada e valores médios dos diamantes nas principais zonas produtoras de Minas Gerais (dados obtidos em entrevistas com garimpeiros e comerciantes nos locais).*

Província	Região	1990 (em ct)	2000 (em ct)	Valores (US$/ct)
Serra do Espinhaço	Diamantina e Alto/Médio Jequitinhonha	150.000	80.000	100-120
	Grão Mogol e Baixo Jequitinhonha	20.000	4.000	80-100
	Serra do Cabral (Jequitaí)	6.000	500	180-200
	Outras localidades	4.000	500	100-120
	Total	180.000	85.000	
Alto Paranaíba	Coromandel	15.000	12.000	250-300
	Romaria-Estrêla do Sul	4.000	2.000	300-400
	Outras localidades	1.000	1.000	200-300
	Total	20.000	15.000	
Oeste São Francisco	Parte Norte (R. do Sono, etc.)	1.000	800	80-120
	Parte Sul (R. Abaeté, etc.)	3.000	1.500	200-250
(Serra da Canastra)	Vargem Bonita	3.000	1.000	250-300

(Tabela 5.6), mesmo com uma razoável presença de *borts* entre as populaçoes de diamantes locais.

Oeste São Francisco

Não apenas em termos geográficos, mas também de produção diamantífera, destaca-se a existência de duas zonas relativamente distintas na porção oeste do rio São Francisco. Na parcela ao sul (rios Abaeté, Indaiá e Borrachudo), as populações de diamantes se assemelham às do Alto Paranaíba, ocorrendo com freqüência pedras de alta quilatagem (algumas com mais de 40 ct) e mesmo coloridas. Na parcela norte da região (rios do Sono e Paracatu), os diamantes são assemelhados com aqueles da Serra do Espinhaço, sendo de porte reduzido (predomínio da faixa 3/1) e apresentam tonalidades amareladas, fazendo com que seus valores médios sejam mais reduzidos (Tabela 5.6).

Tabela 5.7 *Dados oficiais da produção diamantífera em Minas Gerais no período entre 1975 e 1998, observando-se a completa discrepância entre os dados governamentais e os prováveis valores autênticos. Nos anos de 1990, 1995 e 1998 são fornecidos os dados oficiais sobre os valores – em US$ – de tais produções.*

Ano	Produção (ct)	Ano	Produção (ct)	Ano	Produção (ct)	Ano	Produção (ct)
1975	70.959	1981	82.345	1987	203.900	1993	63.021
1976	75.938	1982	90.712	1988	77.992	1994	43.117
1977	64.642	1983	44.168	1989	200.000	1995	54.460 (US$ 6.822)
1978	72.755	1984	52.949	1990	56.692 (US$ 10.540)	1996	60.606
1979	81.941	1985	36.669	1991	296.694	1997	36.541
1980	80.547	1986	38.824	1992	41.055	1998	34.075 (US$ 3.330)

Fig. 5.32 *Diamante de qualidade gemológica e forma irregular, pesando 93 ct, encontrado no rio Santo Antônio do Bonito (Coromandel), por ocasião das pesquisas de campo na área por um dos autores (M. Chaves). Foto: M. Chaves.*

Fig. 5.33 *Diamante de qualidade industrial e forma irregular, com partes near gem, pesando 481 ct, encontrado no rio Paranaíba durante os trabalhos de campo de um dos autores na região (M. Chaves). Tal pedra é a terceira maior já descoberta no Brasil. Foto: M. Chaves.*

Fig. 5.34 *Um raríssimo caso de diamante (de forma octaédrica) pesando mais de 10 ct encontrado nas proximidades de Datas, região de Diamantina, em 1998. Foto: J. Karfunkel.*

Vargem Bonita

A pequena área produtora nos arredores de Vargem Bonita (Serra da Canastra), apesar dos valores totais relativamente pouco expressivos (Tabela 5.6), se destaca por seus diamantes bastante valiosos, de modo característico pelo achado freqüente de pedras com as cores D, E e F da escala do GIA (vide Tabela 3.7). A presença dessas cores, em geral muito raras entre os diamantes brasileiros, fez com que se introduzisse no cenário comercial brasileiro o termo "diamante tipo-Canastra", demonstrando assim os altos valores médios obtidos para a produção na área (entre 250-300 US$/ct).

Teores e grandes diamantes

Na Província do Espinhaço, existem diversos dados a respeito de teores (e reservas), embora estes sejam discutíveis em função das amostragens nas pesquisas, nem sempre envolvendo volumes adequados de rocha ou cascalho mineralizados. Nos conglomerados da Formação Sopa Brumadinho, tais teores são variáveis de um campo diamantífero para outro. Assim, no Campo de São João da Chapada, Moraes (1934) calculou o teor de um trecho da Lavra do Pagão em 1,75 ct/m^3, talvez o maior já encontrado para o Distrito de Diamantina. Na Lavra do Campo Sampaio, os teores médios variam entre 0,7-0,8 ct/m^3 (F. Tonole, 1986, comunic. verbal). No Campo de Datas, pesquisas exploratórias na Lavra dos Ingleses demonstraram um teor de 0,048 ct/m^3. Na Lavra Boa Vista (Campo de Extração), Haralyi & Svisero (1986) identificaram dois horizontes mineralizados: o inferior, com 0,143 ct/m^3, e o superior, com 0,009 ct/m^3. Em lavras próximas, como Serrinha e Cavalo Morto, os teores oscilam em torno de 0,05 ct/m^3 (Chaves, 1997). Os mais baixos teores do distrito se verificam no Campo de Sopa-Guinda, variando entre 0,03 ct/m^3 (Lavra dos Caldeirões) e 0,01 ct/m^3 (Lavrinha).

Nos aluviões da bacia do rio Jequitinhonha, os teores decrescem fortemente de montante para jusante, assim como o tamanho médio das pedras. Na parte alta do rio, diversas pesquisas indicaram teores variáveis entre 0,1-0,5 ct/m^3, ainda que sejam muito raros os depósitos totalmente virgens. Abaixo de Mendanha, os teores são progressivamente mais baixos, de maneira que, na área lavrada pela Mineração Rio Novo, são de 0,03 ct/m^3 (Fleischer, 1995) e na da Mineração Tejucana decrescem até 0,008 ct/m^3 (Dupont, 1991). Da mesma forma, este autor descreve a drástica diminuição da granulometria do diamante desde a localidade de Maria Nunes, a montante (3 pedras/ct), até o *flat* Leonel, cerca de 50 km a jusante (10-12 pedras/ct). Na região de Grão Mogol-Virgem da Lapa, a realimentação de diamantes no rio Jequitinhonha, causada pelo aporte de material das drenagens do Espinhaço Central, vai proporcionar o aumento dos teores para a faixa de 0,1-0,2 ct/m^3 em diversos trechos desse rio.

Em relação à Província do Alto Paranaíba, os dados são mais escassos. Na Mina de Romaria, o conglomerado basal da Formação Bauru apresenta teores entre 0,033-0,069 ct/m^3 (Feitosa & Svisero, 1984). Pesquisas nos aluviões do rio Santo Inácio, em Coromandel, resultaram em um teor de 0,05 ct/m^3 (Meyer *et al.*, 1991). No Garimpo da Gamela, no rio Paranaíba, Barbosa *et al.* (1970) obtiveram um teor de 0,03 ct/m^3. Na bacia do alto rio São Francisco, estes autores verificaram teores entre 0,04 e 0,10 ct/m^3 nos garimpos próximos de Vargem Bonita.

Grandes diamantes

Uma das principais discrepâncias envolvendo comparações entre populações de diamantes do Espinhaço e Alto Paranaíba são os achados periódicos, nesta última, de diamantes apresentando uma altíssima quilatagem (Tabelas 5.4 e 5.5). Nesse contexto, destacam-se os rios Bagagem, Santo Inácio, Douradinho, Paranaíba, Santo Antônio do Bonito e Santo Antônio das Minas Vermelhas, todos produziram diversas pedras com mais que 100 ct (Figs. 5.32 e 5.33). Os diamantes "gigantes" do rio Santo Antônio do Bonito, por exemplo, são dignos de nota não só por seus tamanhos excepcionais, como também pelo fato de, não se conhecendo sua rocha-fonte, abre-se um extenso campo para (novas) campanhas de prospecção na área. Alguns rios da bacia do São Francisco, em destaque os rios Indaiá, Abaeté e Borrachudo, também são notáveis pelo aparecimento freqüente de grandes diamantes. Na região do Espinhaço, além de pedras com mais de 100 ct estarem ausentes (Tabela 5.4), deve-se destacar que até hoje talvez não tenham sido achadas mais de 100 pedras na faixa entre 10 e 50 ct, durante quase 300 anos ininterruptos de mineração (Fig. 5.34).

6

A Indústria dos Diamantes nos Séculos XX e XXI e o Potencial Brasileiro

O mecanismo que propicia a comercialização dos quase 100.000.000 de quilates anuais de diamantes produzidos atualmente em todo mundo é bastante complexo, mesmo se entendendo o papel que nele a De Beers procura exercer. Na África Oriental, as intensas guerras entre países produtores ou mesmo entre facções tribais internas (são designados de "diamantes de sangue" – ou *conflict diamonds*, pela imprensa mundial) constituem fatores que trazem grande instabilidade ao mercado e oscilações dos níveis de produção. Mesmo assim, a quantidade de diamantes lavrados cresceu de forma vertiginosa, graças às entradas de países altamente "organizados" no *ranking* dos maiores produtores, como Austrália, Canadá e China.

6.1 Algo mais a respeito do "Sindicato" dos diamantes

Uma pequena história envolvendo o surgimento e a progressiva evolução da De Beers no controle da pesquisa, produção e comércio mundial dos diamantes foi enfocada no Capítulo 1. Para entender o complexo mecanismo que rege essa grande empresa e as interações que ocorrem entre seus diversos componentes até a comercialização final dos diamantes, é necessário que alguns termos na área de economia sejam devidamente esclarecidos, destacando-se os de concorrência, cartel, sindicato e união.

Assim, em uma concorrência, os cinco campos do exemplo mostrados na Fig. 6.1a representam firmas diferentes, por exemplo, de mineração de diamantes. Todas as firmas são independentes umas das outras em termos econômicos e de direito. O comportamento delas é variável, conforme demonstram as setas: produção, clientela, preços, etc. Como o diamante é classificado como um bem "não vital", a concorrência poderia levar a uma superprodução. O mercado não suportaria consumir uma grande quantidade de diamantes brutos e, sendo a oferta superior à procura, com os preços em queda, uma falência generalizada seria esperada.

Com a finalidade de evitar esse possível caminho da falência, as firmas do modelo poderiam definir um certo entendimento, para combinarem os preços de venda, ou mesmo determinar uma quantidade de produção, visando equilibrar oferta e procura, formando o cartel. As cinco firmas do modelo da Fig. 6.1b são totalmente independentes em termos econômicos e de direito; entretanto existe um contrato entre elas, conforme ilustra o retângulo externo.

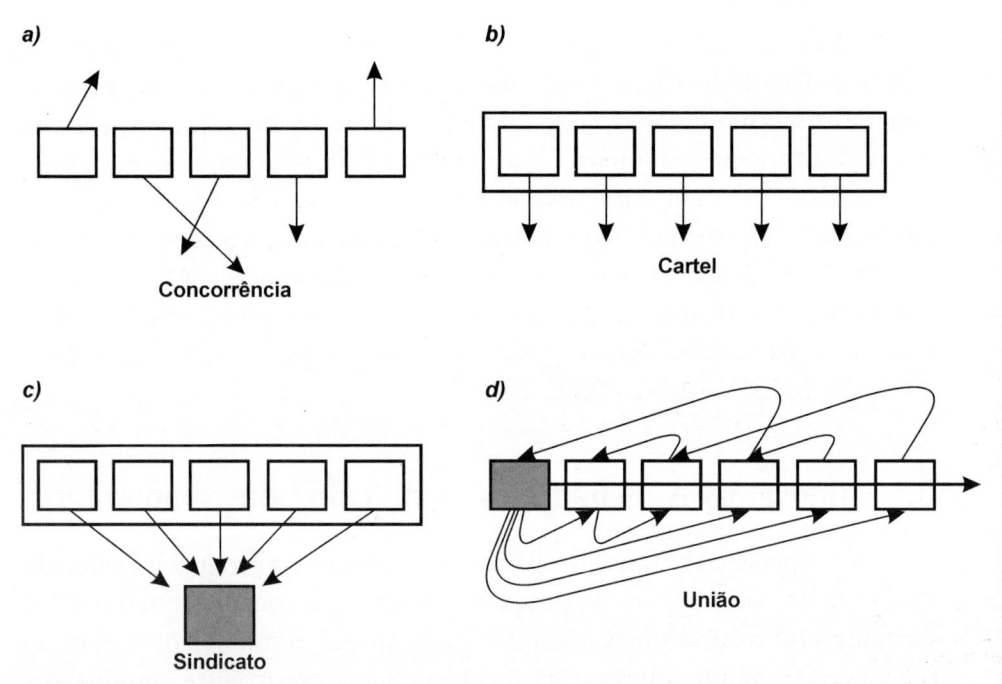

Fig. 6.1 *Esquema do modelo empresarial de: a) concorrência entre diversos grupos econômicos; b) para o modelo de cartel entre diversos grupos econômicos associados; c) para o modelo de formação de um sindicato entre diversos grupos econômicos; d) para o modelo de união entre diversos grupos econômicos.*

6 A indústria dos diamantes nos séculos XX e XXI e o potencial brasileiro   201

Tal contrato serve para evitar a concorrência mútua e as setas demonstram o comportamento semelhante de todas as firmas. Um tipo especial de cartel é o sindicato, no qual a venda final da produção é centralizada (Fig. 6.1c). Desta maneira, forma-se uma sexta firma centralizando a compra e venda dos diamantes brutos das demais firmas. O intermediário agora não negocia mais com as companhias fornecedoras de diamantes, mas exclusivamente com a sexta firma, também chamada de agência.

Evidentemente que, em termos práticos, a situação pode ser bem mais complexa. Assim, diversas firmas podem se fundir e formar uma companhia maior e mais forte. Existem ainda formas intermediárias entre a livre concorrência e a fusão completa, como as fornecidas pela união, ou *konzern* (Fig. 6.1d). No cartel, cada firma é totalmente independente em termos econômicos e de direito, enquanto na união a independência econômica é eliminada. Como existe uma participação de capital, o interesse das firmas é comum e ainda influenciado pela "firma superior" (em cinza). No modelo, colocaram-se as firmas uma ao lado da outra, não havendo o retângulo externo como no cartel; entretanto as flechas verdes e vermelhas demonstram sua participação no capital. A "firma superior" possui a maior parte das ações. O interesse e o comportamento comum das firmas é ilustrado pela flecha preta central (Fig. 6.1d).

De modo análogo ao anteriormente exposto, na produção e comércio mundial de diamantes brutos, existe uma associação entre as seguintes firmas que compõem o Grupo De Beers:

- De Beers Consolidated Mines Ltda.;
- Diamond Producer Association (DPA);
- Diamond Corporation (DC);
- Central Selling Organization (CSO).

Tal modelo empresarial constitui uma combinação entre união e sindicato. A complexidade desse ramo se desenvolveu durante a longa história da produção de diamantes desde a sua descoberta nos kimberlitos da África do Sul.

À esquerda do modelo, encontra-se a união representada pela Diamond Producers Association, evidentemente com mais do que cinco firmas. A firma superior é a De Beers Consolidated Mines Ltda. Uma das firmas da União é ainda sócia do cartel. No modelo, a firma representada no meio tem contrato também com companhias não pertencentes à união, chamadas de *outsiders*. Essa firma é a Diamond Corporation, que negocia, embora comandada pela união, com produtores de diamantes, de modo que toda a produção dos diamantes brutos é vendida pela sua central de vendas, a Central Selling Organization (CSO), sediada em Londres. Diamantes industriais e diamantes-gema andam por caminhos deferentes na CSO. A união em si é ainda integrada a uma imensa firma, a Anglo-American Corporation.

Como a CSO no cartel constitui também uma subcompanhia da união, a grande empresa (De Beers) domina grande parte dos diamantes brutos mundiais, e se responsabiliza por uma política de estabilidade, segundo a qual o preço dos diamantes deverá ser independente de oscilações resultantes da inflação mundial e ainda crescer de modo lento e permanente. Caso os preços subam rápido demais, o mercado poderia sofrer alterações pelo desequilíbrio entre oferta e procura. À política de estabilidade caminha ainda, paralelamente, uma política de reservas, constituída de parte dos lucros nas atividades estocados em forma de reservas. Caso exista uma superprodução dentro do próprio Sindicato, deverá ser reduzida, porém essa perda será superada pelas reservas acumuladas.

No comércio dos diamantes brutos, distinguem-se duas formas de preços:

- o preço regular do sindicato, em mercado fechado;
- o preço variável, no mercado aberto (livre).

No mercado fechado, apenas uns poucos compradores, cerca de 260, têm acesso à agência do sindicato (CSO). Essa é a famosa lista de compradores (os *buyers*), que podem pedir uma visão de remessa (*shipment sight*) mensalmente à CSO, entretanto, sem a anterior possibilidade particular de examinar os lotes de diamantes. Chegando à CSO, ao comprador se permite examinar, e comprar ou negar o lote; não se permite a escolha de uma certa parcela do mesmo. Caso o comprador não encomende mensalmente um certo lote, ou negue um mesmo lote diversas vezes, ele é excluído de modo automático da lista dos *buyers*. É exigido um pagamento adiantado e os menores lotes valem cerca de US$150.000.

No mercado livre, verifica-se também um número limitado de intermediários. Os compradores são geralmente proprietários de firmas lapidadoras de diamantes. Nesse mercado, os preços variam, em dependência da oferta/procura. Aqui não existem mais lotes grandes, apenas lotes médios e pequenos, de qualidades diferentes, ou mesmo pedras isoladas de alta qualidade e/ou maior tamanho.

Durante a década de 1980, pelo porte da nova descoberta australiana (Argyle) em associação com a queda mundial no preço dos diamantes, a posição da De Beers foi ameaçada seriamente. Após quase um século de especulação com diamantes do mundo inteiro, os preços que haviam chegado a um pico máximo, durante a década de 1970, começaram a declinar. Desse modo, um diamante lapidado de padrão D/IF com 1 ct, que chegou a valer US$66.000 no início de 1980, teve seu preço reduzido para US$18.000 (junto com a baixa nos preços do ouro, de US$850/onça, para cerca de US$300/onça). A Austrália não possuía tradição ou experiência em diamantes, além do fato da alta percentagem de diamantes industriais presentes, pelo menos em parte, precisou se associar à De Beers. Assim, tal mega-empresa recebe via-DTC para venda a maior parte dos diamantes gemológicos da Austrália, permitindo que o país comercialize 25% dos seus diamantes no mercado livre.

Pelo exposto, parecia que novas descobertas de diamantes no mundo e o mercado livre de gemas não deveriam ser capazes de ameaçar seriamente a posição da De Beers no futuro, graças à esperteza inicial de Rhodes e à política mineral proposta por Oppenheimer, levando a um exemplo único no mundo das pedras preciosas. Entretanto, outros novos fatores entraram em cena na década de 1990, destacando-se três deles:

• a queda do comunismo na ex-União Soviética (os antigos membros do regime "desovaram" no mercado-negro europeu uma enorme quantidade de diamantes que estavam escondidos em seu poder);

• o pico da produção da mina de Argyle na Austrália, que ao final da década extraía cerca de 40.000.000 ct/ano;

• as guerras civis em países africanos de grande produção, como Angola, Congo (ex-Zaire) e Serra Leoa, cujas produções internas tornaram-se descontroladas, e na maior parte serviam para alimentar as próprias guerras através da venda desses diamantes nos mercados negros europeu e asiático. Tais fatores estão obrigando a De Beers a rever toda sua estratégia de operação, tendo em vista que seu controle sobre a produção mundial provavelmente tenha descido a menos de 50%, segundo os dados de 2002.

6.2 A indústria mundial e o contexto brasileiro

A gemologia reconhece que o mercado mundial de pedras preciosas em estado bruto é constituído por dois tipos de mercadorias, cujas estrutura e funcionamento seguem rumos radicalmente distintos: os diamantes e as pedras coradas, isto é, os outros materiais gemológicos que não os diamantes.

A maior parte da produção de diamantes é controlada por algumas poucas e grandes empresas mineradoras, e os preços são sustentados pelo controle da quantidade e qualidade das pedras em relação à sua procura, função fundamentalmente desempenhada pelo Grupo De Beers. As pedras coradas são extraídas em operações em geral pequenas, de baixo custo, sem produtores dominantes e os preços respectivos são determinados pela oferta e procura livres.

A produção mundial por ano de diamantes em estado bruto, atualmente, atinge um volume próximo de 110 milhões de quilates, correspondendo ao valor de cerca de 7 bilhões de dólares. Os mecanismos de mercado desse segmento industrial incorporam características únicas, pois o mercado de diamantes em bruto é dominado pela De Beers, que exerce um (quase) monopólio de forma eficiente há muitas décadas, um fenômeno único, conforme explicado.

A maioria das pedras ditas comerciais estão na faixa de peso entre 0,3 e 1,0 ct; diamantes muito grandes são raríssimos e os processos de comercialização que os envolvem obedecem a leis totalmente independentes desse mercado consumidor (Tabela 6.1).

Uma outra face da questão, quanto à confiança entre os diversos operadores, consiste na existência efetiva de barreiras à entrada de novos participantes nas indústrias do segmento. As indústrias do diamante constituem uma "grande família" com regras próprias. Assim, teria sido impossível aos Autores deste livro conseguir uma série de informações, se não estivessem de alguma forma envolvidos com muitas pessoas desse sistema de "iniciados".

O segmento industrial do diamante em nível mundial

Os diamantes e as outras pedras ditas preciosas possuem algumas características que as diferenciam de outros produtos minerais: (a) ao contrário da maioria dos outros bens minerais, suas classificações são complexas, em

6 A indústria dos diamantes nos séculos XX e XXI e o potencial brasileiro

Tabela 6.1 Os dez maiores diamantes lapidados do mundo

Nº	Nome	Peso (ct)	Forma	Cor	Origem	Local atual
1	Cullinan I	530,20	Pear shape	Incolor	África do Sul	Coroa britânica
2	Incomparable	407,48	Pear shape	Amarelo	África do Sul	Colecionador, EUA
3	Cullinan II	317,40	Cushion cut	Incolor	África do Sul	Coroa britânica
4	Grão Mogol	280,00	Rose cut	Incolor	Índia	Desconhecido
5	Nizam	277,00	Dome cut	Incolor	Índia	Colecionador, Índia
6	Grande Mesa	250,00	Rectangular cut	Rosa	Índia	Desconhecido
7	Indiano	250,00	Pear cut	Incolor	Índia	Desconhecido
8	Jubileu	245,35	Cushion cut	Incolor	África do Sul	Colecionador, França
9	De Beers	234,50	Round	Amarelo	África do Sul	Colecionador, Índia
10	Cruz Vermelha	205,00	Square cut	Amarelo	África do Sul	Desconhecido

virtude do grande número de combinações possíveis das suas propriedades com influência no seu valor; (b) o valor unitário das pedras é muito elevado; (c) as pedras preciosas têm uma "mitologia" própria, que só encontra algum paralelo no ouro e na prata. Essas características tornam as pedras preciosas uma mercadoria especial, bastante diferente de uma *commodity* mineral. São mercados fechados, com pouca informação disponível, acessíveis apenas aos "iniciados", ao contrário, por exemplo, do ouro e do petróleo.

O modelo mundial mais conhecido na indústria dos diamantes é designado de *diamond pipeline*. A sua importância reside na divulgação que a De Beers procura lhe dar. Trata-se de um modelo bem simples, utilizado sobretudo para ilustrar as atividades em que a empresa está presente no processo, desde a prospecção do mineral até a sua comercialização final como jóia. A divulgação desse modelo pela De Beers e a sua simplicidade tornaram-no comum na indústria, mais como sinônimo do próprio segmento industrial do que como um instrumento de ação (Fig. 6.2).

Outros modelos mais elaborados de funcionamento da grande indústria do diamante também são divulgados. De maior abrangência, servem para ilustrar com detalhe o fluxo dos diamantes nas diversas etapas desse segmento produtivo (Figs. 6.3 e 6.4). Chambel (2000) reconheceu dez fases básicas no setor industrial, envolvendo a grande indústria do diamante:

- Prospecção – com geologia básica e aplicada, negociação política e financiamento.
- Desenvolvimento da mina – com engenharia, avaliação do depósito e do valor da população de diamantes a ser extraída, negociação política e financiamento.
- Explotação da mina – com avaliação das gemas e *marketing* de comercialização.
- Intermediação dos diamantes em bruto – com a (re)avaliação das gemas e transação das mesmas.
- Lapidação dos diamantes – com criação de *designs*, *marketing* e financiamentos específicos.
- Intermediação dos diamantes lapidados – através de bolsas de diamantes e certificação da real qualidade do "produto".
- Indústria da joalheria – com *marketing*, *design* e certificação próprios.
- Intermediação do produto no setor da joalheria.
- Comércio das jóias com diamantes.
- Mercado secundário de jóias com diamantes.

Antes da descoberta dos diamantes brasileiros, na primeira metade do século XVIII, toda a produção mundial de diamantes era oriunda de aluviões da Índia. Os "novos" achados em Minas Gerais trouxeram a primeira grande revolução a nível mundial no setor e, com as novas jazidas sul-africanas encontradas por volta de 1870, iniciou-se a "Era Moderna" da indústria dos diamantes. A disponibilidade de volumes crescentes da gema, associada ao simultâneo aumento do rendimento da burguesia na Europa e Estados Unidos, o surgimento de uma entidade com vontade e capacidade para controlar o mercado em bruto, o reconhecimento da existência de novos tipos de depósitos de diamantes – os kimberlitos, são fatos marcantes desta nova era.

O final da Segunda Guerra Mundial, com uma profunda alteração dos equilíbrios de poder e a reconstrução das economias destruídas pelo conflito, marca o início de uma nova ordem econômica (e política) mundial. A democratização do rendimento econômico nas sociedades ocidentais e, mais tarde, nas economias asiáticas, propiciaram um novo salto qualitativo. Tais fatos tiveram impacto profundo na evolução das indústrias de mineração de diamantes. Embora sem a distância no tempo que permite distinguir os fatos com importância estrutural daqueles com impacto momentâneo, evidenciam-

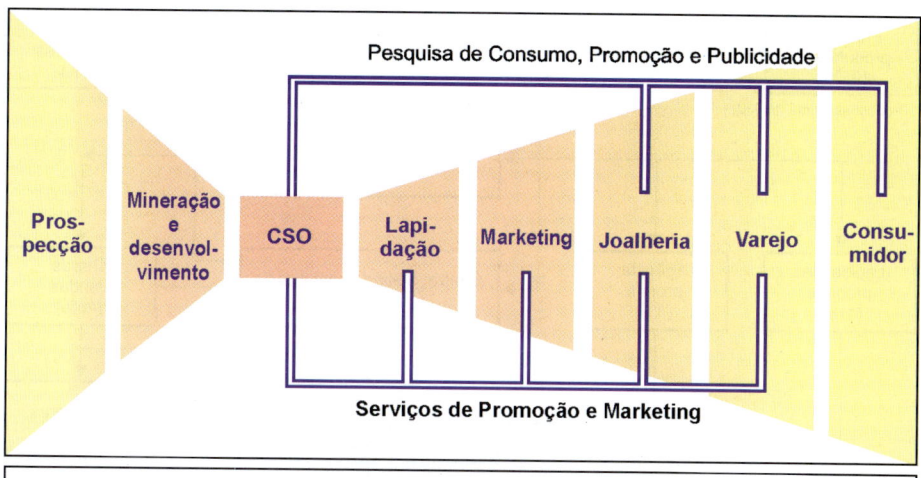

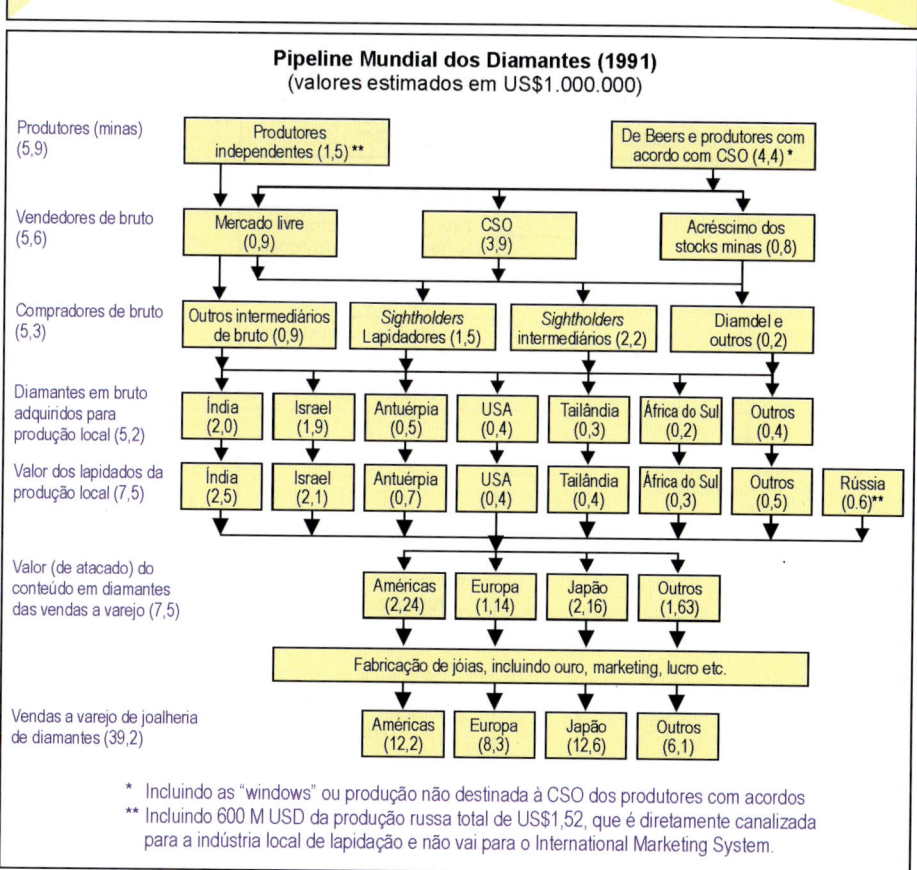

Fig. 6.2 *O modelo do pipeline dos diamantes, conforme a De Beers, e o fluxo dos diamantes (com valores) ao longo da linha de industrialização (modificado de Chambel, 2000).*

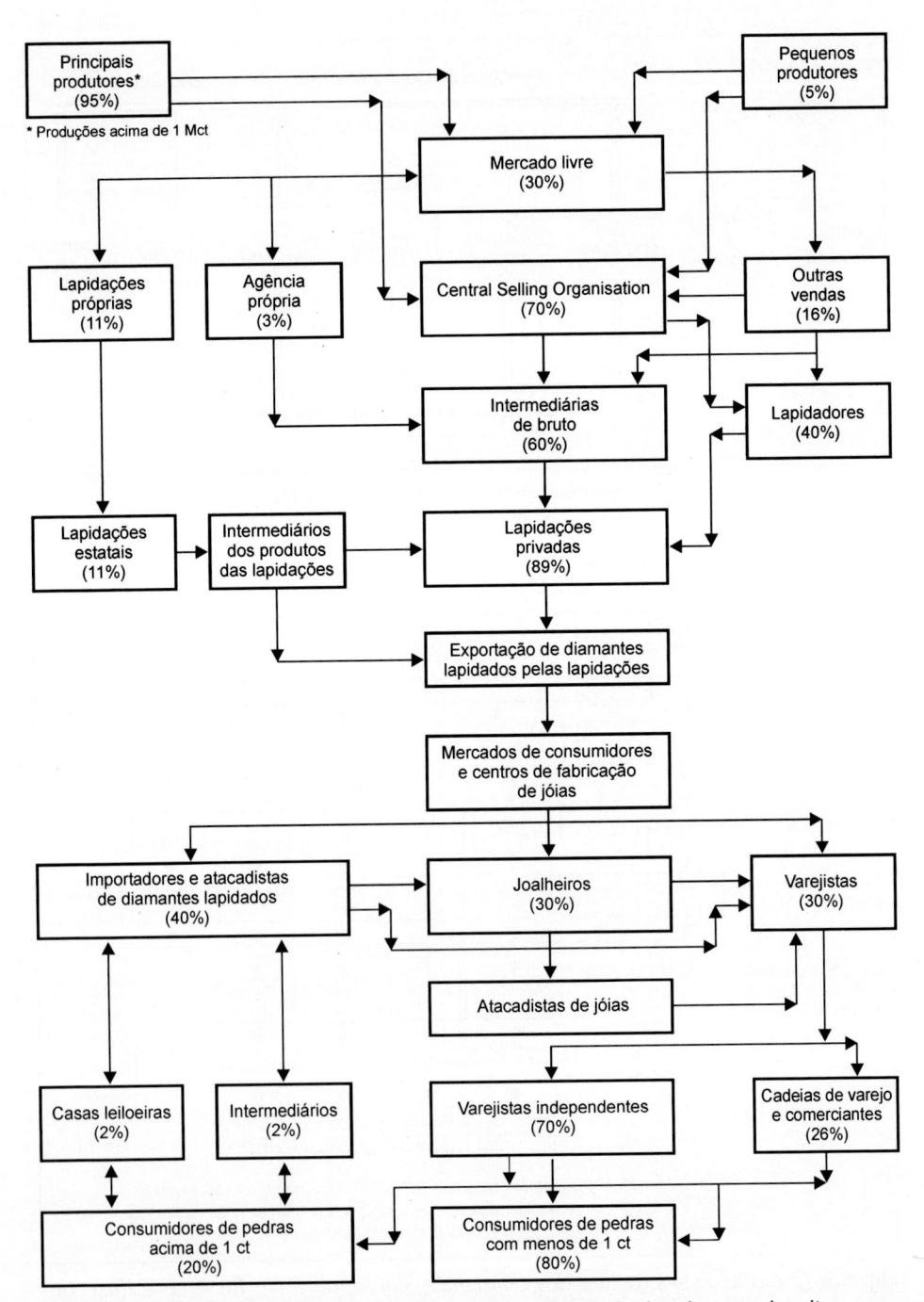

Fig. 6.3 *Outro modelo esquemático, mostrando os fluxos da distribuição dos diamantes em termos percentuais de valores envolvidos (EIU, 1982).*

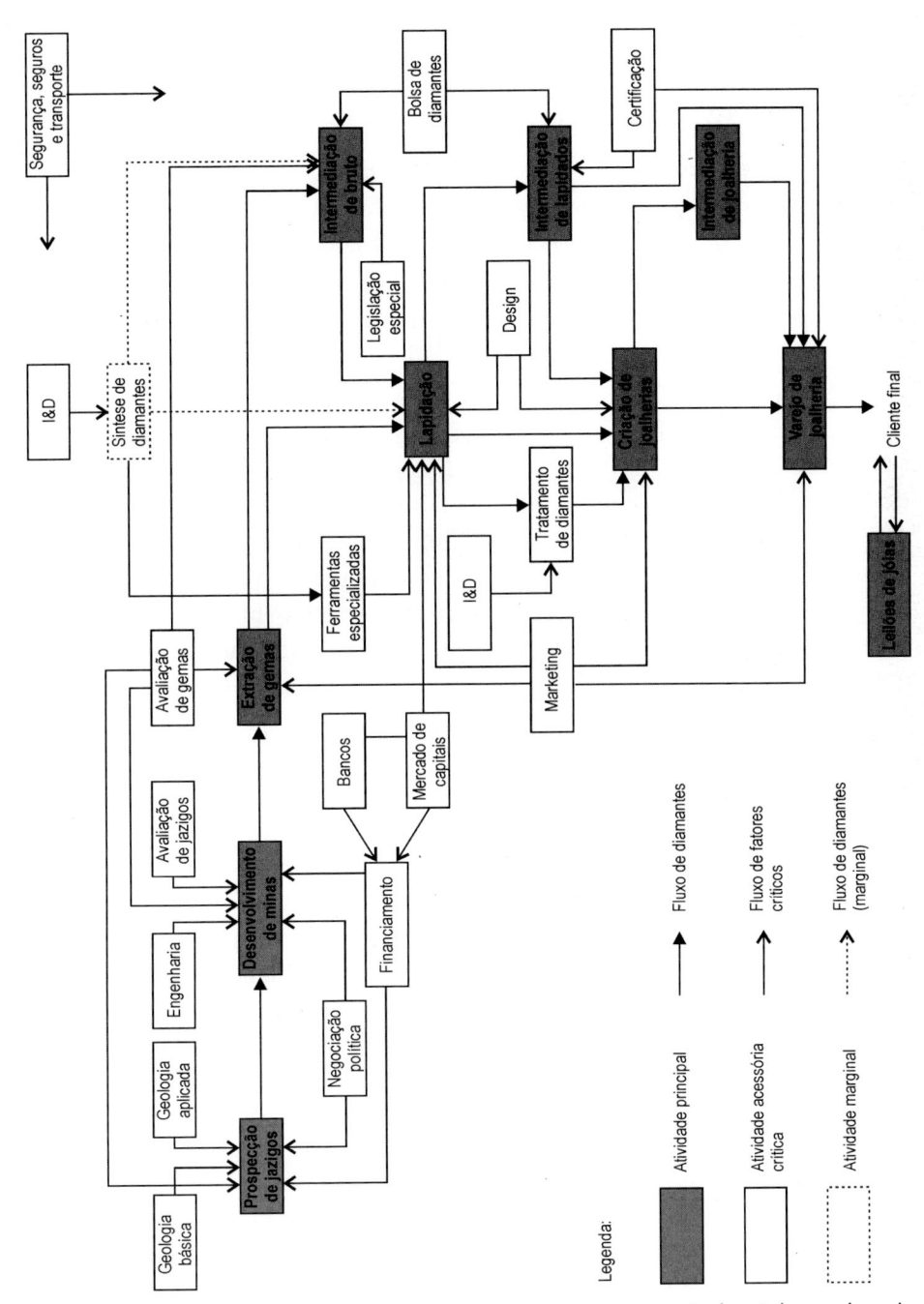

Fig. 6.4 *Esquema da modelagem geral proposto para o segmento industrial, envolvendo os diamantes desde a descoberta de corpos primários até sua comercialização na joalheria (Chambel, 2000).*

se alguns, cuja importância no desenvolvimento futuro da indústria pode ser importante:

• a evolução interna da De Beers;

• a generalização da síntese de diamantes de qualidade gemológica, competitivos em preços e qualidade, o surgimento de novas imitações e de tratamentos de difícil detecção em diamantes naturais;

• a diferenciação dos diamantes, através de um processo de *branding*, isto é, uma certa "marcação" que confira aos lotes (e depois às próprias pedras individualizadas) um certificado de proveniência.

Na atualidade, os maiores produtores individuais de diamantes são a Austrália, seguida por Botswana, Rússia, Congo, República Sul-Africana, Angola e Namíbia. Na Tabela 6.2, divulgada pela De Beers, o Brasil está junto à América do Sul, embora provavelmente responda por cerca de 80-90% do valor ali divulgado (1,7 milhões de quilates em 1996). As razões, provavelmente, devam-se ao fato de que os outros produtores do continente (Venezuela e Guiana) têm suas áreas diamantíferas próximas às fronteiras com o Brasil, havendo assim muita "passagem" de diamantes de um lado para outro em função do mercado e situação interna desses países, impossibilitando qualquer controle rígido sobre estatísticas de produção.

O contexto nacional

O Brasil desempenhou um papel histórico na indústria de extração e consumo de diamantes. Quando os primeiros depósitos foram descobertos em Diamantina (MG), as fontes indianas encontravam-se perto da exaustão. De 1730 a 1870, o Brasil foi o primeiro produtor mundial de diamantes, com uma atividade mineradora tão ativa que o nível da oferta do produto fez seu preço despencar em cerca de 70% ao final da primeira década de produção. Tal produção sofreu ainda um acréscimo importante a partir de 1850, depois de um período de estagnação, com a descoberta dos conglomerados de Diamantina e dos depósitos da Chapada Diamantina (Bahia). O esgotamento desses depósitos levou a uma situação de procura não satisfeita de diamantes em bruto nos principais centros de lapidação a partir do final da década de 1860, justamente quando começaram a ser produzidos os primeiros diamantes sul-africanos.

Mesmo tendo perdido desde aquela época o seu papel central na produção mundial de diamantes, há que se destacar que o Brasil é ainda um produtor significativo, com um volume anual próximo de um milhão de quilates. O desconhecimento geológico do País pode ser bem ilustrado com a recente descoberta da Província de Juína, ao norte do Mato Grosso. Nessa área erma, na borda da floresta amazônica, desde o início da década de 1990 produz-se a maior parte dos diamantes brasileiros (aluvionares), com grandes possibilidades de encontro de *pipes* kimberlíticos altamente mineralizados. Em Cacoal (Rondônia), na mesma província, no início da presente década (2000), a imprensa noticia com freqüência os novos depósitos descobertos em terras dos índios Cinta-Larga (Fig. 6.5).

Urge que se encontre um caminho para que a produção brasileira ganhe um salto quantitativo e qualitativo. O sistema de garimpos está superado em termos econômicos, fora o fato dos grandes danos ambientais que eles causam. Todas as áreas tradicionalmente produtoras, como as regiões de Diamantina, Grão Mogol e do rio Abaeté, em Minas Gerais, de Diamantino e Nortelândia, no Mato Grosso, e de Lençóis e Andaraí, na Bahia, encontram-se em processo acelerado de estagnação econômica, com as zonas rurais "ricamente"

Fig. 6.5 *Os recém-descobertos depósitos de diamantes de Cacoal (Rondônia), em plena floresta Amazônica. A grande imprensa tem alardeado o seu grande potencial, além dos descontroles fiscal e ambiental, mas são ainda necessários estudos técnicos e acadêmicos para explicar a natureza e reais reservas desses depósitos.*

País	Descobrimento	Início da produção significante	% Produção aluvionar	1870	1880	1890	1900	1910	1920	1930	1940	1950	1960	1970	1980	1990	1996	Ranking
Índia	Antigüidade	Antigüidade	100					147						20.000	14.000	15.000	18.000	-
Brasil	1714	1729	100	2.000						115.000	325.000	200.000	350.000	300.000	667.000	1.500.000	*1.200.000	8°
África do Sul	1867	1870	10-20	200.000	3.140.000	2.504.726	2.113.000	4.807.056	2.533.896	3.163.590	543.474	1.747.868	3.146.000	8.112.000	8.520.000	8.708.000	10.200.000	5°
Namíbia	1908	1909	100					891.397	295.831	415.047	30.017	488.422	935.000	1.865.000	1.560.000	761.000	1.400.000	7°
Guiana (ex-Inglesa)	1890	1921	100					3.808	39.362	110.042	26.764	37.462	101.000	61.000	10.000	8.000	*15.000	-
Congo (Zaire)	1907	1917	90						315.000	2.519.300	9.603.000	10.147.471	13.453.000	14.087.000	10.235.000	19.427.000	21.900.000	2°
Angola	1912	1921	95								784.270	538.867	1.058.000	2.395.000	1.480.000	1.300.000	3.800.000	6°
Gana	1919	1925	100								825.000	950.000	3.273.000	2.550.000	1.258.000	637.000	700.000	9°
Tanzânia	1910	1945	0								6.222	164.996	537.000	708.000	274.000	85.000	100.000	-
Rep. Centro-Africana	1914	1947	100								16.000	111.407	80.000	482.000	342.000	381.000	600.000	10°
Guiné	1932	1950	100								75.000	126.346	1.117.000	74.000	38.000	135.000	500.000	11°
Serra Leoa	1930	1935	100								750.000	655.474	1.962.000	1.955.000	592.000	78.000	200.000	-
Venezuela	1901	1955	100								14.525	60.389	71.000	509.000	721.000	333.000	*450.000	12°
Costa do Marfim	1929	1960	100										200.000	213.000	sd	12.000	sd	-
Libéria	1930	1958	0										977.000	812.000	298.000	100.000	sd	-
Botswana	1966	1970	0											464.000	5.101.000	17.352.000	17.700.000	3°
Lesotho	1958	-	0											17.000	54.000	sd	sd	-
Rússia (URSS)	1829	1960	100											7.850.000	10.850.000	15.000.000	16.900.000	4°
Indonésia (Bornéu)	Antigüidade	-	5											20.000	15.000	30.000	sd	-
Austrália	1851	1981	?												48.000	34.662.000	42.000.000	1°
China	1955	?	?												900.000	1.000.000	sd	-
Suazilândia	1973	-	0													42.000	sd	-
Outros										3.000	17.225	3.000	420.000	sd	sd	sd	700.000	-
Total por ano				304.500	3.140.000	2.504.726	2.113.000	5.702.318	3.184.089	7.530.028	13.016.497	15.231.702	27.680.000	42.495.000	42.977.000	101.566.000	118.900.000	

Tabela 6.2 Produção mundial de diamantes através dos tempos, incluindo no final o ranking dos 12 maiores produtores atuais. (Fonte: até 1990, Levinson et al., 1992; *Estimativas dos Autores para a América do Sul).

diamantíferas em estado de pobreza extrema, o que não deixa de ser uma situação deveras paradoxal.

A lapidação brasileira de diamantes também se encontra em declínio acentuado. Atualmente ela está concentrada em Petrópolis (Estado do Rio de Janeiro), com pólos menores em Franca (São Paulo), na cidade do Rio de Janeiro, e em Belo Horizonte, Diamantina e Estrela do Sul, estes três últimos em Minas Gerais. Também surpreende o processo de estagnação e retrocesso desse setor, pois, pelo que se sabe, até a década de 1960 funcionavam, somente em Diamantina, diversas grandes indústrias lapidadoras, cada qual empregando mais de 30 funcionários.

6.3 As reservas conhecidas e o potencial de Minas Gerais

No Estado de Minas Gerais são reconhecidas cinco principais zonas diamantíferas, três delas de grande superfície (as "províncias") e duas de menor porte ("distritos"), conforme esquematizado nas Figs. 4.1 e 4.2, e com dados produtivos na Fig. 6.6. Nesse contexto, não obstante o enorme tempo em que seus depósitos são alvo de serviços de lavra, as reservas podem ainda ser consideradas muito mal conhecidas. Nos estudos efetuados, foram levantados os principais aspectos geológicos dessas zonas diamantíferas, permitindo conhecer seus diferentes graus de prospectividade para o encontro de novos depósitos, em consonância com as mais recentes pesquisas no campo da geotectônica.

Deve-se levar em conta que, nos estudos de viabilidade econômica de depósitos minerais gemológicos, não só seus teores devem ser calculados, como também os preços médios por quilate alcançados pelo mineral. Tais valores podem ser estipulados, tendo-se em vista o levantamento de grandes lotes do mineral. Para o caso do diamante, como toda a produção tem um determinado valor (ao contrário de outros materiais gemológicos, com razoável parcela da produção descartada como refugo), tais levantamentos estatísticos tornam-se de ainda de maior valia, a exemplo do que foi feito nas regiões da Serra do Espinhaço e do Alto Paranaíba, e no rio do Sono (Oeste São Francisco).

Na região da Serra do Espinhaço deve ser ressaltado que os depósitos aluvionares de maior porte, como os dos rios Jequitinhonha (incluindo sua bacia juvenil captadora de águas na serra) e Paraúna, encontram-se perto da

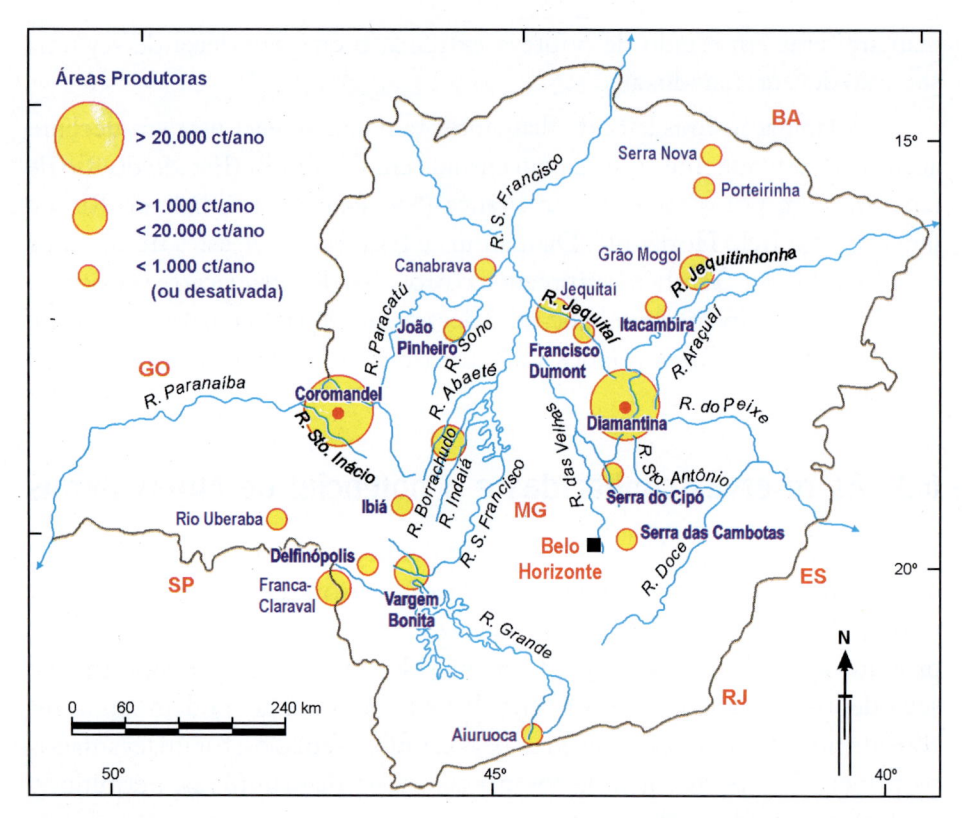

Fig. 6.6 *Principais províncias, distritos e campos diamantíferos de Minas Gerais, com círculos de diferentes magnitudes representando as suas relativas faixas de produção de diamantes em 2000.*

total exaustão. Além disso, provavelmente nos próximos dez anos as mineradoras Rio Novo e Tejucana (ou outras que venham) deverão ter paralisado suas atividades, pelo também esgotamento das reservas do médio Jequitinhonha. Entretanto, enormes volumes de conglomerados pré-cambrianos ainda permanecem pouco explorados, destacando-se os depósitos das áreas de Extração (lavras Boa Vista e Serrinha) e de São João da Chapada (lavras Campo Sampaio e Campo de São Domingos).

Os conglomerados cretácicos da Serra do Cabral (Fig. 5.11), a oeste do grande espigão serrano do Espinhaço, foram prospectados pela COMIG entre 1996 e 1998, logo após um dos autores deste livro (M. Chaves) e colaboradores terem relatado o seu potencial diamantífero (Chaves *et al.*, 1994; Karfunkel & Chaves, 1995). Ainda que grandes reservas de conglomerado tenham sido dimensionadas, o potencial econômico desses depósitos torna-se restrito na medida em que seus teores são baixos e existem dificuldades de abastecimento de água para uma possível lavra. Nessa mesma região, porém, deve ser destacado que o rio Jequitaí recebe o maior volume das águas da Serra do Cabral e encontra-se ainda praticamente inexplorado sobre uma grande área desde Francisco Dumont até Jequitaí.

Na Província do Alto Paranaíba, enfoque especial deve ser dado à existência de dezenas de corpos kimberlíticos (ou parentais), grande parte deles nas proximidades de Coromandel (na Fig. 6.7). Pelo menos um deles mostrou ser mineralizado, o *pipe* Três Ranchos-4, situado no Estado de Goiás, próximo à divisa com Minas Gerais, embora a SOPEMI, do grupo De Beers, que ali realizou exaustivas pesquisas, não revele dados exatos. Atividades de pesquisa detalhada em vários corpos são comumente presenciados em trabalhos de campo na área (Fig. 5.16), sem resultados revelados. Constata-se, porém, o

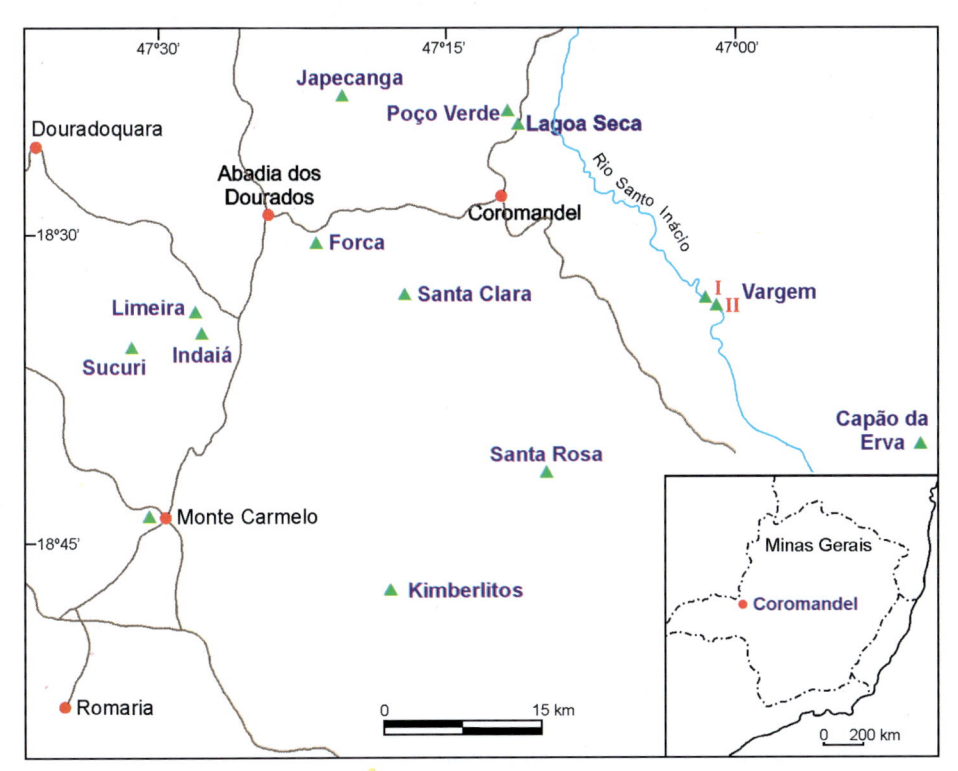

Fig. 6.7 *Principais corpos kimberlíticos localizados na região de Coromandel, Província do Alto Paranaíba. Todos são considerados estéreis.*

reduzido porte desses corpos, o que já levou Chaves (1991) a levantar a possibilidade dos mesmos estarem em sua zona de raiz (conforme Fig. 3.4), onde os teores em geral são mais baixos, conforme analogia com os bem conhecidos *pipes* africanos. A Fig. 6.8 apresenta a forma das partes aflorantes de vários desses kimberlitos do Alto Paranaíba (Limeira, Indaiá, Sucuri e Vargem), comparando-os com os *pipes* sul-africanos Premier e Mwadui, ressaltando-se a enorme diferença de porte verificada entre os mesmos.

Nas regiões menores, como Vargem Bonita e Franca (SP)-Claraval, ao sul do Estado (Figs. 4.1 e 4.2), a situação parece ser a mesma que no Alto Paranaíba. Diversos corpos kimberlíticos são conhecidos, mas os resultados das pesquisas são mantidos em sigilo. Em relação à província do Oeste São Francisco, porém, sua enorme área e também o fato dos depósitos serem ainda pouco explorados, fazem com que seu potencial diamantífero seja bastante promissor. O encontro periódico de grandes diamantes, muitos deles coloridos, e sua situação geotectônica peculiar, na zona central do Cráton do São Francisco, permitem acreditar que o encontro de chaminés kimberlíticas (ou lamproíticas) mineralizadas seja uma questão de tempo, ou de investimentos especialmente dirigidos para esse fim. Mesmo os depósitos aluvionares, como nos rios Abaeté e Indaiá, possuem longos trechos mal conhecidos, e o rio Paracatu, pelo seu porte, poderia ser alvo de dragagem em grande escala como a que ocorre no rio Jequitinhonha.

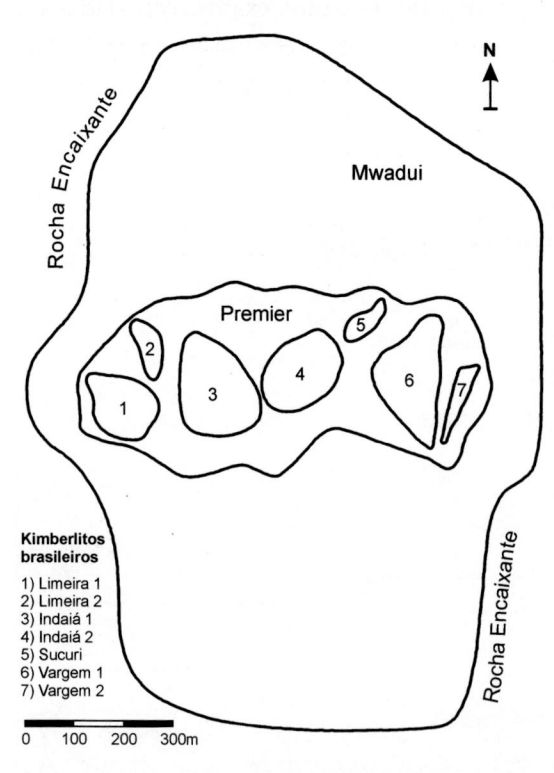

Fig. 6.8 *Comparação esquemática dos limites superficiais das partes aflorantes entre alguns kimberlitos que ocorrem na Província do Alto Paranaíba, com dois kimberlitos sul-africanos (Mwadui e Premier), largamente mineralizados em diamantes.*

7
Considerações Finais

O mercado mundial do diamante natural movimenta em torno de 50 bilhões de dólares anualmente. Os dados geológicos, mineralógicos e gemológicos fornecidos ao longo deste livro servem para ressaltar a importância tanto histórica como atual, mostrando que o *glamour* do diamante está presente de modo sólido no imaginário das pessoas por uma série de condicionantes não só físicas como também psicológicas. Temos visto que os diamantes "gigantes" são muito raros na natureza (na Tabela 7.1 são fornecidos os dez maiores diamantes já encontrados no mundo), mas os valores que as gemas alcançam no mercado mundial transcendem em muito os valores baseados unicamente nos seus portes. Assim, na Tabela 7.2, observamos alguns diamantes (lapidados) vendidos por joalherias famosas ao longo dos últimos 25 anos, e as cifras astronômicas alcançadas na sua comercialização final.

O Brasil, ainda que possua um mercado pouco expressivo para jóias com diamantes, pode ser considerado de bastante importância no setor não só por suas características históricas, como também pelos aspectos geológicos altamente promissores ao achado de novos depósitos. Neste aspecto, relembremos os recentes achados de Juína (MT) e Cacoal (RO) (Fig. 6.5). Particularizando o Estado de Minas Gerais, vimos que as duas principais províncias produtoras de diamantes – Serra do Espinhaço e Alto Paranaíba – possuem peculiaridades tais que permitem ressaltar seus significados e reafirmar que essas regiões ainda podem e devem encorajar estudos adicionais em termos técnicos e também acadêmicos. Ressalte-se ainda o fato, assinalado no capítulo anterior, do grande potencial também da Província do Oeste São Francisco, tendo em vista o possível ou mesmo provável encontro de *pipes* férteis.

Em relação à Província do Espinhaço, destaca-se também a ocorrência de uma altíssima proporção de diamantes gemológicos em relação aos industriais, em geral maior de 80%, porém chegando localmente a até 98%. Além disso, existe uma grande freqüência de diamantes na faixa de 1 ct, que são justamente os mais procurados no segmento de joalheria mais "popular" (após lapidados, tais pedras devem pesar na faixa entre 0,4-0,5 ct). A Fig. 7.1, efetuada sobre um lote de diamantes do ex-comerciante Víctor Chinês, de Diamantina, ilustra as pedras do tipo 4:4, isto é, próximos de 1 ct, comuns na região. Um outro aspecto marcante entre as populações de diamantes do Espinhaço é o fato de que, mesmo entre as pedras classificadas como industriais, existe uma alta proporção (± 50%) de "quase-gemas" (Fig. 7.2), um termo que o mercado adotou para caracterizar os diamantes que podem ser lapidados "fora" do circuito da escala do GIA (ou outras), produzindo jóias de mais baixo custo. São em geral pedras amarelas ou amarronzadas,

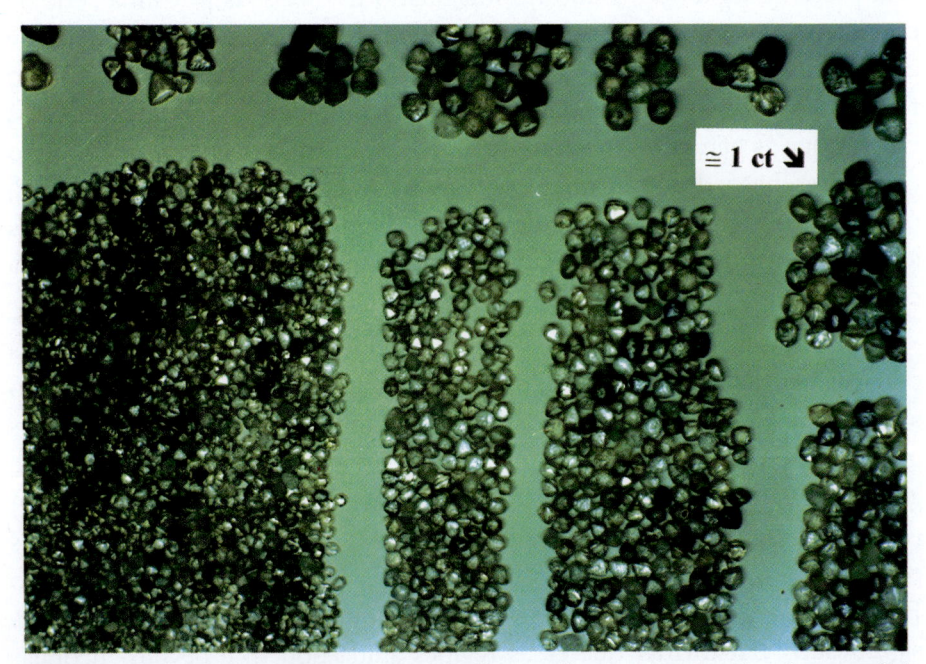

Figura 7.1 *Lote de diamantes de qualidade gemológica, comercializado na cidade de Diamantina, com as pedras apresentando pesos em torno de 1 ct (padrão comercial 4:4).*

muitas vezes com inclusões significantes, mas que se prestam à indústria joalheira de caráter ainda mais popular, pois tais pedras podem possuir valores até 200% inferiores aos normalizados pelas escalas comerciais.

Na Província do Alto Paranaíba, ainda que a proporção de diamantes gemológicos seja bastante inferior (± 50%), destaca-se o encontro dos diamantes "gigantes", dentre os quais pode ser destacado o "Presidente Vargas", pesando em bruto 726,6 ct (Fig. 1.8). Esta pedra, descoberta no rio Santo Antônio do Bonito, em Coromandel (sua história foi contada no Capítulo 1.6), é a sétima maior já encontrada em todo mundo (Tabela 7.1), embora sua qualidade inferior não tenha permitido a obtenção de gemas de porte descomunal (comparar com a Tabela 6.1). Ainda a este respeito, deve ser novamente citado que durante pesquisas de campo na década de 1990, foram registrados os achados de um diamante gemológico com 93 ct (no mesmo rio dos achados anteriores – Fig. 5.33), e um outro pesando 481 ct, encontrado no rio Paranaíba (neste último predominava o tipo industrial, porém com alguns pedaços lapidáveis – Fig. 5.34).

Figura 7.2 *Lote de diamantes de qualidade considerada industrial, comercializados na cidade de Diamantina, com diversas pedras do tipo quase-gemas.*

Os aspectos anteriormente discutidos revelam a importância do estudo ora realizado. Minas Gerais permanece como um grande centro produtor de diamantes, que pode ter seus números ampliados a partir do momento em que as pequena e média indústrias mineradoras tenham linhas próprias de financiamento, atuando paralelamente tanto na lavra de áreas aluvionares reconhecidamente diamantíferas, como na pesquisa de alvos primários. A situação do garimpo semi-mecanizado deve ser revista (não a do garimpeiro "clássico", aquele que sai pela manhã de casa com sua peneira, só voltando à noite depois de caminhar muitas "léguas" – conforme o seu próprio palavreado – Fig. 7.3), na medida em que os danos ambientais gerados são profundos. Por último, sugere-se a criação de centros ecoturísticos voltados para a própria memória da atividade mineradora, que poderiam aproveitar a fleuma de cidades históricas como Diamantina, Datas, Serro e Grão Mogol, e não só cultuariam essa atividade tri-secular, como também preservariam para a posteridade a sua importância.

Tabela 7.1 *Os dez maiores diamantes em estado bruto já produzidos em todo o mundo (não incluídos os espécimens "gigantes" de carbonados encontrados na Chapada Diamantina, Bahia), destacando o brasileiro Presidente Vargas com 726,60 ct.*

Ordem	Nome	Peso (ct)	Ano	Local
1	Cullinan	3.106,75	1905	República Sul-Africana
2	Excelsior	995,20	1893	República Sul-Africana
3	Star of Sierra Leone	968,80	1972	Serra Leoa
4	Zale	890,00	1984	África (local desconhecido)
5	Great Mogul	787,50	1650	Índia
6	Woyie River	770,00	1945	Serra Leoa
7	Presidente Vargas	726,60	1938	Minas Gerais, Brasil
8	Jonker	726,00	1934	República Sul-Africana
9	Reitz	650,80	1895	República Sul-Africana

Tabela 7.2 *Valores alcançados por alguns extraordinários diamantes lapidados, incolores e coloridos, nos últimos 25 anos.*

Cor	Peso (ct)	Ano	Valor (US$)	US$/ct	Loja/Local de venda	Observações
Incolor	21,54	1980	1.300.000	60.350	Sotherby's, Saint Moritz (França)	Lapidação pérola.
	62,42	1994	5.248.850	84.000	Sotherby's, Geneve (Suíça)	Lapidação coração, cor D, pureza IF, record mundial de um diamante neste corte.
	100,10	1995	16.548.750	165.300	Sotherby's, Geneve (Suíça)	Lapidação pérola, cor D, pureza *Flawless*, apelidado "The Star of the Season".
Fancy cor-de-rosa	4,97	1979	305.000	61.300	Christie's, New York (USA)	
	20,00	1994	7.400.000	377.500	Christie's, Geneve (Suíça)	Lapidação retangular, record mundial de um diamante róseo neste corte.
	5,65	1995	1.982.500	350.900	Sotherby's, New York (USA)	Lapidação marquise.
Fancy azul	3,48	1977	125.982	36.200	Christie's, Geneve (Suíça)	
	20,17	1994	9.000.000	446.200	Sotherby's, New York (USA)	Pureza VS2.
	13,49	1994	7.482.500	554.700	Christie's, New York (USA)	Azul profundo, lap. retangular, pureza IF, record mundial de um diamante azul.
Fancy amarelo canário	11,59	1979	310.000	26.750	Sotherby's, Geneve (Suíça)	
	10,37	1994	870.000	83.900	Sotherby's, Geneve (Suíça)	Lapidação "em degrau", pureza VVS2.
	9,05	1995	772.500	85.350	Sotherby's, New York (USA)	Lapidação pérola, pureza IF.

Figura 7.3 Uma justa homenagem final ao homem-garimpeiro do Brasil e sua notável perseverança (Garimpo no Ribeirão de Datas, em 1995). Foto: A. Liccardo.

Figura 7.4 Lote de diamantes de qualificação gemológica, comercializado na cidade de Diamantina, com pedras pesando em torno de 1 ct (padrão comercial 4:4). Foto: J. Karfunkel.

Referências Bibliográficas

ABREU, S. F. *Recursos minerais do Brasil*. Rio de Janeiro: Instituto Nacional de Tecnologia, 1960. v. 1.

ANDRADA E SILVA, J. B. de. "Mémoire sur les diamants du Brésil", in: *Annales de Chimie et Physique*, 15. Paris, 1792.

BAHIA, R. B. C. & RIZOTO, G. J. "Geologia de kimberlitos da bacia do rio Machado, região sudeste de Rondônia", in: Congresso Brasileiro de Geologia, 37. São Paulo, 1992.

BALAZIK, R. "Gemstones", in: *Mineral Information 1997*. Washington, U.S.: Geological Survey, 1998.

BARBOSA, O.; BRAUN, O. P. G.; DYER, R. C. & CUNHA, C. A. B. R. "Geologia da região do Triângulo Mineiro", in: *Boletim DNPM/DFPM*, 136. Rio de Janeiro, 1970.

BARBOSA, O. *Diamante no Brasil: histórico, ocorrência, prospecção e lavra*. Brasília: CPRM, 1991.

BARDET, M. G. *Géologie du diamant. Deuxième partie: gisements de diamant d'Afrique*. Paris: Mémoires du B.R.G.M., 83, 1974.

BIZZI, L.; SMITH, C. B.; MEYER, H. O. A.; ARMSTRONG, R. & DE WIT, M. J. "Mesozoic kimberlites and related alcalic rocks in the Southwestern São Francisco craton, Brazil: a case for local mantle reservoirs and their interaction", in: Fifth International Kimberlite Conference, Araxá, 1991, v. 1. Brasília: CPRM, 1994.

BURTON, R. *Explorations of the highlands of the Brazil with a full account of the gold and diamond mines*. London: Tinsley Brothers, 1869. 2 v.

CALÓGERAS, J. P. *As minas do Brasil e sua legislação*. Rio de Janeiro: Imprensa Nacional, 1904.

CARVALHO, M.S.; AKABANE, T.; TESSER, M.A. & SILVA FILHO, L.T. "Depósitos de diamante da Fazenda Camargo, Nortelândia, Mato Grosso", in: SCHOBBENHAUS, C.; QUEIROZ, E. T. & COELHO, C. E. S. (eds.). *Principais depósitos minerais do Brasil*. Brasília: DNPM/CPRM, 1991. v. IV-A.

CASSEDANNE, J. P. "Diamonds in Brazil", in: *Mineralogical Record*, 20. Tucson: The Mineralogical Record, Inc., 1989.

CENSIER, C. & TOURENQ, J. "Crystal forms and surface textures of alluvial diamonds from the western region of the Central African Republic", in: *Mineralium Deposita*, 30. Berlin: Springer-Verlag, 1995.

CHAMBEL, L. *Discussão duma estratégia para a fileira dos diamantes em Portugal*. Lisboa: Instituto Superior Técnico, 2000. (Tese.)

CHAVES, M. L. S. C. "Metaconglomerados diamantíferos da Serra do Espinhaço Meridional (Minas Gerais)", in: *Revista de Geologia*, 1. Fortaleza: Universidade Federal do Ceará, 1988.

CHAVES, M. L. S. C. "Seqüências cretácicas e mineralizações diamantíferas no Brasil Central: considerações preliminares", in: *Geociências*. Rio Claro: UNESP, 1991.

CHAVES, M. L. S. C. & UHLEIN, A. "Depósitos diamantíferos da região do Alto/Médio rio Jequitinhonha, Minas Gerais", in: SCHOBBENHAUS, C.; QUEIROZ, E. T. & COELHO, C. E. S. (eds.). *Principais depósitos minerais do Brasil*. Brasília: DNPM/CPRM, 1991. v. IV-A.

CHAVES, M. L. S. C. & SVISERO, D. P. "Características geológicas e origem dos conglomerados diamantíferos das regiões de Diamantina (Mesoproterozóico) e de Romaria (Cretáceo Superior), Minas Gerais", in: *Boletim IG-USP, Série Científica*, 24. São Paulo, 1993.

CHAVES, M. L. S. C.; DUPONT, H.; KARFUNKEL, J. & SVISERO, D. P. "Depósitos diamantíferos de Minas Gerais: uma revisão", in: *Anais do Simpósio Brasileiro de Geologia Do Diamante, 1*. Cuiabá: UFMT, 1993.

CHAVES, M. L. S. C.; KARFUNKEL, J. & PENA, J. L. M. "Depósitos coluviais diamantíferos da região de Jequitaí-Francisco Dumont, Minas Gerais", in: *Boletim de Resumos Expandidos do Congresso Brasileiro De Geologia*, 38. Balneário Camboriú: SBG, 1994. v.1.

CHAVES, M. L. S. C. *Geologia e mineralogia do diamante da Serra do Espinhaço em Minas Gerais*. São Paulo: Universidade de São Paulo, 1997. (Tese.)

CHAVES, M. L. S. C. & SVISERO, D. P. "Uma proposta para a classificação mineralógica de diamantes naturais", in: *Geociências*, 19. Rio Claro: UNESP, 2000.

CHAVES, M. L. S. C.; KARFUNKEL, J.; HOPPE, A. & HOOVER, D. B. Diamonds from the Espinhaço range (Minas Gerais, Brazil) and their redistribution through the geologic record. Journal of South American Earth Sciences, 14. Amsterdam: Elsevier, 2001.

CHAVES, M. L. S. C.; KARFUNKEL, J.; UHLEIN, A.; ARANHA, P. R.; ADDAD, J. E. & SVISERO, D. P. Integração dos dados geológicos, mineralógicos e gemológicos sobre o diamante no Estado de Minas Gerais. Relatório Final de Projetos de Pesquisa. Belo Horizonte: FAPEMIG, 2001.

CHIEREGATI, L. A. *Aspectos mineralógicos, genéticos e econômicos das ocorrências diamantíferas da região nordeste do Paraná e sul de São Paulo*. São Paulo: IG/USP, 1989. (Dissertação.)

COMIG. *Perfil da Economia Mineral do Estado de Minas Gerais*. Belo Horizonte, 1999.

CLIFFORD, T.N. "The structural framework of Africa", in: CLIFFORD, T. N. & GLASS, I. G. (eds.). *African magmatism and tectonics*. Edinburgh: Oliver and Boyd, 1970.

COLLINS, A. T. "Colour centres in diamond", in: *Journal of Gemmology*, 18. London: Gemmological Association of Great Britain, 1982.

DAWSON, J. B. "Geochemistry and origin of kimberlite", in: WYLLIE, P. J. (ed.), *Ultramafic and Related Rocks*. New York: John Wiley, 1967.

DAWSON, J. B. "Advances in kimberlite geology", in: *Earth-Science Reviews*. Amsterdam: Elsevier, 1971.

DERBY, O. A. *Contribuições para o estudo da geologia do vale do São Francisco*. Rio de Janeiro: Museu Nacional, 4, 1878.

DERBY, O.A. "Modes of occurrence of the diamond in Brazil", in: *American Journal of Science*, 24. New Haven: Yale University, 1882.

DUPONT, H. "Jazida aluvionar de diamante do rio Jequitinhonha em Minas Gerais", in: SCHOBBENHAUS, C.; QUEIROZ, E. T. & COELHO, C. E. S. (eds.) *Principais depósitos minerais do Brasil*. Brasília: DNPM/DPRM, 1991. v. IV-A.

ESCHWEGE, W. L. von *Pluto Brasiliensis*. Berlin: Reimer, 1833. (Tradução D. F. Murta, Pluto Brasiliensis. Belo Horizonte: Itatiaia/EDUSP, 1979.

FEITOSA, V. M. N. & SVISERO, D. P. "Conglomerados diamantíferos da região de Romaria, MG", in: Congresso Brasileiro de Geologia, 33, Rio de Janeiro: SBG, 1984, v. 10.

FELÍCIO DOS SANTOS, J. *Memórias do Distrito Diamantino da Comarca do Serro Frio (Província de Minas Gerais)*. Rio de Janeiro: Typographia Americana, 1868.

FERSMAN, A. von & GOLDSCHMIDT, V. *Der Diamant*. Heidelberg: Carl Winters, 1911.

FLEISCHER, R. "Prospecção e economia do diamante da Serra do Espinhaço", in: *Geonomos*, 3. Belo Horizonte: UFMG, 1995.

FRANCO, R. R. "As principais áreas diamantíferas do Brasil", in: *Mineração & Metalurgia*, 39. São Paulo: Ed. Scorpio, 1975.

FREISE, F. W. "The diamond deposits on the upper Araguaia River, Brazil", in: *Economic Geology*, 25. Littleton: The Society of Economic Geologists, 1930.

GAAL, R. A. P. *The diamond dictionary*. Santa Mônica: Gemmological Institute of America, 1977.

GONZAGA, G. M. "Diamantes da região sul do Estado do Piauí: quais são suas origens?", in: Simpósio Brasileiro de Geologia do Diamante, 1. Cuiabá: UFMT, 1993.

GONZAGA, G.M. & TOMPKINS, L. A. "Geologia do diamante", in: SCHOBBENHAUS, C.; QUEIROZ, E. T. & COELHO, C. E. S. (eds.). *Principais depósitos minerais do Brasil*. Brasília: DNPM/CPRM, 1991. v. IV-A.

GONZAGA, G. M.; TEIXEIRA, N. A. & GASPAR, J. C. "The origin of diamonds in western Minas Gerais, Brazil", in: *Mineralium Deposita*, 29. Berlin: Springer-Verlag, 1994.

GORCEIX, H. "Diamonds in Brazil", in: *Brazilian Mining Review*, 1. Ouro Preto: Escola de Minas, 1902.

GUIMARÃES, D. "Princípios de metalogênese e geologia econômica do Brasil", in: *Boletim DNPM/DFPM*, 121. Rio de Janeiro: DNPM, 1955.

GURNEY, J. J. "Diamonds", in: International Kimberlite Conference, 4, Perth, 1986. *Proceedings...* Perth: Geological Society of Australia, 1989.

HAGGERTY, S. E. "Superkimberlites: a geodynamic diamond window to earth's core", in: *Earth and Planetary Science Letters*, 122. Amsterdam: Elsevier, 1994.

HARALYI, N. L. E. & SVISERO, D. P. "Geologia e análise estatística do diamante da Mina da Boa Vista, Diamantina-MG", in: *Anais do Congresso Brasileiro De Geologia*, 34. Goiânia: SBG, 1986. v. 6.

HARALYI, N. L. E. "Os diamantes de Juína, Mato Grosso", in: SCHOBBENHAUS, C.; QUEIROZ, E. T. & COELHO, C. E. S. (eds.). *Principais depósitos minerais do Brasil*. Brasília: DNPM/CPRM, 1991. v. IV-A.

HARALYI, N. L. E. & RODRIGUES, L. P. "Considerações sobre a utilização do diamante de "casca" verde e marrom em paleogeotermometria", in: *Resumos Expandidos do Congresso Brasileiro de Geologia*, 7. Boletim de São Paulo: SBG, 1992. v. 2.

HARLOW, G. E. "What is diamond?", in: Harlow, G. E. (ed.), The Nature of diamond. Cambridge: University of Cambridge, 1998.

HARRIS, J. H.; HAWTHORNE, J. B.; OOSTERVELD, M. M. & WEHMEYER, E. "A classification scheme for diamond and a comparative study of South African diamond characteristics", in: *Physics and Chemistry of the Earth*, 9. New York: Pergamon Press, 1975.

HARRIS, J. W.; HAWTHORNE, J. B. & OOSTERVELD, M. M. "Regional and local variations in the characteristics of diamonds from some southern african kimberlites", in: BOYD, F. R. & MEYER, H. O. A. (eds.). *Kimberlites, diatremes and diamonds: their geology, petrology, and geochemistry*. Washington: American Geophysical Union, 1979.

HAWTHORNE, J. B. "Model of a kimberlite pipe", in: *Physics and Chemistry of the Earth*, 9. New York: Pergamon Press, 1975.

HELMREICHEN, V. von. *Über das Geognostische Vorkommen der Diamanten und ihre Gewinnungsmethoden auf der Serra do Grão Mogor*. Wien: Braunmüller & Seidel, 1846. (Tradução E. C. Renger - F. E. Renger, *Contribuições à Geologia do Brasil*. Belo Horizonte: Fundação João Pinheiro, 2002).

HELMSTAEDT, H. H. "Natural diamond occurrences and tectonic setting of "primary" diamond deposits", in: *Diamonds: exploration, sampling and evaluation*. Proceedings of a short course. Toronto: Prospectors and Developers Association of Canada, 1993.

JANSE, A. J. A. "The aims and economic parameters of diamond exploration", in: *Diamonds: exploration, sampling and evaluation*. Proceedings of a short course. Toronto: Prospectors and Developers Association of Canada, 1993.

JANSE, A. J. A. "Is CLIFFORD's rule still valid? Affirmative examples around the world", in: International Kimberlite Conference, 5, Araxá, 1991. Brasília: CPRM Publication, 1994, v. 2.

JAQUES, A. L.; LEWIS, J. D.; SMITH, C. B.; GREGORY, G. P.; FERGUSON, J.; CHAPPELL, B. W. & McCULLOCH, M. T. "The diamond-bearing ultrapotassic (lamproitic) rocks of the West Kimberley region, Western Australia", in: Kimberlites I: Kimberlites and Related Rocks. Kornprobst, J. (ed.). Amsterdam: Elsevier, 1984.

KAISER, W. & BOND, W. L. "Nitrogen, a major impurity in common type I diamond", in: *Physics Review*, 115. New York: American Physical Society, 1959.

KARFUNKEL, J. & CHAVES, M.L.S.C. "Conglomerados cretácicos da Serra do Cabral, Minas Gerais: um modelo para redistribuição coluvio-aluvionar dos diamantes do Médio São Francisco", in: *Geociências*, 72. Rio Claro: UNESP, 1995.

KIRKLEY, M. B.; GURNEY, J. J. & LEVINSON, A. A. "Age, origin, and emplacement of diamonds: scientific advances in the last decade", in: *Gems & Gemology*, 27. Carlsbad: Gemological Institute of America, 1991.

KLEPER, M. R. & DEQUESH, V. *Depósitos aluviais de ouro, cassiterita e tantalita nos rios Amapari e Vila Nova, Amapá.* Rio de Janeiro: DNPM Arquivos Técnicos, 1945.

LEITE, C. R. *Mineralogia e cristalografia do diamante do Triângulo Mineiro.* São Paulo: FFCL-USP, 1969 (Tese.)

LEONARDOS, O. H.; ULBRICH, M. N. & GASPAR, J. C. "The Mata da Corda volcanic rocks", in: *Field Guide Book of the Fifth International Kimberlite Conference.* Brasília: CPRM Publication, 1991.

LEVINSON, A. A.; GURNEY, J. J. & KIRKLEY, M. B. "Diamond sources and production: past, present, and future", in: *Gems & Gemology*, 28. Carlsbad: Gemological Institute of America, 1992.

LEWIS, H. C. "On diamondiferous peridotite and the genesis of diamond", in: Geological Magazine, 24. London: Cambridge University Press, 1887.

LINARI-LINHOLM, A. A. *The occurrence, mining, and recovery of diamonds.* London: De Beers Consolidated Mines, 1973.

MEYER, H. O. A.; GARWOOD, B. L.; SVISERO, D. P. & SMITH, C. B. "Alkaline ultrabasic intrusions in Western Minas Gerais, Brazil", in: Fifth International Kimberlite Conference, Araxá, 1991, v. 1. Brasília: CPRM, 1994.

MEYER, H. O. A.; WARING, M. & POSEY, E. F. "Diamond deposits of the Santo Inácio River and the Vargem intrusions, near Coromandel, Minas Gerais", in: Fifth International Kimberlite Conference. Araxá, 1991. Brasília: CPRM Publication, 1991.

MITCHELL, R. H. *Kimberlites: mineralogy, geochemistry and petrology.* New York: Plenum Press, 1986.

MITCHELL, R. H. & BERGMAN, S. C. *Petrology of lamproitos.* New York: Plenum Press, 1991.

MOORE, M. & LANG, A. R. "On the origin of the rounded rhombic dodecahedral habit of natural diamond", in: *Journal of Crystal Growth*, 26. Amsterdam: Elsevier, 1974.

MORAES, L. J. de. "Depósitos diamantíferos no norte do Estado de Minas Gerais", in: *Boletim DNPM/SFPM*, 3. Rio de Janeiro, 1934.

MORAES, L. J. de & GUIMARÃES, D. "Geologia da região diamantífera do norte de Minas Gerais", in: *Anais da Academia Brasileira de Ciências*, 2. Rio de Janeiro: Acad. Bras. de Ciências, 1930.

MOSES, T. M.; REINITZ, I. M.; JOHNSON, M. L.; KING, J.M. & SHIGLEY, J. E. "A Contribution to understanding the effect of blue fluorescence on the appearance of diamonds", in: *Gems & Gemology*, 259. Carlsbad: Gemological Institute of America, 1997.

MURAMATSU, Y. "Geochemical investigations of kimberlites from Kimberley area, South Africa", in: *Geochemistry Journal*. Tokio: Geological Society of Japan, 1983.

NIGGLI, P. *Gesteins und Mineralnovinzen*. Berlin: Gebrunder Borntraeger, 1923.

OLIVEIRA, F. P. "The diamond deposits of Salobro, Brazil", in: *Brazilian Mining Review*, 2. Ouro Preto: Esc. de Minas, 1902.

OLIVEIRA , F. P. "Jazidas de diamantes do Salobro", in: *Boletim do Serviço Geológico e Mineralógico do Brazil*. Rio de Janeiro: DNPM, 1925.

ORLOV, Y. L. *Mineralogy of the diamond*. New York: John Wiley & Sons, 1973.

OTTER, M.L.; McCALLUM, M. E. & GURNEY, J.J. "A physical characterization of the Sloan (Colorado) diamonds using a comprehensive diamond description scheme", in: International Kimberlite Conference, 5, Araxá, 1991. Brasília: CPRM Publication, 1994. v. 2.

PATEL, A. R. & AGARWAL, M. K. "Microstructures on Panna diamonds surfaces", in: *American Mineralogist*, 50. Lawrence: Mineralogical Society of America, 1965.

PATEL, A. R. & PATEL, T.C. "Some observations on network patterns on dodecahedral faces of diamond, in: *Industrial Diamond Review*. London: Industrial Diamond Division, 1972.

PENHA, U. C.; KARFUNKEL, J.; MAGALHÃES, P. C. V.; COSTA, K. V.; VOLL, E.; GONZAGA, G. M.; NASSIF, M. A.; CHAVES, M. L. S. C.; CAMPOS, J. E. G. Diamantes em Minas Gerais: o Projeto SIGIM-DIAMANTE/98 e síntese geológico-exploratória. Geociências, 19. Rio Claro: UNESP, 2000.

RAAL, F. A. "A study of some gold mine diamonds", in: *American Mineralogist*, 54. Lawrence: Mineralogical Society of America, 1969.

RAMSEY, R. R. & TOMPKINS, L. A. "The geology, heavy mineral concentrate mineralogy, and diamond prospectivity of the Boa Esperança and Cana Verde pipes, Córrego D'Anta, Minas Gerais, Brazil", in: Fifth International Kimberlite Conference, Araxá, 1991, v. 2. Brasília: CPRM, 1994.

RICHARDSON, S. H.; GURNEY, J. J.; ERLANK, A. J. & HARRIS, J. W. "Origin of diamonds in old enriched mantle", in: *Nature*, 310. London: Maxmilian Magazines, 1984.

ROBERTSON, M. Diamond fever, South African History 1866-9, from primary sources. Capetown: Oxford University Press, 1974.

ROBERTSON, R.; FOX, J. J. & MARTIN, A. E. "Two types of diamonds", in: *Philosophical Transactions of the Royal Society*. London: Royal Society, 1934.

RODRIGUES, A. F. S. "Depósitos diamantíferos de Roraima", in: SCHOBBENHAUS, C.; QUEIROZ, E. T. & COELHO, C. E. S. (eds.). *Principais depósitos minerais do Brasil*. Brasília: DNPM/CPRM, 1991. v. IV-A.

RUGENDAS, J. M. Viagem pitoresca através do Brasil (trad. S. Milliet). São Paulo: Livraria Martins-EDUSP, 1838.

SCHOBBENHAUS, C.; SILVA, A. S.; MIGNON, R. A.; DERZE, G. R. Carta Geológica do Brasil ao Milionésimo - Folha Belo Horizonte. Brasília: DNPM, 1978.

SILVA G. H.; LEAL, R. M. G.; MONTALVÃO, P. E. L.; BEZERRA, O. N. S. & FERNANDES, C. A. C. "Folha SC21 Juruena - Geologia", in: Projeto Radambrasil. Rio de Janeiro: Min. Minas e Energia, 1980, v. 7.

SOUZA, H. C. A. "Araguaia: Recursos Minerais", in: Boletim DNPM/DFPM, 54. Rio de Janeiro, 1944.

SPIX, J. B. von & MARTIUS, C. F. P. von *Reise in Brasilien*. Lindauer, München (trad. L.F.Lah Meyer). São Paulo: EDUSP/Itatiaia, 1828. v. 2.

SUTHERLAND, D. G. "The transport and sorting of diamonds by fluvial and marine processes", in: *Economic Geology*, 77. Littleton: The Society of Economic Geologists, 1982.

SUTHERLAND, G. B. H. M.; BLACKWELL, D. E. & SIMERAL, W. G. "The problem of the two types of diamond", in: *Nature*, 174. London: Maxmilian Magazins, 1954.

SVISERO, D. P. *Mineralogia do diamante da região do Alto Araguaia, MT*. São Paulo: IGA/USP, 1971 (Tese).

SVISERO, D. P. "Distribution and origin of diamonds in Brazil: an overview", in: International Symposium on the Physics and Chemistry of the Upper Mautle, 1. São Paulo: USP, 1994.

SVISERO, D. P. & PIMENTEL, C. A. "Microestructuras en la superficie de diamantes de Brasil", in: *Anales* del Grupo Iberoamericano De Cristalografia, Segunda Reunión. Buenos Aires, 1970.

SVISERO, D. P.; MEYER, H. O. A.; HARALYI, N. L. E. & HASUI, Y. "A note on the geology of some Brazilian kimberlites", in: *Journal of Geology*, 92. Chicago: University of Chicago, 1984.

SVISERO, D.P. & HARALYI, N.L.E. "Caracterização do diamante da Mina de Romaria, Minas Gerais", in: Simpósio de Geologia de Minas Gerais, 3. Belo Horizonte (Minas Gerais): SBG-MG, 1985.

SVISERO, D. P.; HARALYI, N. L. E. & GIRARDI, V. A. V. "Geologia dos kimberlitos Limeira I, Limeira 2 e Indaiá, Douradoquara, MG", in: Congresso Brasileiro de Geologia, 31. Camboriú, 1980.

TOMPKINS, L. A. & GONZAGA, G. M. "Diamonds in Brazil and a proposed model for the origin and distribution of diamonds in the Coromandel region, Minas Gerais, Brazil", in: *Economic Geology*, 84. Littleton: The Society of Economic Geologists, 1989.

VANCE, E. R.; HARRIS, J. W. & MILLEDGE, H. J. "Possible origins of a-damage in diamonds from kimberlite and alluvial sources", in: *Mineralogical Magazine*, 39. London: The Mineralogical Society, 1973.

WHITELOCK, T. K. "Morphology of the Kao diamonds", in: NIXON, P. H. (ed.) *Lesotho Kimberlites*. Maseru: Lesotho National Development Corporation, 1973.

WAGNER, P. A. *The diamond fields of Southern Africa*. Johannesburg: Transval Leader, 1914.

WESKA, R. W. *Pláceres diamantíferos da região de Água Fria, Chapada dos Guimarães, MT*. Brasília: IG/UnB, 1987 (Tese)

WESKA, R.; PERIN, A. L. & FERREIRA, I. A. "Placeres diamantíferos da bacia do Alto Paraguai (MT). Caracterização geológica como critérios e guias de prospecção", in: *Anais do Congresso Brasileiro de Geologia*, 33. Rio de Janeiro, 1984. v. 8.

WILLIAMS, A. F. *Diamond mines of South Africa*. New York: B. F. Buck & Co. 1906.

WILLIAMS, A. F. *The genesis of the diamond*. London: Ernest Benn, 1932.